中等职业教育国家规划教材

全国中等职业教育教材审定委员会审定

模具工程技术基础

（模具设计与制造专业）

第 2 版

主　　编　徐政坤

副 主 编　陈良辉

参　　编　张磊明　郭新玲

机 械 工 业 出 版 社

本书是中等职业教育国家规划教材，是在第 1 版的基础上修订而成的。本书共六章，主要介绍了模具及模具工程的基本概念，制件的成形工艺与设备，模具的基本结构及其零部件，模具的制造及基本要求，同时还介绍了模具设计的一般指导性原则。最后，通过模具工程技术应用实例，将与模具相关的工程问题联系起来进行了分析归纳。

本书用工程的观点来论述模具问题，将与模具相关的制件、成形工艺、材料、设备及模具的设计、制造、精度、寿命、成本、安全、使用等各方面的问题作了简明而系统的介绍。

本书是中等职业学校模具设计与制造专业的教学用书，也可作为机械类其他专业的选修教材或职高、技校模具类专业用教材，并可供职业大学、电视大学相关专业的师生及模具技术人员参考。

图书在版编目（CIP）数据

模具工程技术基础/徐政坤主编 . —2 版 . —北京：机械工业出版社，2015.3（2022.8 重印）

中等职业教育国家规划教材　全国中等职业教育教材审定委员会审定

ISBN 978-7-111-49979-4

Ⅰ．①模… Ⅱ．①徐… Ⅲ．①模具－中等专业学校－教材

Ⅳ．①TG76

中国版本图书馆 CIP 数据核字（2015）第 077807 号

机械工业出版社（北京市百万庄大街 22 号　邮政编码 100037）
策划编辑：汪光灿　责任编辑：黎　艳
责任校对：陈　越　封面设计：马精明
责任印制：郜　敏
北京盛通商印快线网络科技有限公司印刷
2022 年 8 月第 2 版第 4 次印刷
184mm×260mm·12.75 印张·312 千字
标准书号：ISBN 978-7-111-49979-4
定价：38.00 元

电话服务　　　　　　　　　　网络服务
客服电话：010 - 88361066　　机　工　官　网：www.cmpbook.com
　　　　　010 - 88379833　　机　工　官　博：weibo.com/cmp1952
　　　　　010 - 68326294　　金　书　网：www.golden - book.com
封底无防伪标均为盗版　　　　机工教育服务网：www.cmpedu.com

中等职业教育国家规划教材出版说明

为了贯彻《中共中央国务院关于深化教育改革全面推进素质教育的决定》精神，落实《面向 21 世纪教育振兴行动计划》中提出的职业教育课程改革和教材建设规划，根据教育部关于《中等职业教育国家规划教材申报、立项及管理意见》（教职成〔2001〕1 号）的精神，我们组织力量对实现中等职业教育培养目标和保证基本教学规格起保障作用的德育课程、文化基础课程、专业技术基础课程和 80 个重点建设专业主干课程的教材进行了规划和编写，从 2001 年秋季开学起，国家规划教材将陆续提供给各类中等职业学校选用。

国家规划教材是根据教育部最新颁布的德育课程、文化基础课程、专业技术基础课程和 80 个重点建设专业主干课程的教学大纲（课程教学基本要求）编写，并经全国中等职业教育教材审定委员会审定。新教材全面贯彻素质教育思想，从社会发展对高素质劳动者和中初级专门人才需要的实际出发，注重对学生的创新精神和实践能力的培养。新教材在理论体系、组织结构和阐述方法等方面均作了一些新的尝试。新教材实行一纲多本，努力为教材选用提供比较和选择，满足不同学制、不同专业和不同办学条件的教学需要。

希望各地、各部门积极推广和选用国家规划教材，并在使用过程中，注意总结经验，及时提出修改意见和建议，使之不断完善和提高。

教育部职业教育与成人教育司

第 2 版前言

本书第 1 版于 2002 年 2 月出版，十多年来，得到了广大读者的厚爱与支持，并得到广大读者反馈的宝贵意见，在此表示衷心的感谢！

为更好地适合中职教育的实际需要，并能满足大部分读者提出的要求，本书在以下几方面作了修订：

1. 删除了模具制造生产中不常用或不再使用的加工方法，突出先进加工方法的应用。

2. 简化各成形工艺中的理论分析，更换部分较复杂的成形设备及模具结构图例。

3. 重新编写了第六章，更换了应用实例，使实例更加典型实用、简单明了。

4. 对原版存在的错误进行了修正。

本书由徐政坤任主编，陈良辉任副主编，张磊明、郭新玲参与编写。

随着科学技术的迅速发展和对中职教育要求的不断更新，本书必然存在还需进一步改进的地方。在本版出版以后，我们还将不断进行修改、补充和完善，希望读者及同行继续关心支持本书，多提宝贵意见！

编　者

第1版前言

本书是根据教育部面向21世纪中等职业教育规划教材编写工作会议精神及教育部2000年12月公布的中等职业学校"模具设计与制造"专业教学计划和"模具工程技术基础"教学大纲（试行）编写的，是中等职业教育模具设计与制造专业教学用书。本书也可供从事模具专业的工程技术人员参考。

随着现代工业的发展，模具的应用越来越广泛，模具在工业生产中的作用越显重要。本书在扼要介绍模具工程技术基本概念的基础上，较系统地介绍了制件成形工艺及设备、模具的基本结构及零部件、模具的制造、模具的基本要求以及模具设计的一般指导性原则，并通过实例，用工程的观点分析了制件成形工艺、设备、材料、模具结构、模具制造、模具成本等与模具相关的各方面问题。内容力求适应中等职业学校教学要求，通俗实用。

本书由深圳市工业学校陈良辉主编，张家界航空工业学校徐政坤副主编，重庆工业职业技术学院虞学军主审。全书共六章，其中陕西工业技术职业学院郭新玲编写第一章，张家界航空工业学校徐政坤编写第二章，深圳市工业学校张磊明编写第三、四章，陈良辉编写绪论及第五、六章。

参加审稿会的有福建职业技术学院翁其金，重庆工业职业技术学院夏克坚、夏江梅，杭州职业技术学院郑建中，浙江机电职业技术学院徐志扬、范建蓓，南京农业工程学院古华，陕西工业职业技术学院王晓江，沈阳市机电工业学校刘福库，成都市工业学校史铁梁，上海市机电工业学校朱燕青，辽宁仪表学校彭雁，西安机电学校甄瑞麟，张家界航空工业学校左大平，贵州省机械工业学校吴家安、刘易。

由于编者水平有限，错误缺点在所难免，恳切希望广大读者批评指正。

编　者

目 录

中等职业教育国家规划教材出版说明

第2版前言

第1版前言

绪 论 ……………………………… 1
一、模具工程的基本概念 …………… 1
二、模具工业的发展趋势 …………… 3
思考与练习题 ……………………… 3
第一章 制件成形工艺及设备 ……… 4
第一节 冲压工艺及设备 …………… 4
一、冲压及其工序分类 ……………… 4
二、冲压材料及冲压设备 …………… 4
三、主要冲压工艺 ………………… 11
第二节 塑料成形工艺及设备 ……… 17
一、塑料及其成形过程 …………… 17
二、塑料成形设备 ………………… 21
三、塑料制件及注射成形工艺 …… 25
第三节 压铸工艺及设备 ………… 28
一、压铸及压铸合金 ……………… 28
二、压铸设备 ……………………… 29
三、压铸件与压铸工艺 …………… 33
思考与练习题 …………………… 37
第二章 模具的基本结构及零部件 … 38
第一节 冷冲模的基本结构及零部件 … 38
一、冲模的基本结构 ……………… 38
二、冲模的主要零部件及其标准 … 51
第二节 塑料模的基本结构及零部件 … 67
一、塑料模的基本结构 …………… 67
二、塑料模的主要零部件及其标准 …… 76
第三节 压铸模的基本结构及零部件 … 110
一、压铸模的基本结构 …………… 110
二、压铸模的主要零部件及其标准 … 114
思考与练习题 …………………… 126
第三章 模具的制造 ……………… 128
第一节 概述 ……………………… 128
第二节 模具的机械加工 ………… 129
一、模架的加工 …………………… 129
二、凸模与型芯的加工 …………… 131

三、凹模的加工 …………………… 133
四、模具的数控加工 ……………… 133
五、CAD/CAM 技术在模具制造
中的应用 ……………………… 135
第三节 模具的特种加工 ………… 136
一、电火花加工 …………………… 136
二、电火花线切割加工 …………… 137
三、化学与电化学加工 …………… 138
第四节 模具的其他加工 ………… 140
一、陶瓷型铸造成形 ……………… 140
二、挤压成形 ……………………… 141
三、超塑成形 ……………………… 141
四、快速原型制造技术 …………… 141
第五节 模具的光整加工 ………… 142
一、手工研磨抛光 ………………… 142
二、超声波抛光 …………………… 142
三、磨液抛光 ……………………… 143
第六节 模具的装配 ……………… 144
一、概述 …………………………… 144
二、模具装配工艺方法 …………… 145
思考与练习题 …………………… 145
第四章 模具的基本要求 ………… 146
第一节 模具的精度与表面质量 … 146
一、模具精度与表面质量的概念 … 146
二、确定模具精度与表面
质量的依据 …………………… 147
三、模具精度与表面质量的确定 … 147
第二节 模具寿命与模具材料 …… 148
一、模具寿命 ……………………… 148
二、模具材料 ……………………… 152
第三节 模具成本 ………………… 154
一、模具成本的概念及构成 ……… 154
二、降低模具成本的方法 ………… 155
第四节 模具安全 ………………… 155

一、模具在设计、制造、使用过程中易
　　出现的安全问题 ………… 155
二、提高模具安全的措施 ………… 156
第五节　模具的使用与维护 ………… 159
一、模具的安装与调整 ………… 159
二、模具的使用维护与修理 ………… 165
思考与练习题 ………… 169

第五章　模具设计的一般指导性
　　　　原则 ………… 170
第一节　冲模设计的一般指导性
　　　　原则 ………… 170
一、冲模的设计程序 ………… 170
二、冲模设计时应注意的问题 ………… 172
第二节　塑料模设计的一般指导性

原则 ………… 175
一、塑料模设计程序 ………… 175
二、塑料模设计时应注意的问题 ……… 177
第三节　压铸模设计的一般指导性
　　　　原则 ………… 178
一、压铸模设计程序 ………… 178
二、压铸模设计时应注意的问题 ……… 180
思考与练习题 ………… 180

第六章　模具工程技术应用实例 ……… 181
一、模具设计与制造流程 ………… 181
二、模具设计与制造实例 ………… 181
思考与练习题 ………… 194

参考文献 ………… 195

绪　　论

一、模具工程的基本概念

1. 模具的概念及分类

（1）模具　模具是成形产品零件的专用工具，是工业生产中的主要工艺装备。模具与冲压、锻造、铸造等金属材料零件的成形设备配套使用，或与塑料、橡胶、陶瓷等非金属材料零件的成形设备配套使用，可成形加工各种各样的金属和非金属零件，已成为现代化工业生产的重要加工手段。用模具成形出来的零件通常称为"制件"，如生产、生活中常见的扳手、发动机叶片、手机与家电外壳、金属与塑料饭盒、玻璃瓶子、轮胎、瓷杯等都是用模具成形出来的。

模具属于精密机械产品，它主要由机械零件和机构组成，如成形工作零件、导向零件、支承零件、定位零件等，及送料机构、抽芯机构、推件机构、检测与安全机构等。

为提高模具的质量、性能、精度和生产率，缩短制造周期，其零部件多采用标准零部件，所以，模具属于标准化程度较高的产品。一副中小型冲模或塑料注射模，其构成的标准零部件可达80%以上，采用标准件以后其工时节约率可达25%～45%。

随着现代化工业和科学技术的发展，模具的应用越来越广泛，其适应性也越来越强，模具行业已成为独立的基础工业体系，模具技术已成为衡量工业国家制造工艺水平的标志之一。

（2）模具分类　模具的用途广泛，模具的种类繁多，科学地进行模具分类，对有计划地发展模具工业，系统地研究、开发模具生产技术，促进模具设计与制造技术的现代化，充分发挥模具的功能和作用，以及对研究、制订模具技术标准，提高模具标准化水平和专业协作生产水平，提高模具生产率，缩短模具的制造周期等，都具有十分重要的意义。

总体上说，模具可分为两大类：金属材料制件成形模具，如冲模、锻模、压铸模等；非金属材料制件成形模具，如塑料注射模、压缩模和压注模，橡胶制件、玻璃制件和陶瓷制件成形模具等。

模具的具体分类方法很多，常用的有：按模具结构形式分，冲模可分为单工序模、复合模、级进模等；塑料模具可分为单分型面注射模、双分型面注射模等。按模具使用对象可分为电工模、汽车模、机壳模、玩具模等。按工艺性质分，冲模可分为冲孔模、落料模、拉深模、弯曲模；塑料模可分为压缩模、压注模、注射模、挤出模、吹塑模等。这些分类方法具有直观、方便等优点，但不尽合理，易将模具类别与品种混用，使种类繁多无序。因此，采用以使用模具进行成形加工的工艺性质和使用对象为主的综合分类方法，将常用模具分为九类，各大类模具又可根据模具结构、材料、使用功能和模具制造方法等，分成若干小类或品种。详细分类见表0-1。

2. 模具工程

模具工程是将与模具有关的成形设备、制件及原材料、成形工艺、模具设计与制造、模具材料与成本、模具精度与寿命、模具安装与调试、模具使用和维护以及模具标准化等各方面问题系统地进行研究，分析它们之间的关系，揭示其客观规律。因此，模具工程就是研究模具及相关问题的系统工程。

在制件生产过程中，从原材料到制件中间必须经过制件的生产系统；制件的生产系统要求制订合理而完善的制件生产工艺；而现代大规模的制件生产必然需要模具成形加工。因此，正确的制件成形工艺、高效率的成形加工设备、先进的模具是影响制件生产的三大重要因素。

表 0-1　模具的分类

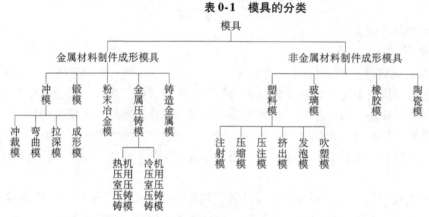

模具对成形工艺的实现，保证制件的形状、尺寸及公差起着极重要的作用；高效率全自动的设备只有配备了适应自动化生产的模具才能发挥其效能；产品的更新也是以模具制造和更新为前提的。

模具作为生产用精密、高效的工艺装备，本身也是一种精密的机械产品。该机械产品能否满足对其使用性能和成形精度的要求，必须解决好模具设计与制造、精度与寿命等各方面与模具相关的问题。

如图 0-1 所示，模具作为中心议题，可以细分成模具设计、制造、材料、成本、精度、寿命、安装、使用以及标准化等各方面问题。模具设计是模具制造的基础，合理正确的设计是正确制造模具的保证；模具制造技术的发展对提高模具质量、精度以及缩短制造模具的周期具有重要意义；模具的质量、使用寿命、制造精度及合格率在很大程度上取决于制造模具的材料及热处理工艺；模具成本直接关系到制件的成本以及模具生产企业的经济效益；模具工作零件的精度决定制件的精度；模具的寿命又与模具材料及热处理、模具结构以及所加工

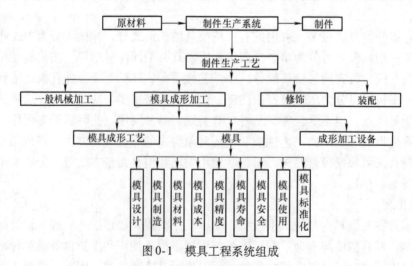

图 0-1　模具工程系统组成

制件材料等诸多因素有关；模具的安装与使用直接关系到模具的使用性能及安全；而模具的标准化是模具设计与制造的基础，对大规模、专业化生产模具具有极其重要的作用，模具标准化程度的高低是模具工业发展水平的标志。

由此可见，分解细化的有关模具的各方面问题之间有着密切的联系，它们互相影响、互相制约。

二、模具工业的发展趋势

模具是工业生产的主要工艺装备，模具工业是基础工业。

采用模具生产制件，具有生产率高、质量好、成本低、节省能源和原材料等一系列优点，它已成为当代工业生产的重要手段和发展方向。现代工业的发展和技术水平的提高在很大程度上取决于模具工业发展水平，因此，模具工业对国民经济和社会发展将会起着越来越重要的作用。

当今模具工业的发展趋势主要表现在如下几个方面。

（1）发展及加强成形理论基础和工艺原理的研究　通过理论研究，对制件成形工艺方法、成形模具及成形设备进行改进和提高。

（2）发展高效率、自动化的成形设备　高速自动化的成形设备配合先进的模具是提高制件质量和生产率的有效方法。

（3）发展大型、微型和高精度的模具　随着制件品种的多样化趋势，制件正向大型、微型和高精度的方向发展，模具也相应地向大型、微型、高精度的方向发展。

（4）发展高寿命和简易经济模具　为了适应大批量生产，正在从模具结构设计、模具材料及热处理、模具表面强化、模具制造等方面力求提高模具寿命。同时，为了适应小批量生产，正在注意简易经济模具的应用。

（5）发展高效、精密、数控自动化模具加工设备及先进工艺　现在高效、精密、数控、自动化的模具加工设备发展很快，数控铣床、各种加工中心、坐标磨床、各种数控电加工机床及模具装配与检测机械和仪器不断开发和应用，这对于保证模具的加工精度和缩短加工周期起了关键性的作用。同时，模具加工新工艺也不断涌现，特别是快速原型制造技术（Rapid Prototype Manufacturing，RPM）得到了较大发展，进一步促进了模具制造技术的发展。

（6）完善模具的标准化及专业化生产　模具标准化和标准件的专业化生产是模具工业的基础，是提高模具质量、缩短模具制造周期的根本措施，也是模具发展的方向。目前在工业发达国家，中小型冲模、塑料注射模、压铸模等模具标准件使用覆盖率已达 80% ~90%。我国在这方面也取得了可喜的进展，已经制订了冷冲模、塑料注射模及压铸模等模具的国家标准。在沿海工业发达的地区，模具制造企业已采用了国际通用的模具标准及相应的标准件。

（7）发展模具的计算机辅助设计和计算机辅助制造技术　由于模具生产技术中软、硬件的进步，现代模具设计与制造的最高水平表现在采用 CAD/CAE/CAM 技术，即实现模具设计、分析与制造的一体化和建立模具制造柔性加工系统。

<h2 align="center">思考与练习题</h2>

1. 什么是模具？常用模具一般怎样分类？
2. 什么是模具工程？模具工程系统主要包括哪些内容？
3. 模具工业的发展趋势主要表现在哪几个方面？

第一章　制件成形工艺及设备

第一节　冲压工艺及设备

一、冲压及其工序分类

1. 冲压概念及特点

冲压是指在常温下利用安装在压力机上的模具对材料（主要是板料，也可以用块料和条料）施加作用力，使其产生分离或塑性变形，从而获得所需零件的一种压力加工方法。经冲压加工制得的零件称为冲压制件。

在机械制造中，冲压技术已得到广泛的应用，很多机器中的冲压制件占有相当大的比例。冲压工艺已成为汽车、拖拉机、电器、仪表、电子、国防工业以及日用品工业等部门的主要成形工艺之一。

冲压与其他加工方法相比较，具有以下一些特点。

1）在压力机简单冲击下，能够获得其他的加工方法难以加工或无法加工的形状复杂的制件。

2）加工的制件尺寸稳定，互换性好。

3）材料的利用率高、废料少，且加工后的制件强度高、刚度好、重量轻。

4）操作简单，生产过程易于实现机械化和自动化，生产率高。

5）在大批量生产的条件下，冲压制件成本较低。

但由于模具制造周期长、费用高，因此，冲压加工在小批量生产中受到一定限制。

2. 冲压基本工序的分类

根据板料在冲压过程中受力以后的变形情况，冲压工序可分为两大类。

（1）分离工序　主要包括剪裁、冲裁等。其特点是板料受外力后，应力超过抗拉强度 R_m，使得板料发生剪裂而分离。

（2）成形工序　主要包括弯曲、拉深及成形等。其特点是板料受外力后，应力超过下屈服强度 R_{eL}，但低于抗拉强度 R_m，经塑性变形后成一定形状。

部分冲压基本工序的名称和定义见表 1-1。

二、冲压材料及冲压设备

1. 冲压材料

（1）对冲压所用材料的要求　冲压所用材料，不仅要满足制件设计的技术要求，还要满足冲压工艺的要求。冲压的工艺要求主要有：

1）应具有良好的塑性。在变形工序中，塑性好的材料，其允许的变形程度大，这样可以减少工序以及中间退火次数，或者不要中间退火。对于分离工序，也要求材料具有一定的塑性。

2）应具有光洁平整无缺陷损伤的表面状态。表面状态好的材料，加工时不易破裂，也不易擦伤模具，冲出的制件表面状态也好。

3）材料厚度的公差应符合国家标准的规定。因为一定的模具间隙，适应于一定厚度的材料，材料厚度的公差太大，不仅会影响制件的质量，还可能导致产生废品和损坏模具。

表 1-1　部分冲压的基本工序

工序性质	工序名称		工　序　简　图	工　序　定　义
分 离 工 序	剪　裁			将板料的一部分与另一部分沿敞开轮廓分离
	冲 裁	落料		将板料沿一定封闭曲线分离，封闭曲线以内部分为制件
		冲孔		将板料沿一定封闭曲线分离，封闭曲线以外部分为制件
	切　口			将板料沿不封闭曲线冲出缺口，缺口部分发生弯曲
	切　边			将制件外缘预留的加工余量切除，获得准确的外形尺寸
成 形 工 序	弯　曲			将板料弯成一定角度或一定曲率半径
	拉　深			将平板材料变成任意形状的开口空心件
	成 形	起伏		将板料局部拉伸形成凸起和凹进部分
		翻边		将板料上的孔或外缘翻成一定角度的直壁，或将空心件翻成凸缘

（2）冲压材料的种类　冲压生产最常用的材料是金属板料，有时也用非金属板料。金属板料分钢铁板料和非铁金属板料两种。

1）钢铁板料。

a. 普通碳素结构钢钢板。常用的牌号是 Q195、Q215、Q235，这些牌号主要用于平板类制件或变形量小的简单制件。

b. 优质碳素结构钢钢板。这类钢板的化学成分和力学性能都能得到较好的保证。主要用于复杂形状的弯曲件和拉深件。常用的牌号有 08、08F、10F、10、15、20、30、45、50 及 15Mn、16Mn、20Mn、25Mn、…、45Mn。用于拉深的薄钢板表面质量分为四类：Ⅰ—特别高级的精整表面；Ⅱ—高级的精整表面；Ⅲ—较高的精整表面；Ⅳ—普通的精整表面。每类表面质量按拉深级别又分为三组：z—最深拉深的；s—深拉深的；p—普通拉深的。

c. 电工硅钢。常用的牌号有 D11、D12、D21、D22、D32、D42，主要用于电动机、电器、电子工业。

2）非铁金属板料。

a. 黄铜板（带）。铜锌合金称为黄铜，常用的牌号有 H62、H68。其特点是有很好的塑性和较高强度及抗腐蚀性，其中 H62 适用于冲裁件、弯曲件和浅拉深件，H68 适用于深拉深件。

b. 铝板（带）。铝的密度小，导电、导热性好，塑性也好。常用的有 1060、1050A、1200。广泛用于航空、仪表和无线电工业，主要用来制作耐腐蚀制件和作为导电材料。

非金属材料有纸板、胶木板、橡胶、塑料板和纤维板等。

冲压常用材料的力学性能可查有关材料手册。

（3）冲压用材料的形状和规格　冲压用材料的形状大部分都是各种规格的板料、带料、条料和块料。

1）板料。由轧钢厂以整块板料供应给用户。除了按需要选择不同的厚度外，板料的大小有不同的规格，如 800mm × 1600mm、900mm × 1800mm、1000mm × 2000mm、1000mm × 1800mm 等，冲压时按需要剪成一定的宽度使用，多用于大型制件的冲压。

2）带料（又称卷料）。宽度在 300mm 以下，长度可达几十米成卷供应，主要用于薄料，适用于大批量生产的自动送料。

3）条料。根据冲裁件的需要，由板料剪裁而成，多用于中小型制件的冲压。

4）块料。预先加工成一定形状的毛坯再进行冲压加工，仅适用于单件小批量生产和价值昂贵的非铁金属的冲压。

2. 冲压设备

用作冲压加工的设备简称为冲压设备，包括曲柄压力机和其他压力机。

（1）曲柄压力机　曲柄压力机是通过曲柄滑块机构将电动机的旋转运动转变为冲压生产所需要的滑块直线往复运动的一种冲压设备，在冲压生产中广泛用于冲裁、弯曲、拉深及成形等工序。因此，曲柄压力机是冲压设备中最基本和应用最广泛的设备。

1）曲柄压力机的基本结构。图 1-1 和图 1-2 所示为 JB23—63 型曲柄压力机的外形图和工作原理图。由图可知，曲柄压力机由以下部分组成。

a. 工作机构。即曲柄滑块机构，它由曲轴 7、连杆 9、滑块 10 等工作零件组成，其作用是实现将曲轴的旋转运动转变为滑块的直线往复运动，由滑块带动模具工作。

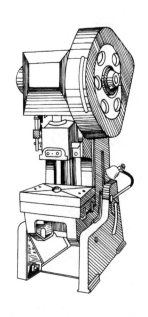

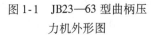

图 1-1　JB23—63 型曲柄压
力机外形图

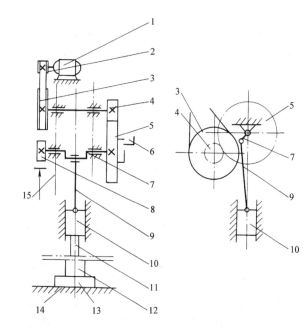

图 1-2　JB23—63 型曲柄压力机工作原理图
1—电动机　2—小带轮　3—大带轮　4—小齿轮　5—大齿轮
6—离合器　7—曲轴　8—制动器　9—连杆　10—滑块
11—上模　12—下模　13—垫板　14—工作台　15—机身

　　b. 传动系统。包括带传动（由传动带及带轮 2 与 3 组成）、齿轮传动（由齿轮 4 与 5 组成）等，起能量传递和速度转换作用。

　　c. 操纵系统。包括离合器 6、制动器 8 等部件，用以控制工作机构的运转和停止。

　　d. 能源部分。包括电动机 1、飞轮（由大齿轮 5 兼用），用以提供动力并储存能量。

　　e. 支承部分。主要指机身 15，它把压力机所有部件连接成一个整体。

　　除上述基本部件外，还有多种辅助装置和系统，如润滑系统、保护装置以及气垫等。

　　2）曲柄压力机的型号及分类。曲柄压力机的型号是按照锻压机械的类别、列别和组别编制的。例如 JA23 –63A，各符号意义如下：

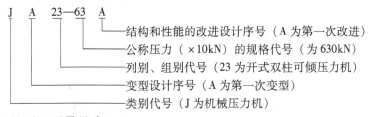

J　A　23—63　A
　　　　　　　　└─结构和性能的改进设计序号（A 为第一次改进）
　　　　　　└───公称压力（×10kN）的规格代号（为 630kN）
　　　　└─────列别、组别代号（23 为开式双柱可倾压力机）
　　└───────变型设计序号（A 为第一次变型）
　└─────────类别代号（J 为机械压力机）

曲柄压力机的列组型号见表 1-2。

表 1-2　曲柄压力机的列组型号

组	型①	机　械　压　力　机
单柱偏心 压力机	11	单柱固定台压力机
	12	单柱升降台压力机
	13	单柱柱形台压力机

（续）

组	型①	机 械 压 力 机
开式双柱 曲柄压力机	21	开式双柱固定台压力机
	22	开式双柱升降台压力机
	23	开式双柱可倾压力机
	24	开式双柱转台压力机
	25	开式双柱双点压力机
	28	开式柱形台压力机
闭式曲柄 压力机	31	闭式单点压力机
	32	闭式单点切边压力机
	33	闭式侧滑块压力机
	36	闭式双点压力机
	37	闭式双点切边压力机
	39	闭式四点压力机

① 从 11 至 39 型号中，凡未列出的序号均留作待发展的型号用。

曲柄压力机的分类方法较多，常用的方法有：

a. 按机身结构形式分。分为开式压力机和闭式压力机，如图 1-3 所示。开式压力机的机身呈"C"形，如图 1-3a、b、c 所示，其机身前面和左右均敞开，操作空间大。但机身刚度差，受载后易变形，影响制件精度和模具寿命，因此，只适用于中、小型压力机。

开式压力机机身背后有开口的为双柱机身，如图 1-3a 所示；背后无开口的为单柱机身，如图 1-3b 所示。开式压力机按照工作台的结构特点又可分为可倾台式压力机（图 1-3a）、固定台式压力机（图 1-3b）、升降台式压力机（图 1-3c）。

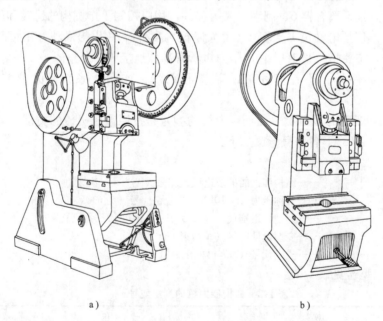

a)   b)

图 1-3　压力机类型

a）开式双柱可倾压力机　b）单柱固定台式压力机

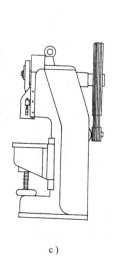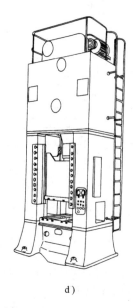

c)   d)

图 1-3 压力机类型（续）
c) 升降台压力机 d) 闭式压力机

闭式压力机的机身为框架结构，如图 1-3d 所示。其机身前后敞开，两侧封闭，机身刚度大，适合于大、中型压力机。

b. 按压力机连杆数量分。分为单点压力机、双点压力机和四点压力机。单点压力机的滑块由一个连杆带动，一般均为小型压力机；双点压力机的滑块由两个连杆带动，运动平稳，精度高，一般为中型压力机；四点压力机的滑块由两对连杆带动，运动平稳，工作台面尺寸大，一般为大型压力机。图 1-4 所示为双点压力机的外形及工作原理图。

c. 按压力机滑块数量和作用分。分为单动、双动和三动压力机。单动压力机只有一个滑块，适用于冲裁、弯曲和中、小型制件的拉深；双动压力机有内、外两个滑块，外滑块压料，内滑块拉深，适用于大型制件的拉深；三动压力机除内外滑块外，还有一个下滑块，可以完成相反方向的拉深。

另外，还可按曲柄形式的不同将压力机分为曲轴式压力机、偏心式压力机、曲拐轴式压力机和偏心齿轮式压力机等，具体内容可参阅有关教材。

3）曲柄压力机的技术参数

a. 公称压力。压力机滑块的压力在全行程中不是一个常数，而是随曲轴转角的变化而不断地变化。图 1-5 所示为压力机的许用压力曲线。

公称压力是指滑块运动到离下止点前某一特定距离 S_0 或曲柄旋转到离下止点前某一特定角度 α_0 时滑块上所允许承受的最大作用力。

b. 滑块行程。滑块行程是指滑块在曲轴旋转一周时从上止点到下止点所经过的距离，其数值一般是曲柄半径的两倍。

c. 滑块行程次数。滑块行程次数是指滑块每分钟从上止点到下止点，然后再回到上止点的往复次数。滑块行程次数越多，压力机能实现的生产率越高。

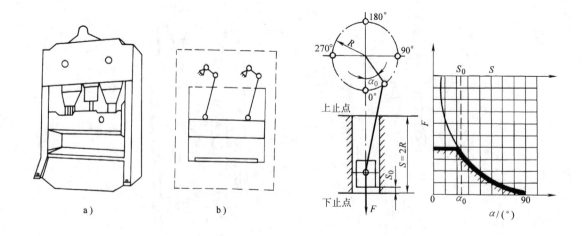

图 1-4　双点压力机外形及工作原理图　　　　图 1-5　压力机滑块许用压力曲线
a) 外形　b) 工作原理图

　　d. 封闭高度及封闭高度调节量。封闭高度是指滑块在下止点时，滑块底面到工作台上表面的距离。当滑块调整到上极限位置时，封闭高度达最大值，为最大封闭高度。相反，当滑块调整到下极限位置时，其封闭高度为最小封闭高度，二者差值为封闭高度调节量。封闭高度的调节由调节连杆长度来实现。

　　e. 其他参数。主要包括压力机工作台面尺寸、滑块底面尺寸、漏料孔尺寸及模柄孔尺寸等。

　　4）压力机的选用。压力机的选用，主要包括选择压力机类型和确定压力机规格两项内容。

　　a. 选择压力机的类型。对于中小型冲裁件、弯曲件或拉深件，多选用"C"型床身的开式压力机；对大中型或精度较高的冲裁件，应选用闭式及多点压力机；对校平、校正弯曲、整形等冲压工艺，应选用具有较高强度和刚度的压力机。

　　b. 选用压力机规格。确定压力机规格应遵循下列原则。

　　压力机的公称压力应大于冲压工序所需的压力，当进行弯曲或拉深时，还应注意所选用的压力机的许可压力曲线在曲轴全部转角内高于冲压变形力曲线；压力机滑块行程应满足制件在高度上能获得所需尺寸，并在冲压后能顺利地从模具上取出来；压力机的封闭高度、工作台面尺寸和滑块尺寸等应满足模具的正确安装；滑块每分钟的冲击次数，应符合生产率和材料变形速度的要求；一般情况下，可不必考虑功率，但在采用斜刃冲裁或深拉深等冲压情况时，应校核电动机的功率是否大于冲压时所需的功率。

　　（2）其他压力机简介

　　1）精冲压力机。随着冲压技术的发展，对一些精度要求高的冲裁件可通过精密冲裁（简称精冲）获得。精冲压力机就是用于精密冲裁的专用压力机。

　　a. 精冲压力机的性能特点。精冲压力机主要用于齿圈压板精冲模对材料进行精密冲裁加工。其性能特点是：能提供冲裁力、压边力和反压力；精冲过程的速度可以调节，目前合适的冲裁速度为 5~50mm/s；滑块有很高的导向精度和刚度；滑块限位精度高；电动机功率大；有可靠的模具保护装置。

b. 精冲压力机的类型。按主传动的结构不同分为机械式和液压式。目前小型精冲压力机多采用机械式，大型精冲压力机多采用液压式。总压力大于 3200kN 的一般为液压式。

按主传动和滑块的位置分为上传动式和下传动式。传动系统在压力机下部的称为下传动式。下传动式精冲压力机结构简单，维修及安装方便，所以目前多数精冲压力机采用下传动式。

按滑块的运动方向分为立式和卧式。立式精冲压力机的结构紧凑，装模和操作方便，所以目前绝大多数精冲压力机为立式。

2）高速压力机。高速压力机是应大批量的冲压生产需要而产生的。高速压力机是指滑块每分钟行程次数一般为相同公称压力通用曲柄压力机的 5~9 倍的一种压力机。

a. 高速压力机的性能特点。滑块行程次数高；滑块的惯性大；设有紧急制动装置；采用送料精度高的送料装置；增设减振和消声等装置。

b. 高速压力机的类型。高速压力机按机身结构分为开式、闭式和四柱式；按连杆数分为单点式和双点式；按传动方式分为上传动式和下传动式。目前多采用闭式双点结构的高速压力机，一般用于卷料的级进冲压。

从工艺用途和结构特点上分类，高速压力机可分为用于冲裁的高速压力机和用于弯曲、成形和浅拉深的高速压力机。前者的行程很小，行程次数很高；后者正好相反。

此外，还有精压机、冷挤压压力机、拉深压力机、高速自动压力机、数控步冲压力机、摩擦螺旋压力机等，读者可参阅有关书籍。

三、主要冲压工艺

1. 冲裁工艺

使板料产生分离的工艺，称为冲裁工艺。冲裁是冲压工艺中最常见、应用最广的工艺。冲裁工艺种类很多，常用的有剪裁、冲孔、落料、切口、切边等。但一般来说，冲裁工艺主要是指落料和冲孔工序。

（1）冲裁过程　图 1-6 所示为冲裁示意图。凸模 1 与凹模 3 具有锋利的刃口，且相互之间保持均匀合适的间隙。冲裁时，凸模下行，穿过板料进入凹模，使工件和条料分离而完成冲裁工作。

板料的分离过程是在瞬间完成的。其变形过程可分为下面三个阶段（图 1-7）。

1）弹性变形阶段（图 1-7a）。在凸模压力作用下，板料首先产生弹性压缩和弯曲等复杂变形，并略有挤入凹模洞口的情况。板料与凸、凹模接触处形成很小的圆角，这时板料内应力尚未超过材料的弹性极限。

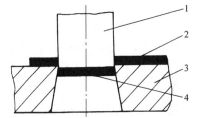

图 1-6　冲裁示意图

1—凸模　2—条料　3—凹模　4—制件

2）塑性变形阶段（图 1-7b）。凸模继续下压，板料内应力超过屈服强度，凸模切入板料，且部分板料被挤入凹模洞口，产生塑剪变形，形成光亮的剪切断面。由于凸、凹模间存在间隙，因而金属也发生了弯曲和拉伸。此阶段直到凸、凹模刃口处由于应力集中出现细微裂纹为止。

3）剪裂阶段（图 1-7c）。随着凸模继续下压，凸、凹模刃口处出现的微小裂纹不断向

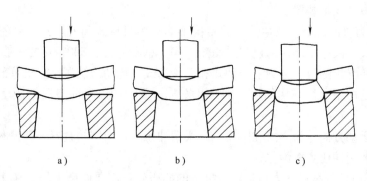

图 1-7　冲裁过程

材料内部扩展，当上下裂纹重合时（在合理间隙的情况下），板料随即被拉断分离。

（2）冲裁件质量分析

1）剪切面的特征。板料冲裁以后，被凸模和凹模剪切的侧面称为冲裁件的剪切面。当凸、凹模间隙合理时，剪切面可分为四个部分（图 1-8）。

a. 塌角 A。又称圆角带，是由于板料产生弯曲、拉伸变形形成的。

b. 光亮带 B。又称塑剪带或剪切带，是由于板料挤入凹模或凸模切入板料产生塑性变形而形成的。

c. 剪裂带 C。又称断裂带，是由于冲裁时产生的裂纹扩张而形成的。

d. 毛刺 D。冲裁过程的最后是将板料撕裂开，因此在剪裂带的边缘不可避免地会产生毛刺。

一般地说，若冲裁件的塌角不大，光亮带的厚度合适，并且各处的高度均匀，剪裂带的锥度小，毛刺小，则认为冲裁件的断面质量好。

2）尺寸精度。冲裁件的剪切面一般以光亮带的尺寸（即冲孔件以孔的最小尺寸，落料件以外形的最大尺寸）作为冲裁件尺寸，如图 1-8 中的尺寸 L、l_0。一般普通冲裁公差等级为 IT10 ~ IT12 级，精密冲裁可达 IT8 ~ IT9 级。但用同一副模具冲出来的制件彼此之间相差小，尺寸的一致性好。

3）剪切面的表面粗糙度。一般冲裁以后的剪切面分为几个部分，剪切面不整齐，表面粗糙度数值大，板料越厚剪切面越粗糙。

（3）冲裁件的工艺性　冲裁件的工艺性是指冲裁件对冲裁工艺的适应性。主要包括以下几个方面：

1）冲裁件的形状应简单、对称，适合于排样。冲裁件在条料、带料或板料上的布置方法称为排样。反映排样的图形称为排样图。图 1-9 所示为一条形垫片落料时的排样图。在排样图上，制件与制件之间以及制件与条料边缘之间留下的工艺废料称为搭边（图 1-9 中的 a 和 a_1）。

2）冲裁件的内外转角处避免尖角，应以圆角过渡。圆角半径 R 应大于 $0.25t$（t 表示板料厚度。本书如不特殊指明，t 均表示料厚），以防止模具制造时产生应力集中和使用过程中过早磨损。

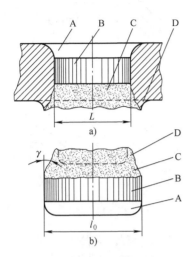

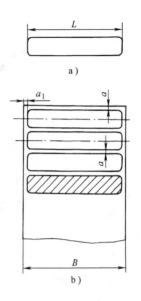

图 1-8　冲裁件的剪切面特征
a）冲孔件　b）落料件
A—塌角　B—光亮带　C—剪裂带　D—毛刺

图 1-9　垫片制件的排样图
a）制件图　b）排样图

3）避免冲裁件上有过长的悬壁和窄槽。悬臂和槽的宽度一般应大于 $1.5t$，深度应小于宽度的 5 倍，以免模具强度和刚度不足。

4）冲孔时，为保证凸模有足够的强度和刚性，其孔距、孔径、孔边距等尺寸不能过小。一般冲圆形孔时，凸模最小直径为 $0.6 \sim 1.5t$，最小孔距和孔边距可参考图 1-10。

2. 弯曲工艺

弯曲是将板料弯成一定角度和曲率半径，获得一定形状制件的冲压方法。

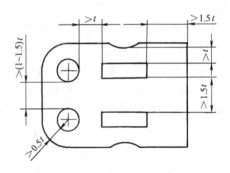

图 1-10　最小孔距和孔边距

（1）弯曲过程　图 1-11 所示为弯曲 V 形件的变形过程。在弯曲的开始阶段，坯料呈自由弯曲；随着凸模的下压，坯料与凹模工作表面逐渐靠紧，弯曲半径由 r_0 变为 r_1，弯曲力臂也由 l_0 变为 l_1；凸模继续下压，坯料弯曲区逐渐减小，直到与凸模三点接触，这时的曲率半径已由 r_1 变成了 r_2；此后，坯料的直边部分则向与以前相反的方向弯曲；到行程终止时，凸、凹模对坯料进行校正，使其圆角、直边与凸模全部靠紧。

（2）弯曲变形特点

1）弯曲变形只发生在弯曲件的圆角附近，直线部分不产生塑性变形。

2）在弯曲区域内，纤维沿厚度方向变形是不同的，即弯曲后，内侧的纤维受压缩而缩短，外侧的纤维受拉伸而伸长，在内、外侧之间存在着纤维既不伸长也不缩短的中间层。

3）从弯曲件变形区域的横断面来看，窄板（$B < 2t$）断面略呈扇形，宽板（$B > 2t$）断面仍为矩形，如图 1-12 所示。

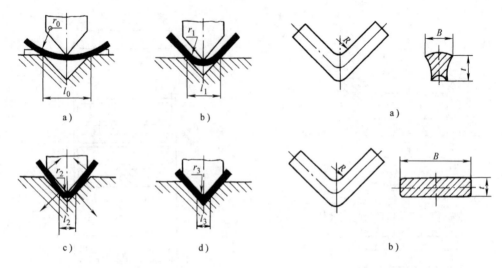

图 1-11 弯曲过程

图 1-12 弯曲区域的断面变化
a) 窄板 ($B < 2t$) b) 宽板 ($B > 2t$)

（3）弯曲件质量分析

1）弯裂与最小弯曲半径 $r_{\min}$。弯曲时板料外侧切向受拉伸，当外侧切向伸长变形超过材料的强度极限时，在板料的外侧将产生裂纹，此现象称为弯裂。在板料厚度一定时，弯曲半径 r 越小，变形程度越大，越容易产生裂纹。在不产生裂纹的条件下，允许弯曲的最小半径称为最小弯曲半径，以 $r_{\min}$ 表示。当弯曲半径不小于最小弯曲半径时，弯曲时一般不会产生裂纹。

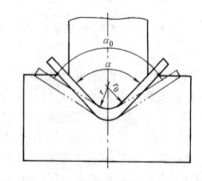

图 1-13 弯曲件的回弹现象

2）回弹。回弹是指弯曲时弯曲件在模具中所形成的弯曲角与弯曲半径在出模后会因弹性恢复而改变的现象。回弹也称弹复或回跳，是弯曲过程中常见而又难控制的现象。

回弹的程度以回弹角 $\Delta\alpha$ 表示。$\Delta\alpha$ 就是弯曲后制件的实际弯曲角 α_0 与模具弯曲角 α 的差值 $\Delta\alpha = \alpha_0 - \alpha$（图 1-13）。回弹角 $\Delta\alpha$ 越大，弯曲件角度变化越大，弯曲件的尺寸精度越低。

为了保证弯曲件的质量，可采用校正弯曲、加热弯曲和拉弯等工艺方法来减小回弹。

3）偏移。当弯曲件在弯曲过程中沿板料长度方向产生移动，出现使弯曲件两直边的高度不符合图样要求的现象，称之为偏移，如图 1-14 所示。

解决坯料在弯曲过程中的偏移，常采用压料装置（也起顶件作用），也可以用模具上的定位销插入坯料的孔（或工艺孔）内定位等方法。

（4）弯曲件的结构工艺性

1）弯曲件的圆角半径不宜小于最小弯曲半径，也不宜过大。因为过大时，受到回弹的影响，弯曲角度与圆角半径的精度都不易保证。

2）弯曲件的直边高度 h 应大于两倍料厚。弯曲时，当弯曲件的直边高度 h 过小时，弯曲时弯矩小，则不易成形。

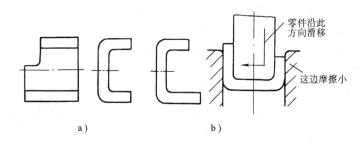

图 1-14　制件弯曲时偏移现象

a）制件要求形状　b）坯料产生偏移后的制件形状

3）对阶梯形坯料进行局部弯曲时，在弯曲根部容易撕裂。这时，应减小不弯曲部分的长度 b，使其退出弯曲线之外（图 1-15a）。假如弯曲件的长度不能减小，则应在弯曲部分与不弯曲部分之间加工出槽（图 1-15b）。

4）弯曲有孔的坯料时，如果孔位于弯曲区附近，则弯曲时孔会产生变形。应使孔边到弯曲区的距离大于 $1 \sim 2t$（图 1-15c），或弯曲前在弯曲区内加工一工艺孔（图 1-15d），或先弯曲后冲孔。

5）弯曲件形状应对称，弯曲半径应左右一致，以保证弯曲时板料受力平衡，防止产生偏移（图 1-15e）。

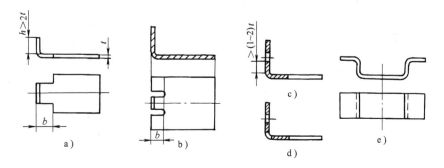

图 1-15　弯曲件的结构工艺性

3. 拉深工艺

拉深是利用模具使平面坯料变成为开口空心件的冲压方法。

（1）拉深过程　图 1-16 所示为将平板坯料拉深成空心筒形件的过程。拉深模的工作部分没有锋利的刃口，而是具有一定的圆角，其单边间隙稍大于坯料厚度，当凸模向下运动时，即将平面坯料经凹模的孔口压下，而形成空心的筒形件。

实践表明，在拉深过程中，筒底部分材料不发生塑性变形，筒壁部分发生了塑性变形，塑性变形的程度由底部向上逐渐增大。

（2）拉深变形的特点

1）变形程度大，而且不均匀，因此冷作硬化严重，硬度、屈服强度提高，塑性下降，内应力增大。

2）容易起皱。所谓起皱，是指拉深件的凸缘部分（无凸缘的制件在筒体口部）由于切向压应力过大，材料失去稳定而在边缘产生皱折，如图1-17所示。产生皱折后，不仅影响拉深件的质量，更严重的是使拉深无法进行。采用压料圈增加厚度方向的压应力，可防止起皱。

3）拉深件各处厚度不均。拉深件各处变形不一致，各处厚度也不一致，如图1-18所示。从图中可看出，拉深件的侧壁其厚度变化是不一样的，上半段变厚，下半段变薄，在凸模圆角部分变薄最严重，很容易拉裂而造成废品，故称该处为"危险断面"。

（3）拉深件的工艺性　拉深过程中，材料要发生塑性流动，故对拉深件应有下列工艺要求：

1）拉深件的形状应尽量简单、对称，尽可能一次拉深成形，否则应多次拉深并限制每次拉深程度在许用范围内。

2）凸缘和底部圆角半径不能太小，使拉深变形容易。

3）凸缘的大小要适当。凸缘过大时凸缘处不易产生变形；凸缘过小，压边圈不易产生作用，拉深时易起皱。

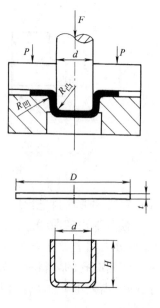

图 1-16　拉深过程

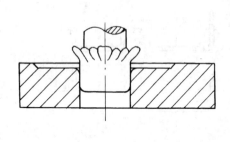

图 1-17　拉深件的起皱现象

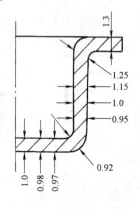

图 1-18　拉深时制件厚度的变化

4）拉深件的壁厚是由口部向底部逐渐减薄，因此对拉深件的尺寸标注应只标注外形尺寸（或内形尺寸）和坯料的厚度。

5）拉深件的直径公差等级一般为 IT12～IT15 级，高度尺寸为 IT13～IT16 级（公差可按对称公差标注）。当拉深件的尺寸公差等级要求高或圆角半径要求小时，可在拉深以后增加整形工序。

4. 制订冲压件加工方案的实例

现以图 1-19 所示制件为例说明冲压加工方案的制订方法。图 1-19a 所示制件形状不对称，弯曲易引起偏斜，所以采用两件成对加工。其加工方案是：外形落料→冲孔→弯曲→切断。图 1-19b 所示制件为带菱形凸缘的圆筒形拉深件，筒体部分采用拉深成形，凸缘部分在拉深筒体时先拉深成圆凸缘后再切边成菱形；筒体底孔和凸缘上的孔均在拉深后冲出。其加工方案是：毛坯落料→拉深（一次或多次）→底部冲孔→凸缘上冲孔→切边。

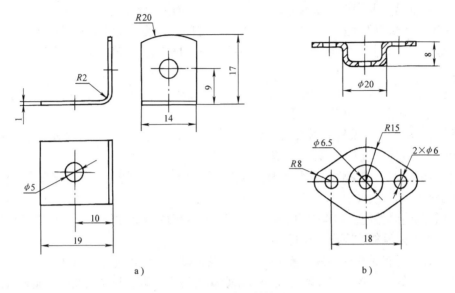

图 1-19　冲压制件图

a）支架（材料：08F，厚度：1.5mm）　b）壳体（材料：H62M，厚度：1mm）

第二节　塑料成形工艺及设备

一、塑料及其成形过程

1. 塑料

塑料是以树脂为基本成分，加入其他添加剂的可在一定条件下塑化成形并在一定条件下保持不变的物质。

（1）塑料的成分

1）树脂。树脂是塑料中主要的必不可少的成分。它决定了塑料的类型和主要性能，同时起胶粘塑料中其他成分的作用。

2）添加剂。添加剂是为改善塑料的某些性能而加入的物质。它主要有：

a. 填充剂（填料）。填料本身是一种惰性物质，不与树脂等发生化学反应，如木粉、石棉纤维等。它与塑料中其他成分混合后，主要用以提高塑料强度，减少树脂用量。有的填料还可以增加某些新的性能，如加入铝粉可提高塑料的反光能力和防止老化，加入银、铜粉末可制成导电塑料等。

b. 增塑剂。增塑剂是一种为了增加树脂的塑性和柔软性，改善其成形性能而加入的能与树脂相溶的不易挥发的高沸点有机化合物，如樟脑等。

c. 稳定剂。稳定剂是一种能阻缓塑料变质的物质。主要有光稳定剂、热稳定剂和耐氧化剂等。

d. 固化剂（硬化剂、交联剂）。固化剂是指树脂成形时能使分子链产生交联反应，由线型分子变为体型分子链而固化的物质。例如在环氧树脂中加入乙二胺制成的固化剂等。

此外，根据塑料的不同要求，还可分别加入着色剂、润滑剂、发泡剂、阻燃剂、防静电剂等添加剂。

（2）塑料的特性及用途　塑料有许多优良特性，应用十分广泛。

1）密度小。塑料密度一般在 $0.83 \sim 2.2 \mathrm{g/cm^3}$ 之间，仅为钢的 $1/8 \sim 1/4$、铝的 $1/2$。塑料的这一特性，对要求全面减轻自重的机械装置，例如车辆、船舶、飞机、宇宙航行器等有特殊重要的意义。

2）比强度（R_m/ρ）和比刚度（E/ρ）高。塑料因其密度小，故比强度和比刚度高。塑料的这一特性，在空间领域具有重要意义。

3）耐蚀性好。一般塑料能耐大气、水、油、酸和碱的腐蚀，而号称"塑料王"的聚四氟乙烯能耐"王水"的腐蚀。因而，塑料被广泛用在化工工业中。

4）优良的减摩、耐磨性。塑料因摩擦因数小而具有良好的减摩、耐磨性，能用作无润滑条件下工作的某些制件。

5）理想的绝缘性能。塑料对电、热、声都具有良好的绝缘性能，所以被广泛用作电绝缘材料、绝缘保温材料及隔声吸音材料。

此外，塑料还有成形性能好、着色范围广以及粘接性能好等优点。但和金属相比，塑料也存在着不足之处，如机械强度和硬度一般比金属材料低，耐热和导热性比金属材料差，且吸水性大，易老化等。这些缺点使塑料的应用受到一定限制。但由于塑料有上述优越性，且针对其不足之处加以改进，出现了新型、耐热、高强度的塑料，使塑料的应用越来越广泛。

（3）塑料的分类　塑料的品种很多，可从不同角度对其进行分类。

1）按塑料中树脂的分子结构和热性能分类，可分为热塑性塑料和热固性塑料。

a. 热塑性塑料。这类塑料中的树脂分子呈线型或支链型结构。在特定温度范围内能反复加热而软化，可成形，冷却后保持已成形的形状。如聚乙烯、聚丙烯、聚苯乙烯、ABS、聚碳酸酯等。

b. 热固性塑料。这类塑料中的树脂分子最终呈体型结构。在初受热时变软，可成形，但加热到一定温度或加入固化剂后，就会发生交联反应而硬化定型，形成体形结构，再加热时既不熔化也不溶解。如酚醛塑料、环氧塑料和氨基塑料等。

2）按性能及用途分类，可分为通用塑料、工程塑料、增强塑料和特殊用途的塑料。

a. 通用塑料是指产量大、价格低、用途广的塑料。主要有聚乙烯、聚氯乙烯、聚苯乙烯、聚丙烯、酚醛塑料和氨基塑料。在目前塑料总产量中，通用塑料占 $3/4$ 以上。

b. 工程塑料是指在工程技术中作为结构材料的塑料。与通用塑料相比，工程塑料有较高的强度、刚度、韧性、耐蚀性和耐热性。常用的有聚酰胺、聚碳酸酯、聚甲醛、ABS 塑料和聚砜等。

c. 增强塑料。这是一种在塑料中加入玻璃纤维等填料所组成的复合材料，具有优良的力学性能，比强度和比刚度高。

d. 特殊用途的塑料是指具有某一方面特殊性能的塑料，如氟塑料、导电塑料、导磁塑料等。

（4）塑料的工艺性能　塑料的工艺性能体现了塑料的成形特性，包括流动性、收缩性、结晶性、吸水性、固化速度、比容和压缩比、挥发物含量等。这里主要介绍塑料的流动性、收缩性、固化速度和挥发物含量。

1）流动性。塑料在一定的温度与压力下充满模具型腔的能力称为流动性。塑料的黏度越低，流动性越好，越容易充满型腔。

塑料的流动性对塑料制件质量、模具设计以及成形工艺影响很大。流动性好，表示容易充满型腔，但也容易造成溢料；流动性差，容易造成型腔填充不足。形状复杂、型芯多、嵌件多、面积大、有狭窄深槽及薄壁的制件，应选择流动性好的塑料。

2）收缩性。塑料自模具中取出冷却到室温后发生尺寸收缩的特性称为收缩性，其大小用收缩率来表示。

由于原料的差异、配料比例和工艺参数的波动，使塑料的收缩率不是一个常数，而是在一定范围内变化。同一制件在成形时，由于塑料的流动方向不同，受力的方向不同，各个方向的收缩也会不一致。这种收缩的不均匀在制件内部产生内应力，使制件产生翘曲、弯曲、开裂等缺陷。由于内应力存在等原因，冷却后的制件仍将继续产生收缩或变形，称为后收缩。如制件成形后还要进行退火等热处理，则在这些热处理后制件还可能要产生收缩，称为后处理收缩。

3）固化速度。固化速度是指从熔融状态的塑料变为固态制件时的速度。对热塑性塑料是指冷却凝固速度，对热固性塑料是指发生交联反应而形成体型结构的速度。固化速度通常是以固化制件单位厚度所需时间表示，单位为 s/mm。

固化速度用来确定成形工艺中的保压时间，固化速度快，表示所需的保压时间短。热固性塑料因要进行交联反应，它的固化速度比热塑性塑料慢得多，所需的保压时间也就要长得多。固化速度的大小除与塑料种类有关外，还可以通过将原料进行预热、提高模具温度、加大成形压力等提高固化速度。

4）挥发物含量。塑料中的挥发物包括水、氯、氨、空气、甲醛等低分子物质。挥发物的来源如下。

a. 塑料生产过程中遗留下来及成形之前在运输、保管期间吸收的。

b. 成形过程中化学反应产生的副产物。塑料中挥发物的含量过大，收缩率大，制件易产生气泡、组织疏松、变形翘曲、波纹等弊病。但挥发物含量过小，则会使塑料流动性降低，对成形不利。因此，一般都对塑料中挥发物含量有一个规定，超过这个规定时应对原料进行干燥处理。

2. 塑料的成形过程

塑料的成形是将塑料材料在一定的温度和压力作用下，借助于模具使其成形为具有一定使用价值的塑料制件的过程。塑料的成形方法很多，如注射、压缩、压注、挤出、吹塑、发泡等。这里主要介绍注射成形、压缩成形和压注成形。

（1）注射成形过程　注射成形过程包括加热预塑、合模、注射、保压、冷却定形、开模、推出制件等主要工步。现以螺杆式注射机的注射成形为例予以阐述（图1-20）。

1）加料、预塑。由注射机的料斗6落入料筒5内一定量的塑料，随着螺杆4的转动沿着螺杆向前输送。在输送过程中，塑料受加热装置3的加热和螺杆剪切摩擦热的作用而逐渐升温直至熔融塑化成黏流状态，并建立起一定的压力。当螺杆头部的压力达到能够克服注射液压缸8活塞后退的阻力（背压）时，在螺杆转动的同时，逐步向后退回，料筒前端的熔体逐渐增多，当螺杆退到预定位置时，即停止转动和后退。到此，加热塑化完毕，如图1-20c所示。

2）合模、注射。加料预塑完成后，合模装置动作，使模具1闭合，接着由注射液压缸带动螺杆按工艺要求的压力和速度，将已经熔融并积存于料筒端部的熔融塑料（熔料）经喷嘴 2 注射到模具型腔，如图 1-20a 所示。

3）保压、冷却。当熔融塑料充满模具型腔后，螺杆对熔体仍需保持一定压力（即保压），以阻止塑料的倒流，并向型腔内补充因制件冷却收缩所需要的塑料，如图 1-20b 所示。在实际生产中，当保压结束后，虽然制件仍在模具内继续冷却，螺杆就可以开始进行下一个工作循环的加料塑化，为下一个制件的成形作准备。

4）开模、推件（推出制件）。制件冷却定型后，打开模具，在推出机构的作用下，将制件脱出，如图 1-20c 所示。此时为下一个工作循环作准备的加热预塑也在进行之中。

注塑成形生产周期短，生产率高，容易实现自动化生产，制件精度容易保证，适用范围广。但设备贵，模具复杂。

（2）压缩成形过程 压塑成形过程包括加料、闭模、固化、脱模等主要工步。

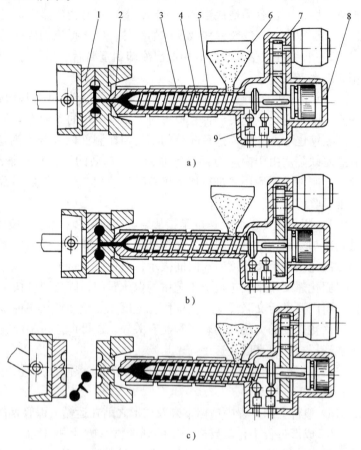

图 1-20　注射成形过程
a）合模注射　b）保压冷却　c）加料预塑、开模推出制件
1—模具　2—喷嘴　3—加热装置　4—螺杆　5—料筒　6—料斗
7—螺杆传动装置　8—注射液压缸　9—行程开关

1）加料。将粉状、粒状、碎屑状或纤维状的塑料放入成形温度下的模具加料腔中，如图 1-21a 所示。

2）合模加压。上模向下运动使模具闭合，然后加热、加压，熔融塑料充满型腔，产生交联反应固化成形，如图 1-21b 所示。

3）开模取件。当型腔中的塑料冷却后，打开模具，取出制件，即完成一个成形过程，如图 1-21c 所示。

压缩成形的优点是：没有浇注系统，料耗少；使用设备为一般压力机，模具结构简单；塑料在型腔内直接受压成形，有利于压制流动性较差的以纤维为填料的塑料；还可压制较大平面的制件。其缺点是：生产周期长、效率低；制件尺寸不精确；不能压制带有精细和易断嵌件的制件。

（3）压注成形过程　压注成形过程与压缩成形过程基本相同。如图 1-22 所示，先将塑料（最好是经预压成锭料和预热的塑料）加入模具的加料腔 2 内（图 1-22a）使其受热成为黏流状态，在柱塞 1 压力的作用下，黏流塑料经过浇注系统进入并充满闭合的型腔，塑料在型腔内继续受热受压，经过一定时间固化后（图 1-22b），打开模具取出制件（图 1-22c）。

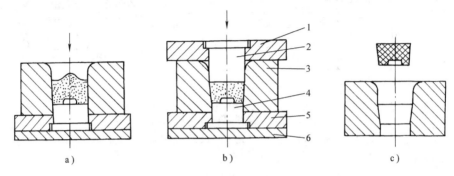

图 1-21　压缩成形过程

a）加料　b）合模加压　c）开模取件

1、5—凸模固定板　2—上凸模　3—凹模　4—下凸模　6—垫板

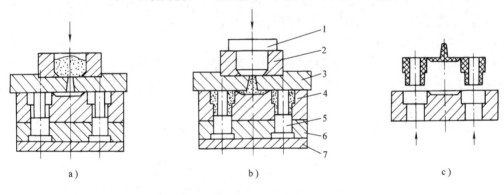

图 1-22　压注成形过程

a）加料　b）塑料充满型腔　c）开模取出制件

1—柱塞　2—加料腔　3—上模板　4—凹模　5—型芯　6—型芯固定板　7—垫板

压注成形时，塑料在单独设在型腔外的加料腔内塑化、加压进入模具型腔的，所以塑化均匀，可以成形形状复杂和带有精细嵌件的制件，且制件飞边小，尺寸精确。其缺点是有浇注系统，耗料多，压力损失大。

二、塑料成形设备

对塑料进行成形所用的设备称为塑料成形设备。按成形工艺方法不同，可分为注射机、液压机、挤出机、吹塑机等。这里主要介绍注射机和液压机。

1. 注射机

注射机是注射成形所用的设备，是最常用的塑料成形设备。按成形塑料的种类不同，注射机分为热塑性塑料注射机和热固性塑料注射机。这里只介绍热塑性塑料注射机。

（1）注射机的基本组成　一台普通型的注射机主要由注射装置、合模装置、液压传动和电器控制系统组成，如图 1-23 所示。

1）注射装置。使塑料均匀地塑化，并以足够的速度和压力将一定量的熔融塑料注入模

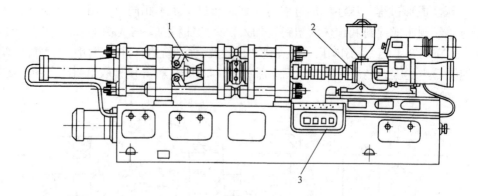

图 1-23　往复螺杆式注射机的组成

1—合模装置　2—注射装置　3—液压传动和电器控制系统

具型腔的装置。

2）合模装置。即锁模装置，实现模具开、合模动作，并保证在注射时模具可靠地合紧，开模时推出制件。

3）液压传动和电器控制系统。保证注射机按工艺过程动作程序和预定的工艺参数（压力、速度、温度和时间）的要求，准确有效地工作。

（2）注射机的型号及分类

1）注射机的规格型号。注射机规格型号的表示法，目前各国尚不统一，但主要有注射量、合模力、注射量与合模力同时表示三种。我国允许采用注射量、注射量与合模力两种表示方法。

a. 注射量表示法。例如 XS—ZY—500 注射机，各符号的意义如下：

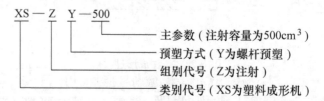

b. 合模力与注射量表示法。例如 SZ–63/50 注射机，各符号的意义如下：

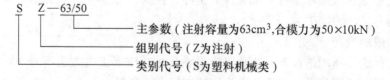

2）注射机的分类。按注射机的外形特征分类，可分为如下几种形式。

a. 卧式注射机。如图 1-24a 所示，卧式注射机的注射装置与合模装置的轴线呈一线水平排列。其优点是：机身低，便于操作和维修，机器重心低，安装稳定性好；制件顶出后可利用其自重而自动下落，容易实现全自动操作。缺点是：占地面积较大，模具的安装和嵌镶件的安放较麻烦。卧式注射机应用比较广泛，是目前国内注射机中的最基本形式。

b. 立式注射机。如图 1-24b 所示，这种注射机的注射装置和合模装置的轴线呈一线与水平方向垂直排列。其优点是：占地面积小，模具的装拆和嵌件的安放都较方便。其缺点是：制件顶出后，需用手或其他方法取出，不易实现全自动化操作，且因机身较高，稳定性差，维修和加料也不方便。这种类型的注射机多为注射量在 60cm^3 以下的小型注射机。

c. 角式注射机。角式注射机的注射装置和合模装置的轴线呈相互垂直排列。通常有两种形式，如图 1-24c、d 所示。其优缺点介于卧式和立式之间。由于注射成形时熔料是从模具的侧面进入模腔的，因此它特别适用于加工中心部分不允许留有浇口痕迹的制件。

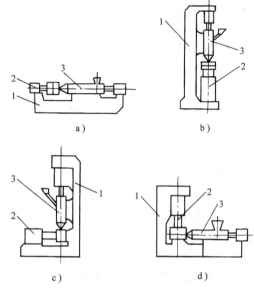

图 1-24　注射机的类型
a) 卧式　b) 立式　c)、d) 角式
1—机身　2—合模结构　3—注射装置

（3）注射机的主要技术参数

1）公称注射量。公称注射量是指在对空注射的条件下，注射螺杆或柱塞作一次最大注射行程时，注射装置所能达到的最大注出量。其大小在一定程度上反映了注射机的加工能力，标志所能成形制件的大小，因而是经常被用来表征注射机规格的参数。

注射量有两种表示法，一种是以加工聚苯乙烯塑料为标准，用注射出熔料的重量（单位为 g）表示；另一种是用注射出熔料的容积（单位为 cm^3）表示。我国注射机规格系列标准采用后一种表示法。

2）注射压力。为了克服熔料经喷嘴、浇注系统流道和型腔时所遇到的一系列流动阻力，螺杆或柱塞在注射时，必须对熔料施加足够的压力，此压力称为注射压力。

3）注射速率、注射时间与注射速度。注射时，为了使熔料及时地充满型腔，除了必须有足够的注射压力外，还必须使熔料有一定的流动速度。描述这一参数的量称为注射速率，也可用注射时间或注射速度表示。

4）塑化能力。塑化能力是指单位时内塑化装置所能塑化的物料量。

5）锁模力。又称合模力，是指注射机的合模装置对模具所能施加的最大夹紧力。当高压熔料充满型腔时，会产生一个很大的力使模具胀开，因此，必须依靠注射机的锁模力将模具夹紧。使模具不被胀开的锁模力应为

$$F \geqslant KpA \times 10^{-3} \tag{1-1}$$

式中　F——锁模力（kN）；

　　　p——注射压力（MPa）；

　　　A——制件和浇注系统在模具水平分型面上的投影面积总和（mm^2）；

　　　K——注射压力损耗系数，一般在 $0.4 \sim 0.7$ 之间。

6）合模装置的基本尺寸。合模装置的基本尺寸包括模板尺寸、拉杆间距、模板间最大开距、移动模板的行程、模具最大和最小厚度等。这些参数制约了注射机所用模具的尺寸范围和动作范围。

以上所述各技术参数主要反映注射机能否满足使用要求的性能特征，是选用注射机时必须参考校核的数据。

（4）注射机的选用　确定注射机规格时，应从以下几方面考虑。

1）一次注射成形周期内所需塑料的总体积应小于注射机的最大注出量。

2）注射机的最大注射压力必须大于成形制件所需的注射压力，并且锁模力必须大于型腔内熔体将模具沿分型面胀开的力。

3）模具的闭合高度必须在注射机允许模具的最大厚度和最小厚度之间；同时，模具的外形尺寸应小于注射机模板尺寸和注射机拉杆间距。

4）注射机最大开模行程应能保证制件和浇注系统凝料顺利地从模具上取下来。

2. 液压机

热固性塑料的成形方法一般是压缩成形和压注成形，所用的设备是液压机。

（1）液压机的基本组成　图1-25所示为塑料万能液压机的基本结构，主要由本体部分、操纵部分和动力部分三个基本部分组成。

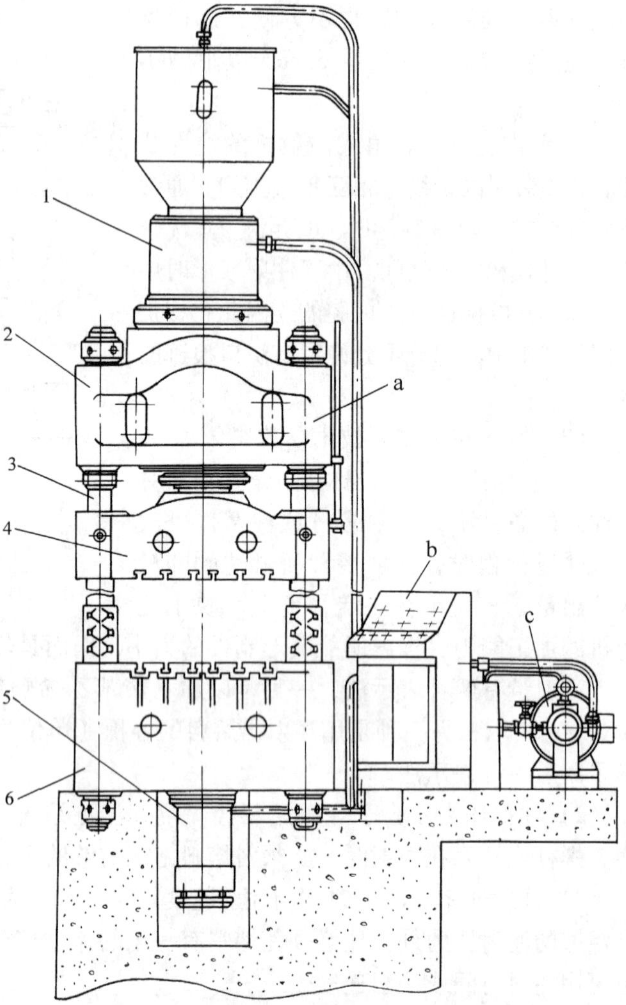

1）本体部分 a。包括机身（由上横梁2、下横梁6及立柱3组成）、活动横梁4、工作缸1、顶出缸5等，是实现压缩和压注成形的主体部分。

图 1-25　Y23—300 型塑料万能液压机

a—本体部分　b—操纵控制系统　c—动力部分　1—工作缸
2—上横梁　3—立柱　4—活动横梁　5—顶出缸　6—下横梁

2）操纵及液压系统 b。这是保证液压机按所需的技术要求和动作程序准确有效地进行工作的部分。

3）动力部分 c。即高压泵，它将机械能转变为液压能，向液压机的工作缸与顶出缸提供高压液体。

（2）液压机的规格型号及分类

1）液压机的规格型号。例如 Y71 - 63，各符号的意义如下：

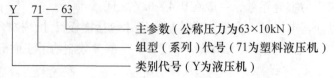

主参数（公称压力为63×10kN）
组型（系列）代号（71为塑料液压机）
类别代号（Y为液压机）

2）液压机的分类。

a. 根据液压机机架结构可分为框架式和立柱式。框架式主要用于小、中型液压机；立柱式主要用于中、大型液压机。

b. 根据液压机工作缸位置和加压方向的不同可分为单压上压式、下压式、双压式。上压式液压机的工作缸位于机架上方，工作台位于下方，如图 1-25 所示；下压式液压机的工作缸位于机架下方，如图 1-26 所示。因为上压式液压机生产操作方便，目前为成形热固性塑料制件应用最为广泛的设备。双压式液压机的上下部都有工作缸，都能产生压力，主要用于压注模塑。

（3）液压机的主要技术参数

1）公称压力：是指液压机名义上能产生的最大压力。它反映了液压机的主要工作能力，一般用来表示液压机的规格。

2）液体工作压力：是指液压机在工作过程中液压系统中液体的压力。

3）回程力：上压式液压机在完成压制后，其活动横梁向上回程时所能产生的最大力。液压机的最大回程力一般为公称压力的 20% ~ 50%。

4）其他参数：液压机的其他参数如升压时间、活动横梁运动速度、最大行程、活动横梁与工作台之间最大距离（最大净空距）及工作台尺寸等。

（4）液压机的选用原则

1）液压机的公称压力应大于成形所需的总压力，回程力也应大于开模时所需的开模力。

2）液压机的顶料力必须大于制件脱模时所需的脱模力，并且顶杆行程必须保证能可靠地脱出制件。

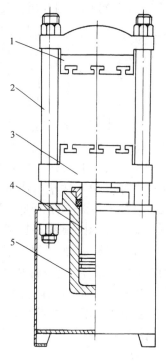

图 1-26 下压式液压机
1—上横梁 2—立柱 3—活动横梁
4—活塞杆 5—工作缸

3）液压机上下工作台之间的距离、工作台尺寸及 T 形槽的位置等应能保证模具的正确安装。

三、塑料制件及注射成形工艺

1. 塑料制件

由塑料制成的零件称为塑料制件。设计塑料制件不仅要满足使用要求，而且要符合成形工艺特点，并尽可能使模具结构简化。制件设计应注意以下几方面。

（1）制件的尺寸、精度和表面质量

1）制件的尺寸。制件的尺寸是指制件的总体尺寸，而不是壁厚、孔径等结构尺寸。它主要取决于塑料的流动性。流动性好的塑料，制件尺寸可大些，反之应小些。

2）制件的尺寸精度。制件在成形过程中塑料的收缩和收缩的不均匀性、工艺参数的波动、脱模时的变形、脱模斜度、模具制造精度和使用过程中的磨损等因素都将影响制件精度，致使制件尺寸精度降低。标准 SJ/T 10628—95 将制件精度分为 1 ~ 10 十个等级。

3）制件的表面质量。制件的表面质量包括有无斑点、条纹、凹痕、起泡、变色等表面缺陷，还有表面光泽性和表面粗糙度。必须避免表面缺陷，表面光泽性和表面粗糙度应根据制件使用要求而定。

（2）制件的结构设计

1）形状。制件的形状必须便于成形以简化模具结构，降低成本，提高生产率和保证制件质量。因此，制件的内外表面的形状应尽量避免出现侧凹槽或与脱模方向垂直的孔。在图1-27和图1-28中，图b的结构形状比图a的结构形状合理。

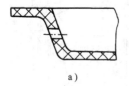
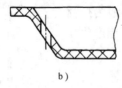
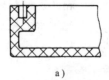
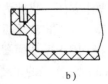

| a） | b） | | a） | b） |

图1-27 具有侧孔的制件　　　　图1-28 具有侧凹的制件

2）壁厚。制件壁厚必须满足使用要求和工艺要求。壁厚太小，流动阻力大，成形困难；壁厚太大，生产率低，且易产生气泡、缩孔等缺陷，从而影响产品质量。因此，必须合理选择壁厚（热塑性塑料通常选取2～4mm），且同一制件上各部位的壁厚应尽可能均匀一致。在图1-29中，图b的壁厚比图a合理。

3）脱模斜度。为了便于制件脱模，防止擦伤制件表面，设计时应考虑制件内外表面沿脱模方向均应具有合理的脱模斜度。脱模斜度的大小，主要取决于塑料的收缩率、制件形状和壁厚以及制件的部位等。在通常情况下，脱模斜度为$30' \sim 1°30'$。

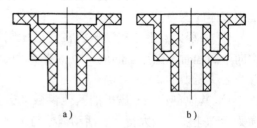

a）　　　　　　b）

图1-29 制件的壁厚

4）加强肋。为了确保制件的强度和刚度，并改善制件壁厚，可在制件适当位置上设置加强肋，有时加强肋还能改善成形时熔体的流动状况。图1-30中，图a、图c壁厚大而不均匀，图b、图d采用了加强肋，壁厚均匀，既节省材料，又提高了强度、刚度，避免了气泡、缩孔等缺陷。加强肋一般设计得矮一些、多一些为好。

a）　　　　b）　　　　c）　　　　d）

图1-30 制件的加强肋

5）圆角。在制件各转角处均应设计成圆角，这不仅有利于塑料充模时的流动，而且避免了应力集中，提高了制件的强度。圆角半径一般不应小于0.5mm。

6）制件的花纹、标记、符号和文字。制件上的花纹应易于成形和脱模，便于模具制造。因此，纹向应设计成与脱模方向一致。制件上的标记、符号或文字

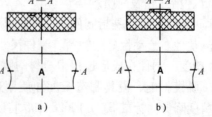

a）　　　　　　b）　　　　　　c）

图1-31 制件上的文字形式

有三种形式存在：

a. 在制件上压出凹字（图1-31a），模具型腔上制成凸字，但模具制造困难。

b. 制件上是凸字（图1-31b），型腔内是凹字，模具制造容易，但字体凸出制件，容易损坏。

c. 在制件上压出凹坑，在凹坑内压出凸字（图1-31c），模具采用镶块形式，制造容易、美观、耐用。

总之，制件的结构设计应满足其工艺性。图1-32所示为制件结构修改实例，图中a、b所示的不合理结构其壁厚不均匀，易产生缩孔、翘曲变形，合理结构分别为改进后的情况；图c的修改避免了制件的内侧凹，便于脱模。图d的修改是为了避免侧抽芯，简化模具结构；图e是为了便于抽出型芯。

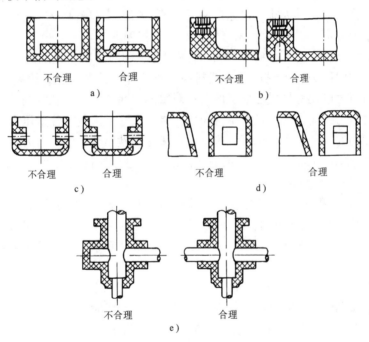

图1-32 塑料制件结构工艺性比较

2. 注射成形工艺

注射成形时所需的温度、压力和时间是注射成形过程中的主要工艺参数，它们的选择是否恰当，将直接影响制件的质量、生产率的高低，要特别引起重视。

（1）成形温度 成形是将原料加热到一定温度范围内进行的。成形温度是指进行正常成形时所需的温度，它包括以下几部分。

1）料筒温度。料筒温度应控制在黏流温度 T_f（或熔点 T_m）与分解温度 T_d 之间，即 $T_f \sim T_d$（对非结晶型塑料）或 $T_m \sim T_d$（对结晶型塑料）。对于黏流温度与分解温度之间范围较窄的塑料，为防止塑料分解，料筒温度应取偏低一些（即比 T_f 稍高）。反之，料筒温度可以适当高一些。

同一种塑料，平均相对分子质量高的、相对分子质量分布较窄的塑料，熔体黏度大，料筒温度应高些；反之，料筒温度可低些。

对薄壁制件，为了利于成形，料筒温度应选择高些；相反，厚壁制件料筒温度可选择低些。对于形状复杂或带有嵌件的制件，料筒温度也应选择高些；螺杆式注射机通常比柱塞式注射机的料筒温度低 10 ~ 20℃。

2）喷嘴温度。为防止熔体在直通式喷嘴上可能发生的"流涎现象"（俗称淌料），通常喷嘴温度应比料筒最高温度略低。但喷嘴温度也不宜过低，否则将会造成塑料早凝而堵塞喷嘴，或使冷料流入型腔而影响制件质量。

3）模具温度。模具温度对熔体的流动、制件的内在性能及外观质量有很大影响，应低于塑料的玻璃化温度或工业上常用的热变形温度，以保证塑料熔体凝固定型和脱模。对壁厚大的制件，模具温度一般应较高，以减小内应力和防止制件出现凹陷等缺陷。

（2）成形压力　成形压力包括塑化压力和注射压力两部分。

1）塑化压力。塑化压力是指采用螺杆式注射机时，螺杆顶部熔体在螺杆旋转后退时所受到的压力，亦称背压，其大小可以通过液压系统中的溢流阀来调整。塑化压力一般应在保证塑料制件质量前提下，以低些为好，通常很少超过 2MPa。

2）注射压力。注射压力是指注射时柱塞或螺杆顶部对塑料所施加的压力。对于熔体黏度高的塑料，其注射压力应比黏度低的塑料高；对于柱塞式注射机，因料筒内压力损失较大，所以其注射压力应比螺杆式注射机的高；对壁薄、面积大、形状复杂及成形时熔体流程长的制件，注射压力也应该高；模具结构简单，浇口尺寸较大的，注射压力可低些；料筒温度高、模具温度高的，注射压力也可低些。对一般热塑性塑料，注射压力为 40 ~ 130MPa。

（3）成型时间（成形周期）　完成一次注射成形过程所需的时间称为成形时间（或成形周期），它包括以下几部分。

1）注射时间。注射时间是指合模后，注射机开始进行注射到塑料充满模具型腔的时间。注射时间的长短取决于注射速度。注射速度快，注射时间短，但对成形不利。因此，一般采用低速注射，适当延长注射时间；但对于薄壁、形状复杂的制件，应提高注射速度以缩短注射时间。

2）保压时间。保压时间是指型腔内的压力达到额定值以后保持压力的时间。保压时间取决于制件的形状和壁厚，制件的形状复杂、尺寸大，保压时间长。

3）冷却时间。冷却时间是指解除型腔压力到开模为止的这一段时间。冷却时间主要取决于制件壁厚、模具温度、塑料的热性能及结晶性能等。一般来说，冷却时间在保证制件脱模时不引起翘曲变形的情况下越短越好，通常在 30 ~ 120s 之间。

4）其他时间。其他时间是指开模、取件、安放嵌件、涂喷脱模剂和闭模等时间。

第三节　压铸工艺及设备

一、压铸及压铸合金

1. 压铸概念及特点

压铸即压力铸造，是将熔融合金在高压、高速条件下充填型腔，并在高压下冷却凝固成形的一种精密铸造方法。用压铸成形获得的制件称为压铸件，简称铸件。

由于压铸时熔融合金在高压、高速下充填，冷却速度快，因此有以下优点。

1）压铸件的尺寸精度和表面质量高。

2）压铸件组织细密，硬度和强度高。

3）可以成形薄壁、形状复杂的压铸件。

4）生产率高、易实现机械化和自动化。

尽管压铸法有以上优点，但也存在一些缺点：压铸件易出现气孔和缩松；压铸合金的种类受到限制；压铸模和压铸机成本高、投资大，不宜小批量生产等。

2．压铸合金

（1）对压铸合金的基本要求　　根据压铸工艺特点，为了满足压铸件的使用要求，保证压铸件质量，对压铸合金提出以下基本要求：

1）流动性好，结晶温度范围小，产生气孔、缩松的倾向小。

2）线收缩率和裂纹倾向性小，压铸件不易产生裂纹，尺寸精度高。

3）强度和硬度高，塑性好。

4）熔点低，不易吸气和氧化。

5）性能稳定，耐磨和耐蚀性好。

6）密度小，导电和导热性好。

（2）压铸合金的种类与性能　　压铸合金可分为铸造铁合金和铸造非铁合金两大类。铸造铁合金因其熔点高，易氧化和开裂，因此，在压铸生产中应用较少。铸造非铁合金分为低熔点合金和高熔点合金。低熔点合金有铅合金、锡合金和锌合金等；高熔点合金有铝合金、镁合金和铜合金等。目前，使用的大多数压铸合金是铝合金、锌合金、镁合金和铜合金。

1）锌合金。锌合金熔点低，铸造性能好，可压铸复杂制件，熔化及压铸时不粘铁，故不易粘模，铸件表面易镀金属（Cr、Ni 等）。但密度大，易老化，耐蚀性不高。锌合金可用高速热压室压铸机或全自动压铸机压铸。

2）铝合金。铝合金铸造性能好，密度小，强度高，耐磨性、导热性和导电性都很好，切削性能良好。但铝合金和铁有很强的亲和力，因此铝合金应在冷压室压铸机上压铸。

3）镁合金。镁合金的特点是密度小（一般为铸铁的 25%，铝合金的 64%），机械强度高，因此常用于既要求轻便又要求有一定强度的场合。镁在热压室或冷压室压铸机上均可压铸。

4）铜合金。铜合金机械强度高，导热性、导电性好，密度大，熔点高，但铜合金的价格比较昂贵。黄铜一般使用冷压室压铸机压铸。

5）铅合金和锡合金。铅合金和锡合金是压铸生产中首先使用的合金，用来制造印刷铅字，由于其铸件的密度高、熔点低以及用途特殊等，所以不是压铸研究和发展的主流。

常用压铸合金的化学成分及力学性能可查阅有关材料手册。

二、压铸设备

压铸机是压铸生产的专用设备，压铸过程只有通过压铸机才能实现。

1．压铸机的基本组成

压铸机主要由合模机构、压射机构、液压及电器控制系统、基座等部分组成，如图1-33所示。

（1）合模机构　　开、合模及锁模机构统称为合模机构，其作用是实现压铸模的开、合动作，并保证在压射过程中模具可靠地锁紧，开模时推出压铸件。

（2）压射机构　　压射机构是将熔融合金压入模具型腔填充成形为压铸件的机构，是实现压铸工艺的关键部分。

（3）液压及电器控制系统　其作用是保证压铸机按预定工艺过程要求及动作顺序准确有效地工作。

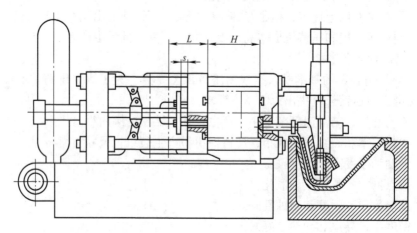

图 1-33　热压室压铸机结构图

（4）基座　支承压铸机以上各部分的部件，是压铸机的基础部件。

2. 压铸机的种类

压铸机一般分为热压室和冷压室两大类。冷压室压铸机按压室结构和布置方式又分为卧式和立式两种。

（1）热压室压铸机　热压室压铸机的结构形式如图 1-33 所示，其压室与坩埚联成一个整体。压铸过程如图 1-34 所示，压射冲头 3 上升时，熔融合金 1 通过进口 5 进入压室 4 内，合模后，在压射冲头作用下，熔融合金由压室经鹅颈管 6、喷嘴 7 和浇注系统进入压铸型 8 的型腔，冷却凝固成形后压射冲头回升，然后由推出机构推出铸件，完成一个压铸循环。

热压室压铸机结构简单，操作方便，生产率高，工艺参数稳定，压铸件质量好。但由于压室、压射冲头长时间浸在熔融合金中，极易产生黏咬和腐蚀，影响使用寿命，因此热压室压铸机通常仅用于压铸铅、锌、锡等低熔点合金铸件，有时也用于压铸小型镁合金铸件。

（2）冷压室压铸机

1）卧式冷压室压铸机。卧式冷压室压铸机的结构形式如图 1-35 所示，其压室和压射机构处于水平位置，压室中心线平行于模具运动方向。该压铸机的压铸过程如图 1-36 所示，合模后，熔融合金 3 浇入压室 2，压射冲头 1 向前推进，熔融合金经浇道 7 压入模具型腔 6，凝固冷却后形成铸件。开模时，余料 8 借助压射冲头前伸的动作离开压室，同铸件一起取出，完成一个压铸循环。

卧式冷压室压铸机压力大，操作简单，生产率高，便于实现自动化，因此广

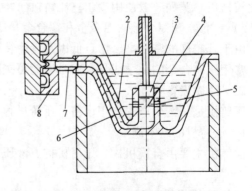

图 1-34　热压室压铸机压
铸过程示意图

1—熔融合金　2—坩埚　3—压射冲头　4—压室
5—进口　6—鹅颈管　7—喷嘴　8—压铸型

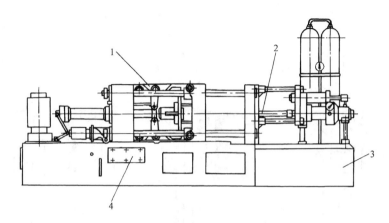

图 1-35 J1125 型卧式冷压室压铸机

1—合模机构 2—压射机构 3—基座 4—控制系统

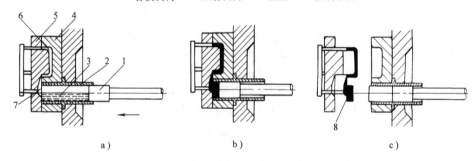

a) b) c)

图 1-36 卧式冷压室压铸机压铸过程示意图

a) 合模 b) 压铸 c) 开模

1—压射冲头 2—压室 3—熔融合金 4—定模 5—动模 6—型腔 7—浇道 8—余斜

泛用于压铸各种非铁合金铸件。

2）立式冷压室压铸机。立式冷压室压铸机结构形式如图 1-37 所示。其压室和压射机构处于垂直位置，压室中心线垂直于模具运动方向。压铸机的压铸过程如图 1-38 所示，合模后，浇入压室 2 中的熔融合金 3 被已封住喷嘴孔的反料冲头 8 托住，当压射冲头 1 向下运动压至熔融合金液面时，反料冲头开始下降，打开喷嘴 6，熔融合金进入模具型腔 7，凝固后，压射冲头退回，反料冲头上升切断余料 9，并将其顶出压室，取走余料后，反料冲头降至原位，然后开模取出压铸件，即完成一个压铸循环。

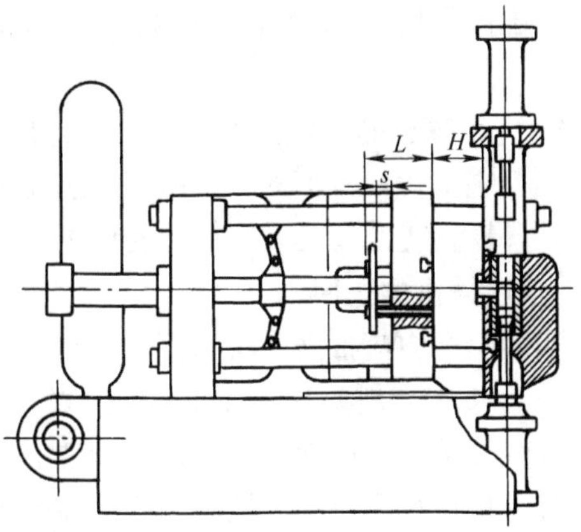

立式冷压室压铸机的最大特点是在压铸前反料冲头封住了喷嘴，有利于防止杂质进

图 1-37 立式冷压室压铸机结构图

入型腔。但由于增加了反料机构，结构复杂，操作和维修不便，所以立式压铸机主要用于开设中心浇口的各种铸件的生产。

3. 压铸机的型号和主要技术参数

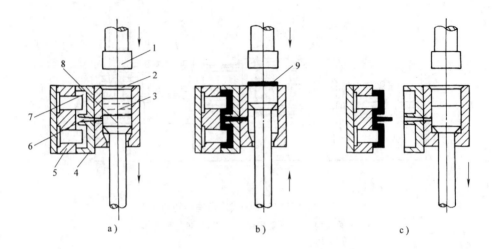

图 1-38　立式冷压室压铸机压铸过程示意图

a）合模　b）压铸　c）开模

1—压射冲头　2—压室　3—熔融合金　4—定模　5—动模　6—喷嘴

7—型腔　8—反料冲头　9—余料

（1）压铸机的型号　目前，国产压铸机已经标准化，其型号主要反映压铸机类型和锁模力大小等基本参数。例如，J1113C 各符号意义如下：

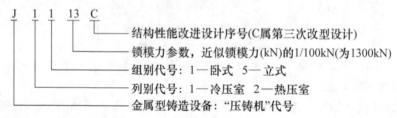

在国产压铸机型号中，普遍采用的主要有 J213B、J1113C、J113A、J116D、J1163 等型号。

（2）压铸机的主要技术参数　压铸机的主要技术参数已经标准化，在产品说明书上均可查到。主要参数有锁模力、压射力、压室直径、压射比压、压射位置、压室内合金的最大容量、开模行程及模具安装用螺孔位置尺寸等。

4. 压铸机的选用

实际生产中应根据产品的要求和具体情况选择压铸机。一般从以下两个方面进行考虑。

（1）按生产规模及压铸件品种选择压铸机　在组织多品种、小批量生产时，一般选用液压系统简单、适应性强和能快速调整的压铸机；在组织少品种、大批量生产时，则应选用配备各种机械化和自动化控制机构的高效率压铸机；对单一品种大量生产时，可选用专用压铸机。

（2）按压铸件的结构和工艺参数选择压铸机　压铸件的外形尺寸、质量、壁厚以及工艺参数对压铸机的选用有重大影响，一般应遵循以下原则。

1）压铸机的锁模力应大于胀型力在合模方向上的合力。

2）每次浇入压室中熔融合金的质量不应超过压铸机压室的额定容量。

3）压铸机的开、合模距离应能保证铸件在合模方向上能获得所需尺寸，并在开模后能顺利地从压铸模上取出铸件和浇注系统凝料。

4）压铸机的模板尺寸应能满足压铸模的正确安装。

三、压铸件与压铸工艺

1. 压铸件

压力铸造的最终产品就是压铸件。压铸件结构工艺性的合理与否，关系到能否压铸出符合使用要求的高质量压铸件。压铸件的结构工艺性主要包括以下内容。

（1）壁厚　实践证明，压铸件壁的厚薄对压铸件的质量有很大影响，壁太厚易产生气孔和缩松等缺陷，因此在保证压铸件强度和刚度的条件下，应尽可能减小其壁厚。但压铸件壁厚也不能太薄，以免产生欠铸和冷隔现象。一般情况下，壁厚不宜超过 4.5mm，最大壁厚与最小壁厚之比不要大于 3∶1，在较厚部位可采用增设加强肋以减小壁厚，如图 1-39 所示。

（2）铸造圆角和起模斜度　在铸件壁与壁连接处，都应设计成圆角，这不仅有利于金属流动和压铸件成形，避免压铸件产生应力集中和裂纹，而且还可以延长压铸模的使用寿命。通常，铸造圆角半径最小值可取相邻两壁厚之和的 0.5～1.0 倍。

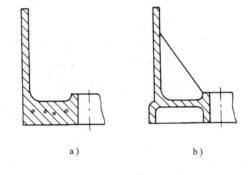

图 1-39　增设加强肋使压
铸件壁厚均匀

为便于压铸件脱模，防止表面划伤，延长压铸模的使用寿命，压铸件应有合理的起模斜度。起模斜度的大小取决于合金性质和铸件壁厚，高熔点合金及收缩率大的合金铸件，起模斜度较大，铸件壁厚越大，起模斜度也越大。此外，铸件内表面或孔比外表面的起模斜度要大。一般起模斜度取 20′～1.0°。

（3）孔和槽　能直接铸出小而深的孔和槽是压铸成形的一个优点。但由于压铸合金在冷却过程中向铸件中心逐渐收缩时，对型芯产生很大包紧力，使细长型芯抽出时容易弯曲和折断，因此，压铸孔和槽的最小尺寸受到一定限制。一般孔径不小于 2.0mm，孔深不大于孔径的4～8 倍，孔间距在 10mm 以上。槽宽最小值为 1.0～1.5mm，槽深最大值为 10～12mm。

（4）图案、文字和标志　压铸件的图案、文字和标志应设计为凸体，且避免尖角，图形和笔划应力求简单。

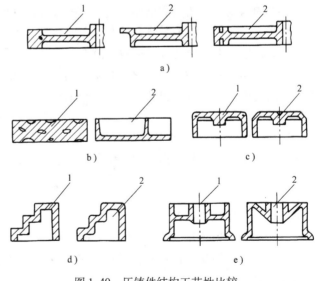

图 1-40　压铸件结构工艺性比较
1—不合理　2—合理

总之，压铸件的结构应尽可能满足其工艺性要求。图 1-40 所示为压铸件结构合理性比较实例，其中图 a、b、c 中的 1 分别为轮形、矩形、箱形铸件壁太厚产生气孔的情况，2 为合理结构；图 d 是把尖角改为圆角；图 e 的结构是为了增大起模斜度。

2. 压铸工艺

压铸生产中影响熔融合金充型的主要工艺参数是压力、速度、温度和时间等，只有对这些工艺参数进行正确选择和调整，才能保证在其他条件良好的情况下，生产出合格的压铸件。

（1）压力

1）压射力。压铸机压射缸内的工作液作用于压射冲头使其推动熔融合金充填模具型腔的力，称为压射力，它反映压铸机的功率大小。压射力的计算式为

$$F = \frac{p'\pi d^2}{4} \tag{1-2}$$

式中　F——压射力（N）；

　　　p'——压射缸内工作液的压力（MPa）；

　　　d——压射冲头直径（mm）。

2）压射比压。压射比压是指压射冲头作用于熔融合金单位面积上的压力。其计算式为

$$p = \frac{F}{A} = \frac{4F}{\pi d^2} \tag{1-3}$$

式中　p——压射比压（MPa）；

　　　A——压射冲头截面积（mm^2）；

　　　F——压射力（N）；

　　　d——压射冲头直径（mm）。

通常把填充阶段的比压称填充比压，充型结束时的比压称压射比压。选择比压时，应根据压铸件的强度、致密性和壁厚等确定。一般压铸件要求强度越高，致密性越好，比压就越大；对薄壁压铸件因充型困难，填充比压就要大些；对厚壁压铸件因凝固时间长，故填充比压可小些，但压射比压要大。值得注意的是，由于比压过高会使模具受到熔融合金的强烈冲刷和增加粘模的可能性，降低模具寿命，且模具易胀开。因此，一般在保证压铸件成形和使用要求的前提下，应选用较低的比压（一般比压为 30～90MPa）。调整压射力和压射冲头直径可调节比压大小。

3）胀型力。由于压射比压的作用，使正在凝固的熔融合金将压射比压传递给型腔壁面的压力称为胀型力。其计算式为

$$F_Z = pA \tag{1-4}$$

式中　F_Z——胀型力（N）；

　　　p——压射比压（MPa）；

　　　A——压铸件、浇口和排溢系统在分型面上的投影面积总和（mm^2）。

（2）速度

1）压射速度：指压室内压射冲头推动金属液的移动速度。分为高速和低速两个阶段。

通过压铸机压射速度调节阀可实现无级调速。一般压射速度为 0.3 ~ 5m/s。

2）充填速度：指熔融合金在压射冲头作用下通过内浇口进入型腔时的线速度，也称内浇口速度。充填速度偏低，会使铸件轮廓不清晰，甚至不能成形；充填速度偏高，会使铸件质量和模具寿命降低。选择充填速度时，应根据铸件大小、复杂程度、合金种类来确定。对壁厚或内部质量要求较高的铸件，应选择较低的充填速度和较高的压射比压；对于薄壁、形状复杂或表面质量要求较高的铸件，应选择较高的充填速度和较高的压射比压。一般充填速度为 10 ~ 35m/s。调整充填速度的主要方法是调整压射速度、改变比压和调整内浇口的截面积。

（3）温度

1）浇注温度：指熔融合金自压室进入型腔时的平均温度，通常用保温炉内的熔融合金温度表示。浇注温度过高，合金收缩大，铸件易产生变形和裂纹，且易黏模；浇注温度过低，充型困难，铸件易产生冷隔、表面流纹和浇不足等缺陷。

选择各种合金的浇注温度要根据铸件壁厚和复杂程度来确定。对结构复杂、薄壁的铸件，应选择较高的浇注温度，一般为 430 ~ 970℃；对结构简单、厚壁的铸件，应选择较低的浇注温度，一般为 410 ~ 920℃。

2）模具温度：指模具的工作温度。压铸模在压铸前要预热到一定的温度。预热的作用如下：

a. 避免熔融合金因激冷而充型困难或产生冷隔，或因线收缩加大而使铸件开裂。

b. 避免模具因激热而胀裂。

c. 调整模具滑动配合间隙，以防合金液穿入。

d. 降低型腔中的气体密度，有利于排气。

压铸模的预热，一般可采用煤气喷烧、喷灯、电热器和感应加热。

在连续生产中，压铸模的温度往往会不断升高。模具温度过高，易产生粘模，导致铸件推出变形，模具局部卡死甚至损坏。因此，当压铸模温度过高时，应采用冷却措施控制其温度。通常用压缩空气或水冷却。模具工作温度按下列经验公式计算

$$t_m = \frac{1}{3}t_j \pm 25℃ \qquad (1\text{-}5)$$

式中　t_m——压铸模工作温度（℃）；

　　　t_j——合金浇注温度（℃）。

（4）时间

1）充填时间：是指熔融合金自开始进入模具型腔到充满型腔所需的时间。充填时间的长短取决于铸件体积和复杂程度。体积大而形状简单的铸件，充填时间应长些；体积小而形状复杂的铸件，充填时间应短些；如只要求压铸件表面粗糙度值低，则应快速填充，如只要求卷入压铸件内的气体少，则应慢速填充。不论合金的种类和压铸件的形状如何，填充时间都很短。

2）保压时间：是指熔融合金从充满型腔到内浇口完全凝固之前，冲头压力所持续的时间。保压时间的作用一方面是加强补缩，另一方面可使组织更致密。

保压时间的长短取决于铸件的材质和壁厚。对于熔点高、结晶温度范围大的厚壁铸件，

保压时间应长些；而对熔点低、结晶温度范围小的薄壁铸件，保压时间可以短些。一般保压时间为 1~2s。对结晶温度范围大和厚壁铸件，保压时间为 2~3s。

3）留模时间：是指保压时间终了到开模推出铸件的时间。留模时间以推出铸件不变形、不开裂的最短时间为宜。一般合金收缩率大、强度高、压铸件壁薄、模具热容量大、散热快，留模时间应短些，一般为 5~15s；反之应长些，一般为 20~30s。

（5）涂料 压铸过程中，对模具型腔与型芯表面、滑动块、推出元件、压铸机的压射冲头和压室等所喷涂的滑润材料和稀释剂的混合物，统称为压铸涂料。

1）涂料的作用如下：

a. 改善模具工作条件。涂料可避免熔融合金直接冲刷型腔和型芯表面。

b. 改善成形条件，降低模具热导率，保持合金的流动性。

c. 提高铸件质量和延长模具寿命，减少铸件与模具成形部分的摩擦，并防止粘模（对铝合金而言）。

但值得提出的是，涂料使用不当会导致铸件产生气孔和夹渣等缺陷。

2）涂料的种类。压铸用涂料的种类很多，常用涂料及配方见表 1-3，供选用时参考。

表 1-3　压铸用涂料及配制方法

序号	原材料名称	质量分数（%）	配 制 方 法	使 用 范 围
1	胶体石墨（油剂）	—	成品	1. 用于铝合金，防粘型效果好 2. 用于压射冲头、压室和易咬合部分
2	天然蜂蜡	—	块状或保持在温度不高于 85℃ 的熔融状态	用于锌合金且表面要求光洁的部分
3	氟化钠 水	3~5 97~95	将水加热至 70℃~80℃ 再加氟化钠搅拌均匀	用于由于合金冲刷易产生黏型的部分
4	石墨 全损耗系统用油	5~10 95~90	将石墨研磨过筛（200#），再放入 40℃ 左右的全损耗系统用油中搅拌均匀	1. 用于铝合金铸件 2. 用于压射冲头、压室部分效果良好
5	锭子油	30# 50#	成品	用于锌合金润滑
6	聚乙烯 煤油	3~5 97~95	将聚乙烯小块泡在煤油中，加热至 80℃ 左右熔化而成	用于铝合金、镁合金成形部分
7	氧化锌 水玻璃	5 1.2	将水和水玻璃一起搅拌，然后倒入氧化锌搅匀	用于大中型铝合金、锌合金铸件
8	硅橡胶 铝粉 汽油	3~5 1~3 余量	硅橡胶溶于汽油中，使用时加入质量分数为 1%~3% 的铝粉	用于铝合金且表面要求光洁的场合
9	黄血盐	—	成品	用于铜合金作清洁剂

3）涂料的使用要求如下：

a. 用量要适当，避免厚薄不均或过厚。

b. 合模浇注前，必须挥发掉涂料中的稀释剂。

c. 避免涂料堵塞排气槽。

d. 在型腔转折、凹角部位不应有涂料沉积。

思考与练习题

1. 什么是冲压？其工序可分为哪两大类？

2. 对冲压材料有哪些要求？常用的冲压材料及冲压设备有哪些？应按照哪些原则来选择冲压设备？

3. 简述冲裁过程及冲裁件的剪切面特征。

4. 什么是弯裂、弯曲时的回弹和偏移？如何克服和减小这些现象？

5. 什么是塑料？试举例说明塑料的特性及用途。

6. 塑料模塑成形方法及成形设备有哪些？如何选择塑料的注射成形机？

7. 对塑料制件的设计有什么要求？

8. 塑料注射模塑成形过程有哪三大工艺参数？如何确定这些工艺参数？

9. 简述压铸合金、压铸设备的种类及特点。

10. 压铸件结构工艺性包括哪些内容？压铸生产过程中如何选择比压、充填速度和时间等工艺参数？

第二章 模具的基本结构及零部件

模具是采用成形方法大批量生产各种同形制品零件（简称制件）的工具，是工业生产中的主要工艺装备。模具的种类很多，根据成形加工的工艺性质和使用对象的不同，可分为冷冲模、锻模、压铸模、粉末冶金模、塑料模、陶瓷模、玻璃模、橡胶模及铸造金属模等。

本章主要介绍生产中应用广泛的冷冲模、塑料模和压铸模的基本结构及其主要零部件。

第一节 冷冲模的基本结构及零部件

冷冲模（简称冲模）是实现冲压生产的专用工具和主要工艺装备。利用冲模可以制得各种平板件、空心件、弯曲件及其他特殊形状的金属制件。冲模的结构及其合理性对制件的表面质量、尺寸精度、生产率及经济效益等都有直接的关系。

由于可用冲压成形的制件是多种多样的，因而冲模的类型也很多。通常按工序性质可分为冲裁模（主要为冲孔模和落料模）、弯曲模、拉深模和其他成形模；按工序的组合方式可分为单工序模、复合模和级进模等。

一、冲模的基本结构

冲模的类型虽然很多，但任何一副冲模都是由上模和下模两个部分组成。上模通过模柄或上模座安装在压力机的滑块上，可随滑块上、下运动，是冲模的活动部分；下模通过下模座固定在压力机工作台或垫板上，是冲模的固定部分。

图 2-1 所示是一副零部件比较齐全的冲制垫圈的复合冲模。该模具的上模由模柄 8、上模座 7、垫板 6、凸模固定板 5、冲孔凸模 1、落料凹模 2、推件装置（由打杆 9、推板 10、连接推杆 11 和推件块 12 构成）、导套 4 及联接用螺钉和销钉等零部件组成；下模由凸凹模 16、卸料装置（由卸料板 15、卸料螺钉 21、弹簧 22 构成）、导料销 14 与 20、挡料销 13、凸凹模固定板 17、垫板 18、下模座 19、导柱 3 及联接用螺钉和销钉等零部件组成。工作时，条料沿导料销 14、20 送至挡料销 13 处定位，开动压力机，上模随滑块向下运动，具有锋利刃口的冲孔凸模 1、落料凹模 2 与凸凹模 16 一起穿过条料使工件和冲孔废料与条料分离而完成冲裁工作。滑块带动上模回升时，卸料装置将箍在凸凹模上的条料卸下，推件装置将卡在落料凹模与冲孔凸模之间的工件推落在下模面上，而卡在凸凹模内的冲孔废料是在一次次冲裁过程中由冲孔凸模逐次从凸凹模内向下推出的。将推落在下模上面的制件取走后又可进行下一次冲压循环。

从上述模具结构可知，组成冲模的零部件各有其独特的作用，并在冲压时相互配合，以保证冲压过程正常进行，从而冲出合格制件。根据各零部件在模具中所起的作用不同，一般又可将冲模分成以下几个部分：

工作零件——直接使坯料产生分离或塑性成形的零件，如图 2-1 中的凸模 1、凹模 2、凸凹模 16 等。工作零件是冲模中最重要的零件。

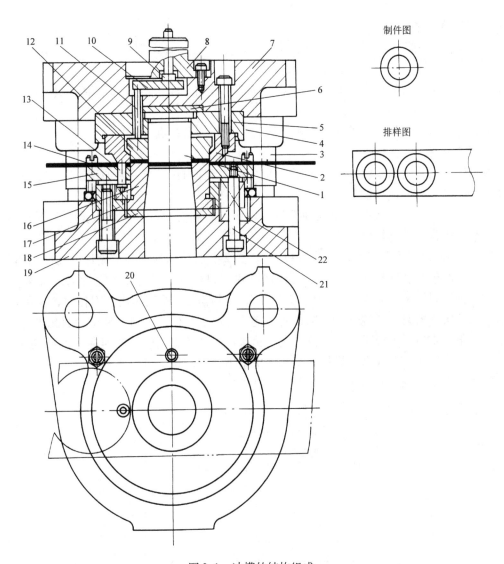

图 2-1 冲模的结构组成

1—凸模 2—凹模 3—导柱 4—导套 5—凸模固定板 6、18—垫板 7—上模座
8—模柄 9—打杆 10—推板 11—连接推杆 12—推件块 13—活动挡料销
14—固定导料销 15—卸料板 16—凸凹模 17—凸凹模固定板
19—下模座 20—活动导料销 21—卸料螺钉 22—弹簧

定位零件——确定坯料或工序件在冲模中正确位置的零件，如图 2-1 中的挡料销 13、导料销 14 与 20 等。

压料、卸料零件——这类零件起压住坯料的作用，并保证把箍在凸模上或卡在凹模内的废料或制件卸下，以保证冲压工作能继续进行，如图 2-1 中的卸料板 15、卸料螺钉 21、弹簧 22、打杆 9、推板 10、连接推杆 11、推件块 12 等。

导向零件——确定上、下模的相对位置并保证运动导向精度的零件，如图 2-1 中的导柱 3、导套 4 等。

固定零件——将上述各类零件固定在上、下模上以及将上、下模固定在压力机上的零件，如图 2-1 中的固定板 5 与 17、垫板 6 与 18、上模座 7、下模座 19、模柄 8 等。这些零件是冲模的基础零件。

其他零件——除上述零件以外的零件，如紧固件（主要为螺钉、销）和自动模中的传动零件等。

当然，不是所有的冲模都具备上述各类零件，但工作零件和必要的固定零件是不可缺少的。

下面分别叙述各类常见冲模的基本结构、工作原理及特点。

1. 单工序模

单工序模又称为简单模，是指在压力机的一次行程内只完成一种冲压工序的模具，如落料模、冲孔模、弯曲模、拉深模等。

（1）落料模 落料模是指使制件沿封闭轮廓与板料分离的冲模。根据上、下模的导向形式，有三种常见的落料模结构。

1）无导向落料模（又称敞开式落料模）。图 2-2 所示为冲裁圆形制件的无导向落料模，工作零件为凸模 6 和凹模 8（凸、凹模具有锋利的刃口，且保持较小而均匀的冲裁间隙），定位零件为挡料销 7，卸料零件为橡胶 5，其余零件起联接固定作用。工作时，条料从右向左送进，首次落料时条料端部抵住挡料销 7 定位，以后定位由条料上冲得的圆孔内缘与挡料销定位。条料定位后上模下行，橡胶 5 先压紧条料，紧接着凸模 6 快速穿过条料进入凹模 8 而完成落料。冲得的制件由凸模从凹模孔逐次推下，并从压力机工作台孔漏入料箱，箍在凸模上的条料在上模回程时由橡胶 5 卸下。

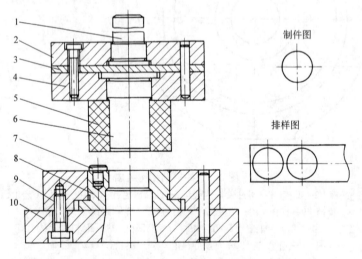

图 2-2　无导向落料模

1—模柄　2—上模座　3—垫板　4—凸模固定板　5—橡胶　6—凸模
7—固定挡料销　8—凹模　9—凹模固定板　10—下模座

无导向落料模的特点是上、下模无导向，结构简单，容易制造，可以用边角料冲裁，有利于降低制件的成本。但凸模的运动是由压力机滑块导向的，不易保证凸、凹模的间隙均匀，制件精度不高，同时模具安装调整麻烦，容易发生凸、凹模刃口啃切，因而模具寿命和生产率较低，操作也不安全。这种落料模只适用于冲压精度要求不高、形状简单和生产批量不大的制件。

2）导板式落料模。图 2-3 所示为冲制圆形制件的导板式落料模。工作零件为凸模 5 和凹模 8，定位零件是活动挡料销 6、始用挡料销 10、导料板 11 和承料板 12，导板 7 既是导向零件又是卸料零件。工作时，条料沿导料板 11、承料板 12 自右向左送进，首次送进时先用手将始用挡料销 10 推进，使条料端部被始用挡料销阻挡定位，凸模 5 下行与凹模 8 一起完成落料，制件由凸模从凹模孔中推下。凸模回程时，箍在凸模上的条料被导板卸下。继续送进条料时，先松手使始用挡料销复位，将落料后的条料端部搭边越过活动挡料销 6 后再反向拉紧条料，活动挡料销抵住搭边定位，落料工作继续进行。因活动挡料销对首次落料起不到作用，故设置始用挡料销。

这种冲模的主要特征是凸模的运动依靠导板导向，易于保证凸、凹模间隙的均匀性，同时凸模回程时导板又可起卸料作用（为了保证导向精度和导板的使用寿命，工作过程中不允许凸模脱离导板，故需采用行程较小的压力机）。导板模与无导向模相比，制件精度高，模具寿命长，安装容易，卸料可靠，操作安全，但制造比较麻烦。导板模一般用于形状较简单、尺寸不大、料厚大于 0.3mm 的小件冲裁。

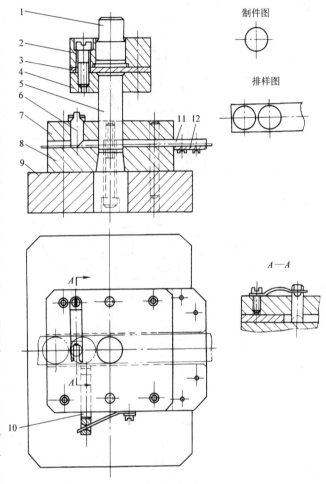

图 2-3　导板式落料模
1—模柄　2—上模板　3—垫板　4—凸模固定板　5—凸模
6—活动挡料销　7—导板　8—凹模　9—下模板
10—始用挡料销　11—导料板　12—承料板

3）导柱式落料模。图 2-4 所示为较简单的导柱式落料模，凸模 3 和凹模 9 是工作零件，钩形固定挡料销 8 与导料板（与刚性卸料板 1 做成了一整体）是定位零件，导柱 5、导套 7 为导向零件，刚性卸料板 1 只起卸料作用。这种冲模的上、下模正确位置是利用导柱和导套的导向来保证的。凸模在进行冲裁之前，导柱已经进入导套，从而保证了在冲裁过程中凸、凹模之间间隙的均匀性。该模具用固定挡料销和导料板对条料定位，用刚性卸料板卸料，制件由凸模逐次从凹模孔中推下并经压力机工作台孔漏入料箱。

导柱式冲模的导向比导板模可靠，精度高，寿命长，使用安装方便。但轮廓尺寸较大，模具较重，制造成本高。导柱式冲模广泛用于生产批量大、精度要求高的制件冲裁。

（2）冲孔模　冲孔模是指使废料沿封闭轮廓与坯料分离而得的带孔制件的冲模。普通冲孔模类似于落料模，只是因冲孔往往是在工序件上进行，为了保证制件平整，冲孔模大多数采用弹性卸料装置，同时还应注意解决好工件的定位和取出的问题。

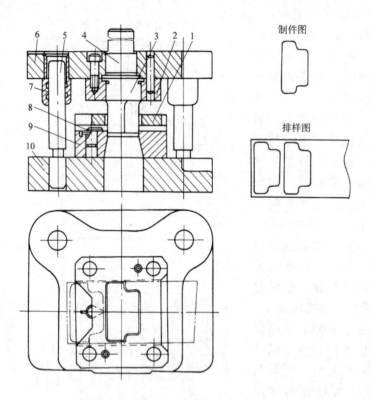

图 2-4　导柱式落料模

1—刚性卸料板　2—凸模固定板　3—凸模　4—模柄　5—导柱　6—上模座
7—导套　8—钩形固定挡料销　9—凹模　10—下模座

图 2-5 所示为具有弹性卸料装置的导柱式冲孔模，制件上的两个孔一次全部冲出，属多凸模的单工序冲模。凸模 18 和凹模 10 为工作零件，定位板 11 为定位零件，卸料板 12、卸料螺钉 3 和弹簧 13 构成卸料装置。工件以外形在定位板 11 上定位，具有台阶形的卸料板 12 在凸模 18 下行冲孔时可将工件压紧，以保证制件平整，凸模回程时又能起卸料的作用。由于凸模较小，为了提高凸模的强度和刚性，凸模的工作部分设计得尽可能短一些。凹模固定板 8 上的矩形槽是为了便于取出制件而开设的。

（3）弯曲模　弯曲模是将毛坯或工序件沿某一直线弯成一定角度和形状的冲模。弯曲模的结构形式很多，最常见的单工序弯曲模有 V 形件弯曲模、U 形件弯曲模、Z 形件弯曲模和圆形件弯曲模。

1）V 形件弯曲模。图 2-6 所示为 V 型件弯曲模的典型结构。工作零件为凸模 3 和凹模 4，定位零件为挡料销 10 和凹模的上台阶面，顶杆 9 及弹簧 8 是顶件装置。工作时，坯料以凹模台阶面和挡料销定位，上模下行，凸模与凹模一起作用即可将坯料弯成 V 形制件。顶杆在凸模下行时有压料作用，可防止坯料偏移，而弯曲后凸模上行时，顶杆在弹簧的作用下又起顶出工件的作用。凹模两边工作部分的入口处做成适当圆角，以减轻弯曲时坯料与凹模间的摩擦。该模具结构简单，通用性强，制造容易，是弯曲模中最简单的一种。

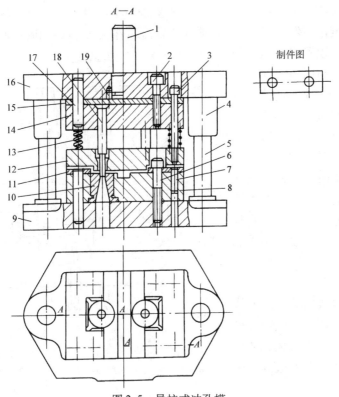

图 2-5 导柱式冲孔模

1—模柄 2、6—螺钉 3—卸料螺钉 4—导套 5—导柱 7、17—销 8、14—固定板 9—下模座 10—凹模 11—定位板 12—卸料板 13—弹簧 15—垫板 16—上模座 18—凸模 19—防转销

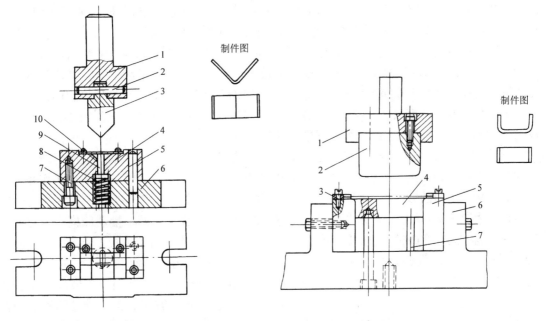

图 2-6 V 形件弯曲模

1—模柄 2、5—销 3—凸模 4—凹模 6—下模座 7—螺钉 8—弹簧 9—顶杆 10—挡料销

图 2-7 U 形件弯曲模

1—上模座 2—凸模 3—定位板 4—顶件块 5—凹模 6—下模座 7—顶杆孔

2）U形件弯曲模。图2-7所示为U形件弯曲模的典型结构。工作零件是凸模2和凹模5（左右两件），定位零件是定位板3，顶件装置由顶件块4、顶杆和弹顶器（图中未绘出）组成，顶件块由弹顶器通过顶杆托住。弯曲模的凸模与凹模之间保持一定间隙（略大于坯料厚度），且工作部分均为圆角过渡。坯料由定位板定位，弯曲时，凸模下行与顶件块一起将坯料紧紧压住，防止坯料弯曲时偏移，同时两侧未被压住的坯料随凸模下行时沿凹模圆角滑动并上翘，直至进入凸、凹模间隙内成形。凸模回程时，顶件块将制件从凹模内顶出。由于材料回弹，制件会自动脱离凸模。

该模具结构也较简单，凸凹模磨损后易于修配或更换，但弯曲件弯边高度较大时回弹也较大，适用于弯曲精度要求不高和弯边高度不大的制件。

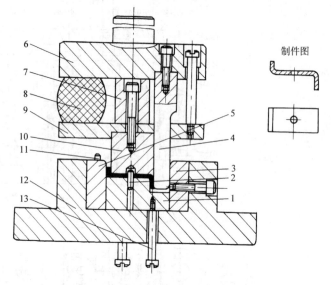

制件图

图2-8　Z形件弯曲模
1—顶件块　2—定位销　3—反侧压块　4—凸模　5—凹模
6—上模座　7—压块　8—橡胶　9—凸模托板　10—活动凸模
11—挡料销　12—下模座　13—顶杆

3）Z形件弯曲模。图2-8所示为Z形件弯曲模的典型结构。工作零件为凸模4、活动凸模10和凹模5，定位零件为定位销2及挡料销11，顶件装置由顶件块1、顶杆13及弹顶器（图中未绘出）构成。弯曲前，活动凸模10在橡胶8的作用下与凸模4的下端面齐平，在下模底部弹顶器的作用下顶件块1的上平面与凹模5的上平面齐平。弯曲时，先将坯料以定位销2和挡料销11定位，上模下行，活动凸模10与凹模5使坯料左端先弯曲。当顶件块1接触下模座后，活动凸模停止下行，橡胶8被压缩，这时凸模4继续下行，将坯料右端弯曲成形。当压块7与上模座6接触后，制件得到校正。上模回程时，顶件块将制件顶起。

该模具由两件凸模顺序弯曲。为了防止弯曲时坯料的偏移，设置了定位销2和弹性顶件块1。反侧压块3能平衡弯曲时上、下模之间水平方向的错移力。

4）圆形件弯曲模。圆形件根据其直径大小和精度要求不同，其弯曲方法也有所不同，通常有一次弯曲、两次弯曲和三次弯曲三种弯曲方法。这里只介绍一次弯曲成形的弯曲模。

图2-9所示为圆形件一次弯曲成形模。工作零件为凸模2和摆动凹模3（左右两件），定位零件为定位板6，顶板4在此处只起使摆动凹模复位的作用。两个摆动凹模安装在凹模座5中，能绕固定在凹模座中的轴销转动。在不工作的情况下，由于顶板4受弹顶器（图中未绘出）的作用，两凹模张开至图示位置。工作时，坯料放在摆动凹模3上以定位板6定位，凸模下行，凸模与张开的凹模先将坯料弯成U形，凸模继续下行时，带着坯料压至凹模底部，迫使凹模绕轴销摆动而将U形坯料弯成圆形。上模回程时，顶板推动凹模反向摆动复位，工件顺着凸模2的轴线方向推开支撑1取下。支撑可绕轴销转动，工作时支撑顶住凸模的一端，以增加凸模的稳定性，卸件时转动支撑离开凸模便可取出工件。这种模具因弯曲时制件上部得不到校正，故制件的回弹较大，精度较低。

（4）拉深模　拉深模是将平板毛坯制成开口空心件，或将空心件拉压成外形更小而料厚没有明显变化的空心件的冲模。一副拉深模，一般只能完成一次拉深工作，故拉深模也是单工序模具。

拉深模按拉深工艺顺序可分为首次拉深模和以后各次拉深模；按有无压料装置可分为无压料装置拉深模和有压料装置拉深模；按使用压力机类型不同可分为单动压力机上用拉深模和双动或三动压力机上用拉深模。这里主要介绍应用最广泛的单动压力机上用的拉深模。

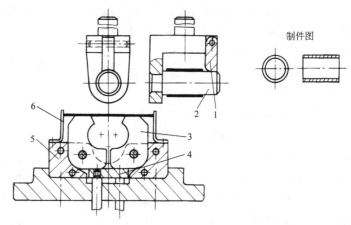

图 2-9　圆形件一次弯曲模
1—支撑　2—凸模　3—摆动凹模　4—顶板
5—凹模座　6—定位板

1）首次拉深模。首次拉深模是将平板坯料制成开口空心件的拉深模。图 2-10 所示为无压料装置的圆筒形件首次拉深模。工作零件为凸模 5 和凹模 3，定位零件为定位板 4，卸料装置为卸件器 2。拉深凸、凹模的工作部分保持合适的间隙（一般略大于板料厚度），且周边均以圆角过渡。工作时，将圆形坯料放入定位板内定位，凸模下行，将坯料拉入凸、凹模间隙成形，并将制件推至装在凹模底部的卸件器以下（卸件器由于弹簧 7 的作用其孔口可沿径向伸缩）。拉深结束后凸模回程时，卸件器底平面作用于制件口部而将制件卸下。拉深凸模上加工有直径 3mm 以上的通气孔，其作用是为防止

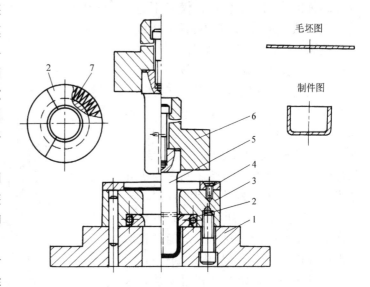

图 2-10　无压料装置的首次拉深模
1—下模座　2—卸件器　3—凹模　4—定位板
5—凸模　6—上模座　7—弹簧

卸件时制件不至于紧贴在凸模上形成真空而难以卸下。该模具结构简单，适用于坯料厚度较大而高度不大的制件拉深。

图 2-11 所示为带弹性压料装置的圆筒形件首次拉深模。由于拉深时坯料可能起皱而设置了压料装置。压料装置由螺钉 1、弹簧 5 和压料圈 7 组成，凹模内壁下部台阶起卸料作用。工作时，圆板毛坯放入定位板 8 中定位，上模下行，压料圈 7 在弹簧 5 的作用下先将坯料压紧，接着凸模 6 将毛坯从压料圈 7 与凹模 9 上端面之间拉入凸、凹模间隙中成形。凸模

回程时，制件口部因回弹略有张开而被凹模内壁台阶卸下。压料圈在拉深过程中一直将坯料压住，可防止坯料在拉深时失稳起皱。这种拉深模由于弹性元件的高度受到模具闭合高度的限制，因而主要适应于拉深高度不大的制件。当拉深制件高度较大时，可采用将凸模和压料装置设置在下模的倒装式拉深模。

2）以后各次拉深模。以后各次拉深模是指对经过一次或几次拉深的空心件进行再次拉深的拉深模。图 2-12 所示为倒装式带压料装置的筒形件以后各次拉深模。该模具的凹模 10 设在上模，凸模 11 和由压料圈 12、螺钉 13 及弹顶器（图中未绘出）组成的压料装置设在下模，是一种倒装式拉深模。凹模中设有由打杆 6 和推件块 5 组成的推件装置，压料圈 12 还兼作定位和卸件的作用。工作前，模具下方的弹顶器通过螺钉 13 使压料圈 12 的上定位面略高于凸模上端面。工作时，将筒状毛坯套在压料圈上定位，上模下行，毛坯先被凹模和压料圈一起压住，继而被凸模拉入凸、凹模间隙中，使径向尺寸减小而逐步成形。拉深过程中，压料圈始终使毛坯紧贴凹模，防止起皱。限位柱 3 使压料圈与凹模之间一直保持适当间隙，避免压料力过大引起拉裂。上模回升时，制件因压料圈的卸件作用而保留在凹模内随凹模上升，随即模具的推件装置便将卡在凹模内的制件推下。该模具采用倒装式结构，利用安装在模具下方的弹顶器产生弹性压料力，可缩短凸模的长度，并可获得可调节的和较大的压料力。

2. 复合模

复合模是指在压力机的一次行程中，在模具的同一个工位上同时完成两道或两道以上不同冲压工序的冲模。复合模是一种多工序冲模，它在结构上的主要特征是有一个或几个具有双重作用的工

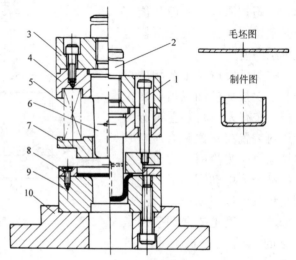

图 2-11　带弹性压料装置的首次拉深模
1—螺钉　2—模柄　3—上模座　4—凸模固定板　5—弹簧
6—凸模　7—压料圈　8—定位板　9—凹模　10—下模座

毛坯图

制件图

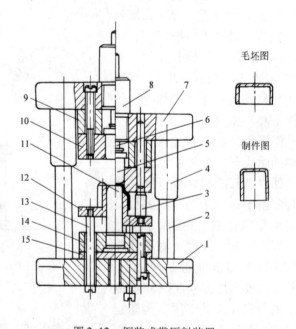

图 2-12　倒装式带压料装置
的以后各次拉深模
1—下模座　2—导柱　3—限位柱　4—导套
5—推件块　6—打杆　7—上模座　8—模柄
9—垫块　10—凹模　11—凸模　12—压
料圈　13—螺钉　14—凸模固定板　15—垫板

毛坯图

制件图

作零件——凸凹模，如在落料冲孔复合模中有一个既能作落料凸模又能作冲孔凹模的凸凹模，在落料拉深复合模中有一个既能作落料凸模又能作拉深凹模的凸凹模等。

图 2-13 所示为落料冲孔复合模工作部分的结构原理图，凸凹模 5 兼起落料凸模和冲孔凹模的作用，它与落料凹模 3 配合完成落料工序，与冲孔凸模 2 配合完成冲孔工序。在压力机的一次行程内，在冲模的同一工位上，凸凹模既完成了落料又完成了冲孔的双重任务。冲裁结束后，制件卡在落料凹模内腔由推件块 1 推出，条料箍在凸凹模上由卸料板 4 卸下，冲孔废料卡在凸凹模内由冲孔凸模逐次推下。

下面分别介绍落料冲孔复合模和落料拉深复合模这两种常见复合模的结构、动作原理及特点。

（1）落料冲孔复合模　落料冲孔复合模根据凸凹模在模具中的装置位置不同，有正装式复合模和倒装式复合模两种。凸凹模装在上模的称为正装式复合模，凸凹模装在下模的称为倒装式复合模。

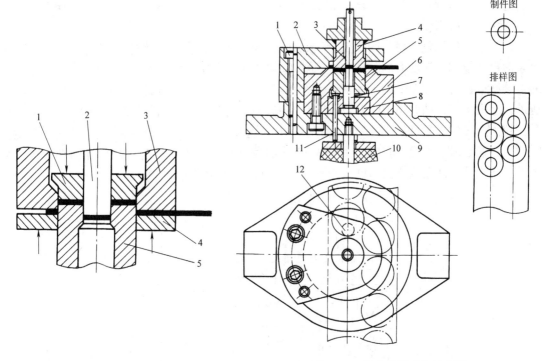

图 2-13　复合模结构原理
1—推件块　2—冲孔凸模　3—落料凹模　4—卸料板　5—凸凹模

图 2-14　正装式落料冲孔复合模
1—螺钉　2—卸料板兼导板　3—推杆　4—凸凹模　5—顶件块　6—落料凹模　7—冲孔凸模　8—凸模固定板　9—下模座　10—弹顶器　11—顶杆　12—挡料销

图 2-14 所示为垫圈落料冲孔正装式复合模。工作零件为冲孔凸模 7、落料凹模 6 和凸凹模 4，定位零件为挡料销 12 及导料板（与卸料板 2 作成一整体，即卸料板悬臂下部左侧台阶面），卸料零件为卸料板 2，推杆 3 起推件作用，顶杆 11、顶件块 5 及弹顶器 10 组成顶件装置，卸料板 2 还兼起导板对凸模导向作用。因凸凹模在上模，冲孔凸模和落料凹模在下模，故称为正装式复合模。工作时，条料以导料板导向和挡料销定位，上模下行，凸凹模与冲孔凸模和落料凹模一起同时对板料进行冲孔和落料。上模回程时，冲得的垫圈制件由顶件

装置从凹模内顶出，箍在凸凹模上的条料由卸料板卸下，卡在凸凹模内的冲孔废料由推杆推出。推出的废料和顶出的制件均在凹模上面，应及时清理，以保证下次冲压正常进行。该模具中，制件采用双排排样方式，可节省原材料。条料冲完一排制件后再掉头冲第二排制件。另外，该模具在冲压过程中因凸凹模和顶件块始终压住坯料，故冲得的制件平整度很好，同时每次冲出的冲孔废料均由推杆及时推出，可以防止凸凹模内腔积存废料而可能引起的胀裂破坏。但这种正装式复合模每次冲压后的制件和冲孔废料都落在凹模面上，需及时清理，生产率不太高，结构也较复杂，一般只有在制件的平整度要求较高、孔间距和孔边距不大的情况下采用。

图 2-1 所示即为垫圈落料冲孔倒装式复合模。该模具的凸凹模 16 在下模，落料凹模 2 和冲孔凸模 1 在上模，上、下模利用导柱导套导向。这种倒装式复合模由于推件块对坯料没有压紧作用，冲出的制件平整度不高，且凸凹模内腔聚积冲孔废料，凸凹模壁厚太薄时有可能引起胀裂。但倒装式复合模结构简单（节省了顶出装置），便于操作，并为机械化出件提供了条件，故应用较广泛。

（2）落料拉深复合模 图 2-15 所示为圆筒形件落料拉深复合模的典型结构。凸凹模 10 兼起落料凸模和拉深凹模的作用。这种模具一般设计成先落料后拉深，为此，拉深凸模 11 的上端面应比落料凹模 9 的上表面低一个板料厚度。工作时，坯料以导料板 5 导向从右往左送进，上模下行，凸凹模 10 与落料凹模 9 一起先进行落料，继而与拉深凸模 11 一起进行拉深。拉深过程中，顶件块 12 一直与凸凹模 10 一起将坯料压住兼起压料作用，防止坯料拉深时产生失稳起皱。上模回程时，顶件块 12 将制件从拉深凸模上顶起使之留在凸凹模内，再由推件块 4 从凸凹模内推出，卸料板 6 将箍在凸凹模上的条料卸下。

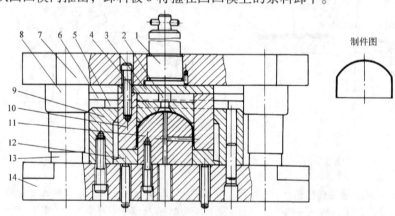

图 2-15 落料拉深复合模

1—模柄 2—打杆 3—垫板 4—推件块 5—导料板 6—卸料板
7—上模座 8—导套 9—凹模 10—凸凹模 11—拉深凸模
12—顶件块（兼压料板） 13—导柱 14—下模座

3. 级进模

级进模（又称连续模）是指在压力机的一次行程中，按照一定的顺序在同一模具的不同工位上完成两道或两道以上不同冲压工序的冲模。级进模所完成的各工序分布在条料的送进方向上，通过级进冲压而获得所需制件，因而它是一种多工序高效率冲模。

图 2-16 所示为冲孔落料级进模工作部分的结构原理图。沿条料送进方向的不同工位上

分别安排了冲孔凸模 1 和落料凸模 2，冲孔凹模和落料凹模均开设在凹模 7 上。条料沿导料板 5 从右往左送进时，先用始用挡料销 8（用手压住始用挡料销可使始用挡料销伸出导料板挡住条料，松开手后在弹簧作用下始用挡料销便缩进导料板以内不起挡料作用）定位，在 O_1 的位置上由冲孔凸模 1 冲出内孔 d，此时落料凸模 2 因无料可冲是空行程。当条料继续往左送进时，松开始用挡料销，利用固定挡料销 6 粗定位，送进距离 $A = D + a_1$，这时条料上冲出的孔处在 O_2 的位置上，当上模下行时，落料凸模端部的导正销 3 首先导入条料上已冲出的孔中进行精确定位，接着落料凸模对条料进行落料，得到外径为 D、内径为 d 的环形垫圈。与此同时，在 O_1 的位置上又由冲孔凸模冲出了内孔 d，待下次冲压时在 O_2 的位置上又可冲出一个完整的制件。这样连续冲压，在压力机的一次行程中可在冲模两个工位上分别进行冲孔和落料两种不同的冲压工序，且每次冲压均可得到一个制件。

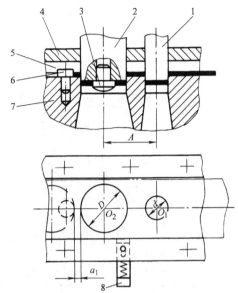

图 2-16 级进模结构原理

1—冲孔凸模　2—落料凸模　3—导正销
4—卸料板　5—导料板　6—固定挡料销
7—凹模　8—始用挡料销

　　级进模不但可以完成冲裁工序，还可完成部分成形工序（如弯曲、拉深等），甚至可以完成一些装配工序。下面主要介绍两种典型的冲裁级进模和弯曲级进模。

　　（1）冲裁级进模　冲裁级进模中根据条料的送进定位方式不同，常见的结构形式有用固定挡料销与导正销定位的级进模和用侧刃定距的级进模两种。

　　图 2-17 所示为用固定挡料销和导正销定位的冲孔落料级进模。工作零件为冲孔凸模 3、落料凸模 4 和凹模 7，定位零件为固定挡料销 8、始用挡料销 10、导正销 6 和导料板（与导板做成了一整体），导板 5 既是上、下模的导向装置又是卸料装置，还起条料导向作用。工作时，条料沿导料板从右向左送进，先用手按住始用挡料销 10 对条料进行初始定位，上模下行对条料进行冲孔，并将冲孔废料从凹模孔中推下。松开始用挡料销，继续送进条料至固定挡料销 8 定位，上模二次下行，导正销 6 导入第一步冲得的孔中后紧接着落料凸模 4 冲下制件，并从凹模孔中推下。与此同时，冲孔凸模 3 又冲出一孔。上模每次回程时，箍在凸模上的条料被导料板卸下。每件条料冲完第一孔后不再用始用挡料销，只用固定挡料销定位。每次行程冲下一个制件并冲出一个内孔。

　　图 2-18 所示为用侧刃定距的冲孔落料级进模。该模具设有随凸模一起固定在凸模固定板 7 上的左右两个侧刃 16，凹模 14 上开设有侧刃型孔，侧刃与侧刃型孔配合在压力机每次行程中可以沿条料边缘冲下长度等于进距（条料每次送进的距离）的料边。由于导料板 11 在侧刃的两边左窄右宽形成台肩，故只有侧刃冲去条料边后条料才能向前送进一个进距。右侧刃可代替始用挡料销和固定挡料销，左侧刃在条料快送完时右侧刃不能起作用的情况下还能继续对条料定位，以保证条料尾部的材料能得到充分利用。工作时，条料自右向左沿导料板送至右侧刃挡块 17 处挡住，上模下行，冲孔凸模 9、10 和右侧刃完成冲孔和切边料，条料变窄，可向前送进一个进距，冲得的孔便正好移至落料凸模 8 的下方，上模二次下行，落料

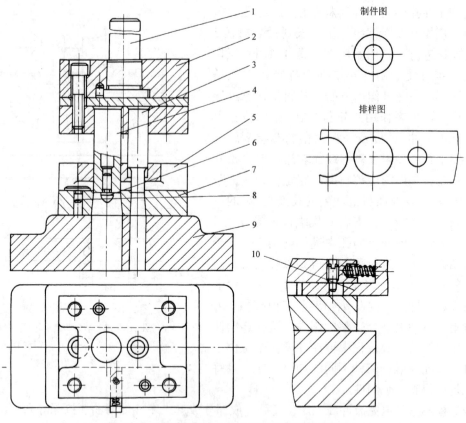

图 2-17 固定挡料销和导正销定位的冲裁级进模
1—模柄 2—上模座 3—冲孔凸模 4—落料凸模 5—导板兼卸料板
6—导正销 7—凹模 8—挡料销 9—下模座 10—始用挡料销

凸模即可冲得所需制件。与此同时，冲孔凸模又冲得一孔，侧刃又切去一料边，条料又可继续送进一工步。从这时起，左侧刃也开始定位，且每冲一次便可获得一个制件。凸模每次上行时，由卸料板 13 在弹性橡胶的作用下将箍在凸模上的条料卸下，冲孔废料、料边废料及制件均由凸模或侧刃依次从凹模孔中推下。

比较上述两种定位方法的级进模可以看出，挡料销和导正销定位的级进模结构较简单，模具加工方便。但定位精度不太高，操作不方便，且如果板料厚度较小时，孔的边缘可能被导正销摩擦压弯而起不到导正和定位作用，制件太窄时因进距小又不宜安装挡料销和导正销，因此，一般适用于冲裁料厚大于 0.3mm、材料较硬、尺寸较大及形状较简单的制件。侧刃定距的级进模操作方便，定位精度较高，但消耗材料增多，冲压力增大，模具比较复杂。这种级进模特别适用于冲裁材料较薄、外形径向尺寸较小或窄长形等不宜用导正销定位的制件。

（2）弯曲级进模 弯曲级进模的特点是在压力机的一次行程中，在模具的不同工位上同时能完成冲裁、弯曲等几种不同的工序。图 2-19 所示为同时进行冲孔、切断和弯曲的级进模，用以弯制侧壁带孔的 U 形弯曲件。模具的工作零件是冲孔凸模 2、冲孔兼切断凹模 1、弯曲凸模 6 及兼弯曲凹模和切断凸模的凸凹模 3，定位零件是挡块 5 和导料板（与卸料板做成了一整体），推件装置由推杆 4 和弹簧构成。工作时，条料以导料板导向送至挡块 5 的右侧面定位，上模下行，条料被凸凹模 3 切断并随即被弯曲凸模 6 压弯成形，与此同时冲孔凸

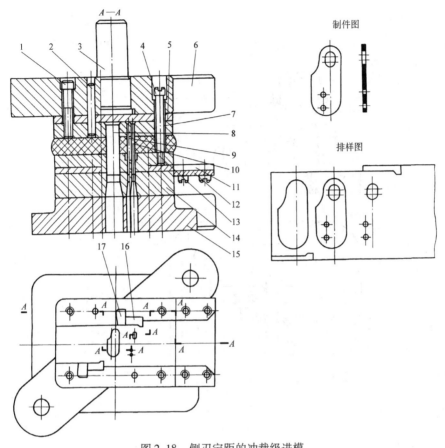

图 2-18　侧刃定距的冲裁级进模

1—螺钉　2—销　3—模柄　4—卸料螺钉　5—垫板　6—上模座　7—凸模固定板

8、9、10—凸模　11—导料板　12—承料板　13—卸料板　14—凹模

15—下模座　16—侧刃　17—侧刃挡块

模 2 在条料上冲出孔。上模回程时，卸料板卸下条料，推杆 4 在弹簧的作用下将卡在凸凹模内的制件推下。

该级进模为保证条料被切断后再弯曲，弯曲凸模 6 应比冲孔兼切断的凹模 1 低一个板料厚度。另外，采用该模具冲压时，因首次送料用挡块 5 定位，则冲出的首个 U 形件上没有侧向孔。为此，可在首次送料时将料头送至切断凹模刃口以左 1~2mm 处开始冲压，这时首次便可冲出给定位置的孔，料头只浪费 1~2mm，从第二次开始每次均可冲出一个合格制件。

二、冲模的主要零部件及其标准

前面我们介绍了各类冲模的典型结构。分析这些冲模的结构可见，尽管各类冲模的结构形式和复杂程度不同，但每一副冲模都是由一些能协同完成冲压工作的基本零部件构成的。这些零部件按其在冲模中所起作用不同，可分为工艺零件和结构零件两大类。

工艺零件——直接参与工艺过程并与板料或制件直接发生作用的零件，包括工作零件、定位零件、压料及卸料零部件等。

结构零件——将工艺零件固定联接起来构成模具整体，是对冲模完成工艺过程起保证和完善作用的零件，包括固定零件、导向零件、紧固件及其他零件等。

冲模零部件的详细分类可见表 2-1。

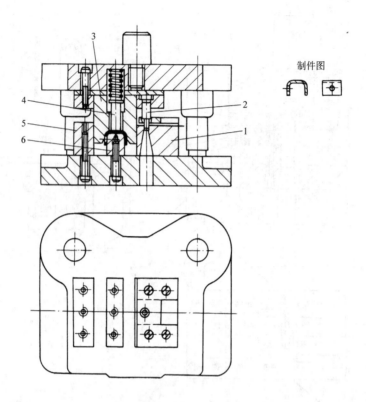

制件图

图 2-19　弯曲级进模
1—冲孔兼切断凹模　2—冲孔凸模　3—凸凹模
4—推杆　5—挡块　6—弯曲凸模

　　冲模的大部分零件及冲模组合体已经标准化，设计冲模时应尽量选用标准零件及标准组合。对非标准模具零件，可参考有关标准模具零件进行设计，但应符合标准规定的冲模零件技术条件的要求。

　　下面分别介绍冲模各主要零部件的结构及其标准的选用。

　　1. 工作零件

　　（1）凸模　凸模的结构主要由两部分组成：一是工作部分，用以成形制件；二是固定部分，用来使凸模正确地固定在模座上。

　　图 2-20 所示为冲裁凸模常见的结构形式及其固定方式，其中图 a、图 b 和图 c 为圆截面标准凸模 JB/T 5825—2008。为了保证强度、刚度及加工与装配等方面的要求，凸模常做成圆滑过渡的阶梯形，前端直径 d 为具有锋利刃口的工作部分，中间直径 D 为固定部分，它与固定板的配合为 H7/m6，尾部的台肩是为了保证卸料时凸模不致被拉出。图 c 是一种快换式凸模，维修更换较方便。标准凸模一般根据刃口尺寸及长度要求选用。图 d 和图 e 是工作部分为非圆形的阶梯形凸模，通常将其安装部分做成圆形，用台肩或铆接法固定在固定板上，并在固定端接缝处打入小销防转。图 f 和图 g 是工作部分为非圆形的直通式凸模，便于用线切割或成形铣、成形磨削加工，通常用铆接法或粘接法固定在固定板上。

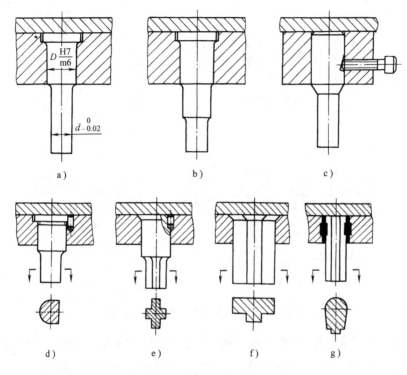

图 2-20　冲裁凸模的结构与固定

表 2-1　冲模零部件的分类

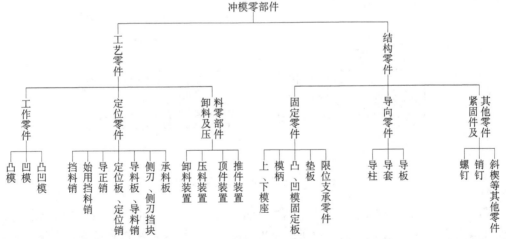

图 2-21 所示为弯曲和拉深凸模的常见结构及其固定方式，其中图 a 为 V 形件弯曲凸模，工作部分呈 V 形，底部为圆弧过渡，安装部分为窄长方体，直接镶入标准模柄并用销固定。图 b 和图 c 为 U 形件弯曲凸模，工作部分为凸模两侧面及底部，并用圆弧过渡，固定部分通常直接用螺钉、销固定在固定板或模座上。图 d 为圆形件拉深凸模，一般为圆截面阶梯形，工作部分为圆弧过渡，并设置有直径为 3mm 以上的通气孔，安装部分结构及固定方式与冲裁凸模基本相同。

（2）凹模　凹模的结构决定于外轮廓形状及孔口型式。

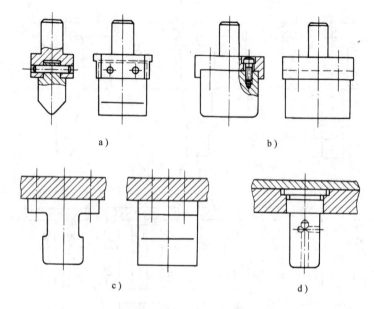

图 2-21 弯曲与拉深凸模的结构与固定

图 2-22 所示为国家标准 中的两种冲裁圆凹模 (JB/T 5830—2008) 及其固定方法。这两种圆凹模尺寸都不大, 一般以 H7/m6 (图 a) 或 H7/r6 (图 b) 的配合关系压入凹模固定板, 然后再通过螺钉、销将凹模固定板固定在模座上。凹模的孔口部分采用直刃壁结构形式, 刃口锋利。这种凹模主要用于冲孔, 使用时根据使用要求及凹模的刃口尺寸从相应的标准中选取。

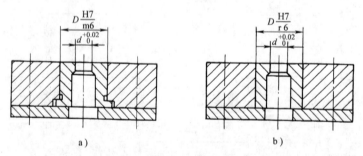

图 2-22 标准圆凹模的结构及固定

实际生产中, 由于冲裁件的形状和尺寸千变万化, 因而大量使用外形为矩形或圆形的凹模板 (即板状凹模), 在其上面开设所需要的凹模孔口, 用螺钉和销直接固定在模座上。这种凹模板已经有国家标准 (JB/T 7643.1—2008 和 JB/T 7643.4—2008), 它与标准固定板、垫板和模座等配套使用。

图 2-23 所示即为常见的板状凹模结构形式, 其中图 a 是冲裁凹模, 其孔口为具有锋利刃口的直刃壁结构, 直刃壁高度根据冲裁的板料厚度而定; 图 b 是 U 形件弯曲凹模, 孔口两侧为凹模的工作部分, 并以圆弧过渡, 以减小弯曲时坯料流动的阻力, 孔口前后是非工作部分, 其尺寸一般比坯料宽度大 5~10mm; 图 c 所示的 U 形件弯曲凹模是做成左右两个单独的凹模块, 安装时分别用螺钉、销直接固定在下模座上, 凹模孔口间的工作宽度在安装时

保证；图 d 是圆筒形件拉深凹模，孔口沿圆周方向以均匀的圆角过渡，整个孔口都是凹模的工作部分。

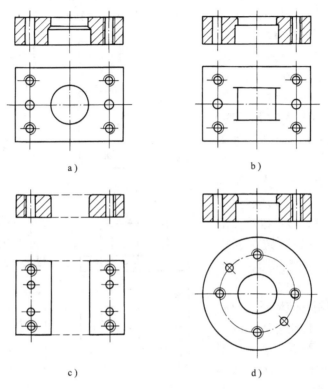

a)   b)

c)   d)

图 2-23　板状凹模的常见结构

（3）凸凹模　凸凹模是复合模中的主要工作零件，工作端的内外缘都是工作部分，一般内缘与凹模孔口结构形式相同，外缘与凸模外形结构形式相同。图 2-24 所示为凸凹模的常见结构及固定方式，其中图 a 和图 b 为冲孔落料凸凹模，图 c 为落料拉深凸凹模，其固定方式与一般冲裁凸模相同。由于凸凹模内外缘之间的壁厚直接影响凸凹模强度，所以其壁厚不应小于允许的最小值，否则不宜采用复合模冲压。凸凹模壁厚最小值与复合模结构形式有关，一般倒装式冲裁复合模中凸凹模内是积存废料的，壁厚应大于板料厚度的 2.5 ~ 3 倍，但不小于 1mm；正装式冲裁复合模中凸凹模内不积存废料，壁厚可小一些，冲裁钢铁材料等硬材料时约为板料厚度的 1.5 倍，但不小于 0.7mm，冲裁非铁金属材料等软材料时约等于板料厚度，但不小于 0.5mm。

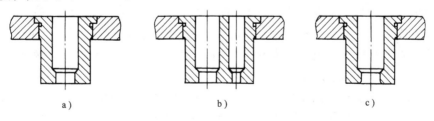

a)   b)   c)

图 2-24　凸凹模的常见结构及固定方式

（4）凸、凹模的镶拼结构　对于大中型的凸、凹模或形状复杂、局部薄弱的小型凸、凹模，如果采用整体式结构，将给锻造、机械加工或热处理带来困难，而且当发生局部损坏时，就会造成整个凸、凹模的报废。因此，常采用镶拼结构的凸、凹模。

镶拼结构有镶接和拼接两种。镶接式是将局部易磨损部分另做一块，然后镶入凸、凹模本体或固定板内，如图 2-25a、b 所示。拼接式是将整个凸、凹模根据形状分段成若干块，再分别将各块加工后拼接起来，如图 2-25c、d 所示。

在设计镶拼式凸、凹模的结构时，应注意使分割的各镶块形状要便于机械加工和热处理，容易维修、更换和调整，还要考虑镶块定位和固定，以及防止相对移动等问题。

2. 定位零件

定位零件的作用是使坯料或工序件在模具上相对凸、凹模有正确的位置。定位零件的结构形式很多，用于对条料进行定位的定位零件有挡料销、导料销、导料板、导正销、侧刃等，用于对工序件进行定位的定位零件有定位销、定位板等。

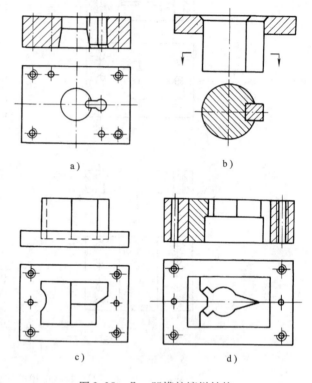

a)　　　　b)

c)　　　　d)

图 2-25　凸、凹模的镶拼结构

定位零件基本上都已标准化，可根据坯料或工序件形状、尺寸、精度及模具的结构形式与生产率要求等选用相应的标准。

（1）挡料销　挡料销的作用是挡住条料搭边或制件轮廓以限定条料送进的距离。根据挡料销的工作特点及作用分为固定挡料销、活动挡料销和始用挡料销。

1）固定挡料销。固定挡料销一般固定在位于下模的凹模上。国家标准中的固定挡料销结构（JB/T 7649.10—2008）如图 2-26a 所示，该类挡料销广泛用于冲压中、小型制件时的挡料定距，其缺点是销孔距凹模孔口较近，削弱了凹模的强度。图 2-26b 所示是一种部颁标准中的钩形挡料销，这种挡料销的销孔距离凹模孔口可以较远，不会削弱凹模的强度。但为了防止钩头在使用过程中发生转动，需增加防转销，从而增加了制造工作量。

2）活动挡料销。当凹模安装在上模时，挡料销只能设置在位于下模的卸料板或压料板上。此时若在卸料板或压料板上安装固定挡料销，因凹模上要开设让开挡料销的让位孔而会削弱凹模的强度，故这时应采用活动挡料销。

国家标准中的活动挡料销结构（JB/T 7649.5~8—2008）如图 2-27 所示，其中图 a 为压缩弹簧弹顶挡料销；图 b 为扭簧弹顶挡料销；图 c 为橡胶（直接依靠卸料或压料装置中的弹性橡胶）弹顶挡料销；图 d 为回带式挡料装置，这种挡料销对着送料方向带有斜面，送料时搭边碰撞斜面使挡料销跳起并越过搭边，然后将条料后拉，挡料销便挡住搭边而定位。

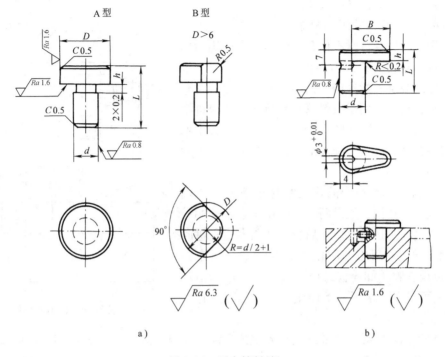

图 2-26　固定挡料销

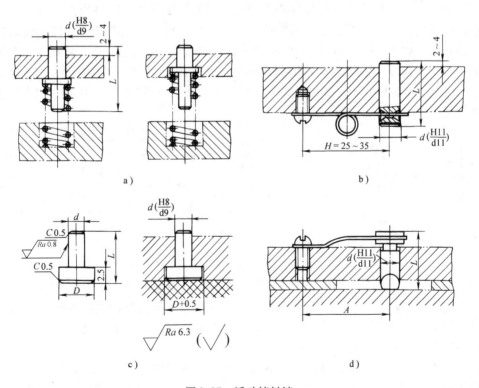

图 2-27　活动挡料销

回带式挡料销常用于有固定卸料板或导板的模具上（图 2-3），其他形式的挡料销常用于具有弹性卸料板的模具上（图2-1）。

3）始用挡料销。始用挡料销在条料开始送进时起定位作用，以后送进时不再起定位作用。采用始用挡料销的目的是为了提高材料的利用率。图2-28所示为国家标准规定的始用挡料销。

始用挡料销一般用于条料以导料板导向的级进模（图2-19）或单工序模（图2-3）中。一副模具中用几个始用挡料销，决定于制件的排样方法和凹模上的工位安排。

（2）导料销 导料销的作用是保证条料沿正确的方向送进。导料销一般设两个，并位于条料的同一侧，条料从右向左送进时位于后侧，从前向后送进时位于左侧。导料销可设在凹模面上（一般为固定式的），也可设在弹压卸料板或压料板上（一般为活动式的），还可设在固定板或下模座上，用挡料螺栓代替（图2-1）。

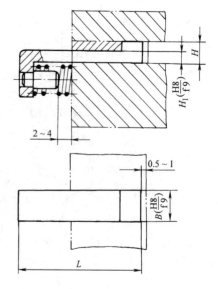

图2-28　始用挡料销

固定式和活动式导料销的结构与固定式和活动式挡料销基本一样，可从标准中选用。导料销多用于单工序模或复合模中。

（3）导料板 导料板的作用与导料销相同，但采用导料板定位时操作更方便，在采用导板导向或刚性卸料的冲模中必须用导料板导向。导料板一般设在条料两侧，其结构有两种：一种是国家标准结构（JB/T 7648.5—2008），如图2-29a所示，它与导板或刚性卸料板分开制造；另一种是与导板或刚性卸料板制成整体的结构，如图2-29b所示。为使条料沿导料板顺利通过，两导料板间距离应略大于条料最大宽度，导料板厚度应比挡料销高度及条料厚度之和大3～5mm。

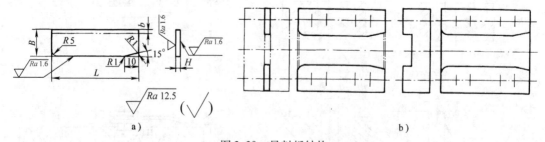

图2-29　导料板结构

（4）导正销 使用导正销的目的是消除送料时用挡料销、导料板（或导料销）等定位零件作粗定位时的误差，保证制件在不同工位上冲出的内形与外形之间的相对位置公差要求。导正销主要用于级进模（图2-17），也可用于单工序模。导正销通常设置在落料凸模上，与挡料销配合使用，也可与侧刃配合使用。

国家标准规定的导正销结构形式（JB/T 7647.1～4—2008）如图2-30所示，其中A型用于导正$d = 2～12$mm的孔；B型用于导正$d \leqslant 10$mm的孔，导正销背部的压缩弹簧在送料不准确时可避免导正销的损坏；C型用于导正$d = 4～12$mm的孔；D型可用于导正12～50mm的孔。

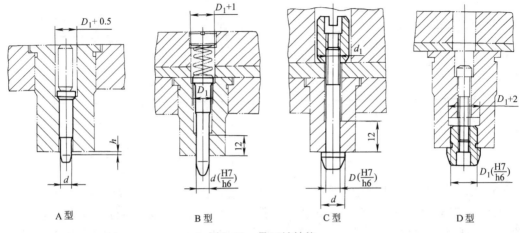

图 2-30　导正销结构

（5）侧刃　侧刃也是对条料起送进定距作用的。图 2-18 所示为使用侧刃定距的级进模。国家标准规定的侧刃结构（JB/T 7648.1—2008）如图 2-31 所示，Ⅰ型侧刃的工作端面为平面，Ⅱ型侧刃的工作端面为台阶面。台阶面侧刃在冲切前凸出部分先进入凹模起导向作用，可避免因侧刃单边冲切时产生的侧压力导致侧刃损坏。Ⅰ型和Ⅱ型侧刃按断面形状都分为长方形侧刃和成形侧刃。长方形侧刃（ⅠA 型、ⅡA 型）结构简单，易于制造，但当侧刃刃口尖角磨损后，在条料侧边形成的毛刺会影响送进和定位的准确性，如图 2-32a 所示。成形侧刃（ⅠB 型、ⅡB 型、ⅠC 型、ⅡC 型、）如果磨损后在条料侧边形成毛刺，毛刺也离开了导料板和侧刃挡块的定位面，因而不影响送进和定位的准确性，如图 2-32b 所示。但这种侧刃消耗材料增多，结构较复杂，制造较麻烦。长方形侧刃一般用于板料厚度小于 1.5mm、制件精度要求不高的送料定距；成形侧刃用于板料厚度小于 0.5mm、制件精度要求较高的送料定距。

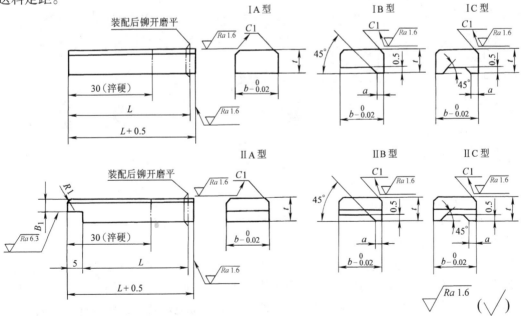

图 2-31　侧刃结构

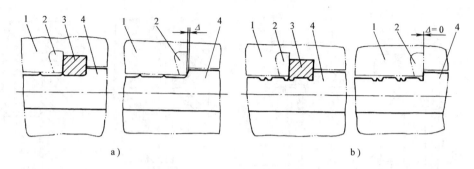

图 2-32　侧刃定位误差比较

（6）定位板与定位销　定位板和定位销是作为单个坯料或工序件的定位所用。常见的定位板和定位销的结构形式如图 2-33 所示，其中图 a 是以坯料或工序件的外缘作定位基准；图 b 是以坯料或工序件的内缘作定位基准。具体选择哪种定位方式，应根据坯料或工序件的形状、尺寸大小和冲压工序性质等决定。定位板的厚度或定位销的定位高度 h 应比坯料或工序件厚度大 1～2mm。

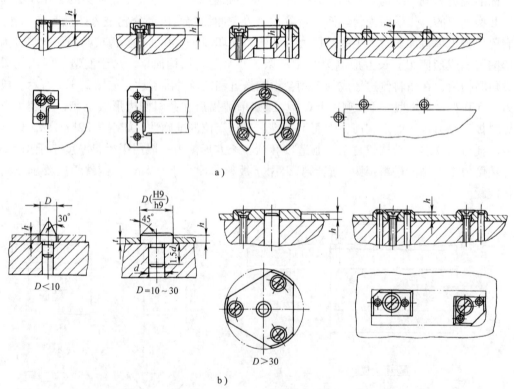

图 2-33　定位板与定位销的结构形式

3. 卸料及压料零部件

卸料零部件是在上模回程时把制件或废料从模具工作零件上卸下，以便冲压工作继续进行。但通常把制件或废料从凸模上卸下称为卸件，把制件或废料从凹模中卸下称为推件或顶件。压料零部件是在上模下行时将坯料或工序件压住，以避免坯料或工序件在冲压时变形、偏移或起皱。

（1）卸料装置　卸料装置按卸料方式分为刚性卸料装置和弹性卸料装置。

1）刚性卸料装置。刚性卸料装置仅由刚性卸料板构成。生产中常用的刚性卸料装置的结构如图 2-34 所示，其中图 a 和图 b 用于平板件的冲裁卸料，图 c 和图 d 用于经过成形后的工序件的冲裁卸料。

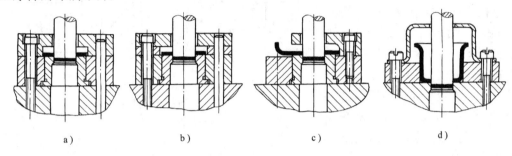

图 2-34　刚性卸料装置

当卸料板仅起卸料作用时，凸模与卸料板的双边间隙一般取 0.2～0.5mm（板料薄时取小值，板料厚时取大值）。当固定卸料板兼起导板作用时，凸模与导板之间一般按 H7/h6 配合，但应保证导板与凸模之间的间隙小于凸、凹模之间的冲裁间隙，以保证凸、凹模的正确配合。

刚性卸料装置卸料力大、卸料可靠，但冲压时坯料得不到压紧，因此常用于冲裁坯料较厚（大于 0.5mm）、卸料力大、平直度要求不很高的制件。

2）弹性卸料装置。弹性卸料装置由卸料板、卸料螺钉和弹性元件（弹簧或橡胶）组成。常用的弹性卸料装置的结构形式如图 2-35 所示，其中图 a 是直接用弹性橡胶卸料，用于简单冲裁模；图 b 是用导料板导向的冲模使用的弹性卸料装置，卸料板凸台部分的高度应比导料板厚度小 0.1～0.3t（t 为坯料厚度）；图 c 和图 d 是倒装式冲模上用的弹性卸料装置，其中图 c 是利用安装在下模下方的弹顶器作弹性元件，卸料力大小容易调节。

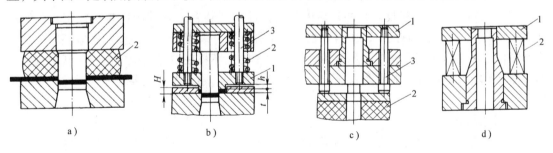

图 2-35　弹性卸料装置
1—卸料板　2—弹性元件　3—卸料螺钉

弹性卸料板与凸模的双边间隙根据冲裁板料厚度确定，一般取 0.1～0.3mm（板料厚时取大值，板料薄时取小值）。为便于可靠卸料，在模具开启状态时，卸料板工作平面应高出凸模刃口端面 0.3～0.5mm。

（2）推件与顶件装置　推件和顶件装置都是从凹模中卸下制件或废料。为便于学习，把装在上模内的称为推件，装在下模内的称为顶件。

1）推件装置。推件装置一般是刚性的，其基本零件有推件块、推杆、推板、连接推杆和打杆等，如图 2-36a 所示。有的推件装置不需要连接推杆和推板组成的中间传递结构，而由打杆直接推动推件块，如图 2-36b 所示，甚至直接由推杆推件，如图 2-14 所示。

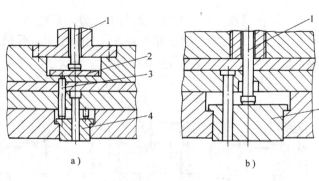

图 2-36　刚性推件装置
1—打杆　2—推板　3—连接推杆　4—推件块

打杆、推板、连接推杆都已标准化（JB/T 7650.1～4—2008），设计时可根据推件装置的结构要求从标准中选取。

2）顶件装置。顶件装置一般是弹性的，其基本零件是顶件块、顶杆和弹顶器。图 2-37 所示为顶件装置的典型结构，弹顶器可做成通用的，其弹性元件可以是弹簧或橡胶。大型压力机本身具有气垫作弹顶器。

在推件和顶件装置中，推件块和顶件块工作时与凹模孔口配合并作相对运动，对它们的要求是：模具处于闭合状态时，其背后应有一定空间，以备修模和调整的需要；模具处于开启状态时，必须顺利复位，且工作面应高出凹模平面 0.2～0.5mm，以保证可靠推件或顶件；与凹模和凸模的配合应保证顺利滑动，一般与凹模的配合为间隙配合，推件块或顶件块的外形配合面可按 h8 制造，与凸模的配合可呈较松的间隙配合，或根据料厚取适当间隙。

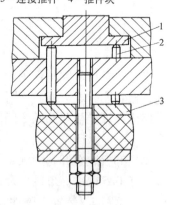

图 2-37　弹性顶件装置
1—顶件块　2—顶杆　3—弹顶器

（3）压料装置　压料装置在冲裁模中是由弹性卸料装置或弹性顶件装置兼用，起保持制件平整的作用；在弯曲模中，压料装置一般由弹性顶件装置兼用，主要起压紧坯料以防止坯料偏移的作用；在拉深模中，压料装置的作用是防止坯料在拉深过程中起皱，其结构形式也与弹性卸料或弹性顶件装置类似，只是因为拉深行程比冲裁大，故要求弹性元件的压缩量更大。

4. 模架及其零件

模架是上、下模座与导向零件的组合体。为了便于学习和选用标准，这里将冲模零件分类中的导向零件与属于固定零件中的上、下模座作为模架及其零件进行介绍。

国家标准制订了冲模模架（GB/T2851～2852—2008）、冲模模架技术条件（JB/T 8050—2008）、冲模模架零件（GB/T2855、2856、2861—2008）、冲模模架零件技术条件（JB/T 8070—2008）及冲模模架的精度检查（JB/T 8071—2008）。

（1）模架　国家标准中冲模模架主要有两大类：一类是由上、下模座和导柱、导套组成的导柱模模架；另一类是由弹压导板、下模座和导柱导套组成的导板模模架。

1）导柱模模架。导柱模模架的导向结构形式有滑动导向和滚动导向两种。滑动导向模架的精度等级分为Ⅰ级、Ⅱ级和Ⅲ级三个等级，滚动导向模架的精度分为0Ⅰ级和0Ⅱ级两个等级。不同精度等级的模架对模架各组成零件的制造精度和装配精度提出了不同的要求，这些要求保证了整个模具所能达到的各种精度。

按导柱导套在模架上的位置不同，滑动导向模架的结构形式有对角导柱模架、后侧导柱模架、中间导柱模架和四导柱模架四种，如图 2-38 所示。滚动导向模架只有对角导柱模架、中间导柱模架和四导柱模架三种。

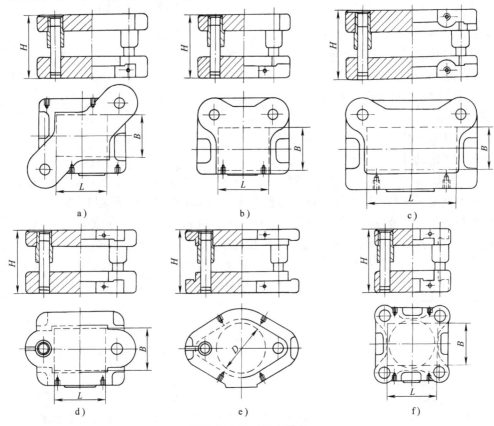

图 2-38　滑动导向模架

a）对角导柱模架　　b）后侧导柱模架　　c）后侧导柱窄形模架

d）中间导柱模架　　e）中间导柱圆形模架　　f）四导柱模架

对角导柱模架、中间导柱模架和四导柱模架的共同特点是导向零件都是安装在模具的对称线上，滑动平稳，导向准确可靠。不同的是，对角导柱模架工作面的横向（左右方向）尺寸一般大于纵向（前后方向）尺寸，故常用于横向送料的级进模、纵向送料的复合模或单工序模；中间导柱模架只能纵向送料，一般用于复合模或单工序模；四导柱模架常用于精度要求较高或尺寸较大的制件冲压及大批量生产用的自动模。

后侧导柱模架的特点是导向装置在后侧，横向和纵向送料都比较方便。但如有偏心载荷，压力机导向又不精确，就会造成上模偏斜，导向零件和凸、凹模都易磨损，从而影响模具寿命，一般用于较小的冲模。

2）导板模模架。导板模模架有对角导柱弹压导板模架和中间导柱弹压导板模架两种，如图 2-39 所示。导板模架的特点是，弹压导板对凸模起导向作用，并与下模座以导柱导套为导向构成整体结构，凸模与固定板是间隙配合而不是过渡配合，因而凸模在固定板中有一定的浮动量，这样的结构形式可以起保护凸模的作用。这种模架一般用于带有细凸模的级进模。

（2）导向零件　对批量较大、公差要求较高的制件，为保证模具有较高的精度和寿命，上、下模之间一般都采用导向装置。导向装置有多种结构形式，常用的是导柱导套导向和导板导向。图2-40所示为国家标准规定的常用导柱结构形式，图2-41所示为国家标准规定的常用导套结构形式。

A型和B型导柱一般与A型和B型导套配套用于滑动导向，导柱与导套按H7/h6或H6/h5配合，导柱、导套与模

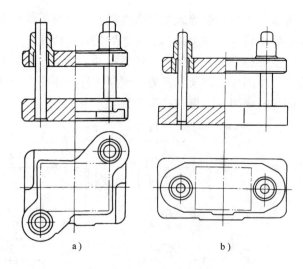

图 2-39　导板模模架
a）对角导柱弹压导板模架　b）中间导柱弹压导板模架

座按H7/r6配合。B型可卸导柱与C型导套配合，用滚珠导向，称滚珠导向装置。这种导向装置中导柱与衬套为锥度配合并用螺钉和垫圈紧固，衬套又与模座以过渡配合并用压板和螺钉紧固，导套与模座也是用过渡配合并用压板与螺钉固定。滚珠导向装置是一种无间隙导向，精度高，寿命长，导柱导套磨损后可及时更换，也便于模具维修和刃磨，一般用于精密冲裁模、硬质合金冲模、高速冲模及其他精密模具上。

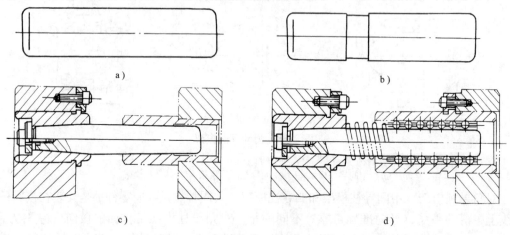

图 2-40　导柱结构形式
a）A型导柱　b）B型导柱　c）A型可卸导柱　d）B型可卸导柱

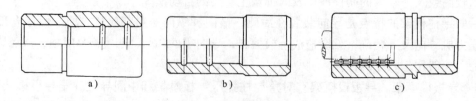

图 2-41　导套结构形式
a）A型导套　b）B型导套　c）C型导套

导柱、导套与模座的装配方式及要求按国家标准规定。导柱和导套的尺寸规格根据所选标准模架和模具实际闭合高度确定，但还应符合图 2-42 要求，并保证有足够的导向长度。

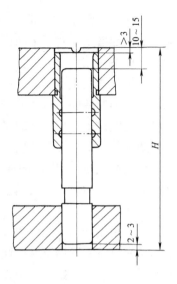

图 2-42 导柱与导套

（3）上、下模座 上、下模座的作用是直接或间接地安装冲模的所有零件，并分别与压力机的滑块和工作台连接，以传递压力。因此，上、下模座的强度和刚度是主要考虑的问题。一般情况下，模座因强度不够而产生破坏的可能性不大，但若刚度不够，工作时会产生较大的弹性变形，导致模具的工作零件和导向零件迅速磨损。

模座的尺寸规格是根据所选标准模架的类型和凹模周界尺寸从相应的标准中选取，其中下模座的厚度一般可取接近凹模厚度的 1.0 ~ 1.5 倍的标准系列值，上模座厚度可比下模座厚度小 5 ~ 10mm。

5. 其他固定零件

（1）模柄 中、小型模具一般是通过模柄将上模固定在压力机滑块上。模柄的结构形式较多，标准中常见的模柄结构（JB/T 7646.1 ~ 5—2008）如图 2-43 所示，其中图 a 为压入式模柄，与上模座孔以 H7/m6 配合并加销防转，主要用于上模座较厚而又没有挖推板孔或上模比较重的场合；图 b 为旋入式模柄，通过螺纹与上模座连接，并加螺钉防松，主要用于中、小型有导柱的模具上；图 c 是凸缘式模柄，用 3 ~ 4 个螺钉紧固于上模座上，主要用于大型模具或上模座中开设了推板孔的中、小型模具；图 d 是槽形模柄，图 e 是通用模柄，这两种模柄都是用来直接固定凸模，也可称为带模座的模柄，多用于弯曲模和拉深模中的简单模具。

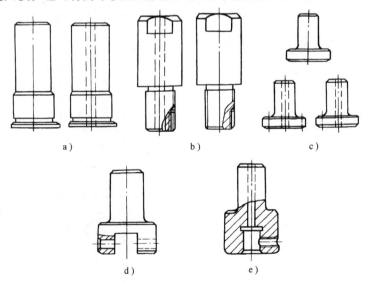

图 2-43 模柄的结构形式

模柄的规格根据压力机滑块上模柄孔尺寸大小从相应标准中选取。

（2）凸模固定板与垫板 凸模固定板的作用是将凸模或凸凹模固定在上模座或下模座的正确位置上。凸模固定板为矩形或圆形板件，外形尺寸通常与凹模一致，厚度可取凹模厚度的 60% ~ 80%。固定板与凸模或凸凹模为 H7/n6 或 H7/m6 配合，压装后应将凸模端面与固定板一起磨平。对于多凸模固定板，其凸模安装孔之间的位置尺寸应与凹模型孔相应的位置尺寸保持一致。

垫板的作用是承受并分散凸模或凹模传递的压力，以防模座被挤压损伤。因此，当凸模或凹模与模座接触的端面上产生的单位压力超过模座材料的许用挤压应力时就应在与模座的接触面之间加上一块淬硬磨平的垫板，否则可不加垫板。

垫板的外形尺寸与凸模固定板相同，厚度可取 3 ~ 10mm。

凸模固定板和垫板的轮廓形状及尺寸均已标准化（JB/T 7643.2 ~ 3—2008、JB/T 7643.5 ~ 6—2008），可根据上述尺寸确定原则从相应标准中选取。

6. 紧固件

冲模中用到的紧固件主要是螺钉和销。螺钉和销的种类较多，冲模中广泛使用的螺钉是内六角螺钉，它紧固牢靠，螺钉头不外露，模具外形美观。销常用圆柱销。同一组合中螺钉一般不少于 3 个，销不少于 2 个。

螺钉的规格可参照表 2-2 确定。销的公称直径可取与螺钉大径相同或小一个规格。

表 2-2　螺钉规格选用

凹模厚度/mm	≤13	>13 ~ 19	>19 ~ 25	>25 ~ 35	>35
螺钉规格	M4、M5	M5、M6	M6、M8	M8、M10	M10、M12

7. 冲模的典型组合

为了便于模具的专业化生产和冲模 CAD 系统的建立，减少模具设计与制造的工作量，冲模设计与制造时可以采用冲模典型组合，它包括 4 种组合，每种组合中既规定了典型结构形式，也规定了组合中各种零件的系列尺寸，如凹模周界尺寸（长度×宽度）、凸模长度、模具闭合高度、各种板件尺寸（长度×宽度×高度），以及螺钉、销、卸料螺钉的位置及尺寸规格（直径×长度），如图 2-44 所示。

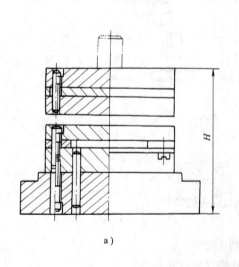

a）

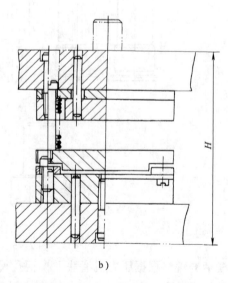

b）

图 2-44　冲模标准组合结构

a）固定卸料典型组合　b）弹性卸料典型组合

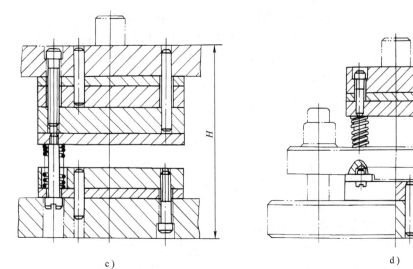

c)   d)

图 2-44　冲模标准组合结构（续）

c）复合模典型组合　d）弹压导板模典型组合

　　冲模设计与制造时，根据结构要求和凹模周界尺寸选用标准组合后，只需进行工作零件和部分卸料及出件零件的设计制造，并对部分标准件（如固定板、卸料板、模座等）进行少量再加工便可。

第二节　塑料模的基本结构及零部件

　　塑料模是实现塑料成型生产的专用工具和主要工艺装备。利用塑料模可以成型各种形状和尺寸的塑料制件，如日常生活中常见的塑料茶具、塑料餐具及家用电器中的各种塑料外壳等。

　　塑料模的类型很多。按成型的塑料不同，可分为热塑性塑料模和热固性塑料模；按塑料制件成型的方法不同，可分为注射模、压缩模和压注模等。

一、塑料模的基本结构

　　塑料模的结构形式与塑料种类、成型方法、成型设备、制件的结构与生产批量等因素有关。但任何一副塑料模的基本结构，都是由动模（或上模）与定模（或下模）两个部分组成的。对固定式塑料模，定模一般固定在成型设备的固定模板（或下工作台）上，是模具的固定部分；而动模一般固定在成型设备的移动模板（或上工作台）上，可随移动模板往复运动，是模具的活动部分。成型时动模与定模闭合构成型腔和浇注系统，开模时动模与定模分开取出制件。对移动式塑料模，模具一般不固定在成型设备上，在设备上成型后用手工移出模具，再用卸模工具打开上、下模取出制件。

　　图 2-45 所示是一副典型的塑料注射模。该模具的定模是由定模座板 9、凹模 5、定模板 10、定位圈 7、浇口套 8 等零件组成；动模由动模板 11、型芯 4、导柱 3、支承板 12、动模支架 13、推杆 2、拉料杆 1、推板固定板 14、推板 15 等零件组成。动模与定模之间的接合面 $A-A$ 为分型面。模具用定位圈 7 在注射机上定位，并通过定模座板 9 和动模支架 13 用螺

钉和压板分别固定在注射机的固定模板和移动模板上。注射成型前，模具在注射机合模装置的作用下闭合并被锁紧。成型时，注射机从喷嘴中注射出的塑料熔体通过模具浇口套 8 及分型面上的流道进入型腔，待熔体充满型腔并经过保压、补缩和冷却定型后，注射机的合模装置便带动动模左退，从而使动模与定模从分型面 *A—A* 处开启。由于塑料冷却后对型芯具有包紧作用及拉料杆 1 对流道凝料的拉料作用，模具开启后塑料制件和流道凝料将留在动模一边。当动模开启到一定位置时，由推杆 2、拉料杆 1、推板固定板 14 和推板 15 组成的推出机构将在注射机合模装置的顶杆作用下与动模其他部分产生相对运动，于是制件和流道凝料便会被推杆和拉料杆从型芯和分型面流道中推出脱落，从而完成一个注射成型过程。

分析上述塑料模结构可以看出，塑料模都可以看成由如下一些功能相似的零部件构成：

成型零件——直接与塑料接触，并决定塑料制件形状和尺寸精度的零件，也即构成型腔的零件。如图 2-45 中的型芯 4、凹模 5 等。它们是模具的主要零件。

浇注系统——将塑料熔体由注射机喷嘴或模具加料腔引向型腔的一组进料通道。如图 2-45 中的浇口套 8 及开设在分型面上的流道。

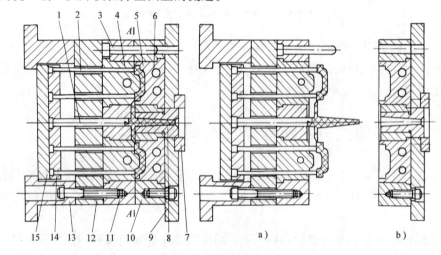

图 2-45 塑料模的结构组成

a）动模 b）定模

1—拉料杆 2—推杆 3—导柱 4—型芯 5—凹模 6—冷却通道 7—定位圈 8—浇口套 9—定模座板
10—定模板 11—动模板 12—支承板 13—动模支架 14—推板固定板 15—推板

导向零件——用来保证动模（上模）和定模（下模）之间合模时的相对位置，以保证制件尺寸和尺寸准确度的零件。如图 2-45 中的导柱 3 及定模板 10 上的导向孔等。

推出机构——用于在开模过程中将制件及流道凝料从成型零件及流道中推出或拉出的零部件。如图 2-45 中推出机构由推杆 2、拉料杆 1、推板固定板 14、推板 15 等组成。

侧向分型抽芯机构——用来在开模推出制件前抽出成型制件上侧孔或侧凹的型芯的零部件。图 2-45 中没有设置侧向分型抽芯机构。如在图 2-47 中侧向分型抽芯机构是由斜销 10、滑块 11、楔紧块 9、限位挡块 5、拉杆 8 及弹簧 7 等组成。

排气系统——用来在成型过程中排出型腔中的空气及塑料本身挥发出来的气体的结构。排气系统可以是专门设置的排气槽，也可以是型腔附近的一些配合间隙。图 2-45 中没有开设排气槽，是利用分型面及型芯与推杆之间的间隙进行排气的。

冷却与加热装置——用以满足成型工艺对模具温度要求的装置。冷却时，一般在模具型腔周围开设冷却通道，而加热时，则在模具内部或周围安装加热元件。图 2-45 所示模具是注射成型热塑性塑料，模具一般不需专门加热，但在型芯和凹模上分别开设了冷却通道 6，以加快制件的冷却定型速度。

支承与固定零件——主要起装配、定位和联接的作用。如图 2-45 中的定模座板 9、定位圈 7、定模板 10、动模板 11、支承板 12、动模支架 13 及螺钉、销等。

塑料模就是依靠上述各类零件的协调配合来完成塑料制件成型功能的。当然，并不是所有的塑料模均具有以上各类零件，但成型零件、浇注系统、推出机构和必要的支承固定零件是必不可少的。

下面分别介绍各类常见塑料模的基本结构、工作原理及特点。

1. 注射模

注射模是通过注射机的注射装置将塑化熔融的塑料经注射机喷嘴和模具浇注系统注入型腔，使塑料在型腔中固化成型而获得所需制件的模具。注射模主要用来成型热塑性塑料制件，但也可成型热固性塑料制件。

（1）单分型面注射模　单分型面注射模也称为二板式注射模，它是注射模中最简单又最常用的一类。图 2-45 所示即为一典型的单分型面注射模，型芯 4 和凹模 5 构成型腔，是模具的成型零件；浇注系统由浇口套 8 中的主流道、分型面上的分流道、进入型腔的浇口及从动模板上正对主流道的冷料穴组成；由推杆 2、拉料杆 1、推板固定板 14 和推板 15 组成的推出机构起脱件和拉出浇注系统凝料的作用；导柱 3 与定模板 10 上的导向孔构成导向装置；在凹模 5 和型芯 4 上的通道 6 中通入冷却水对模具起冷却作用，以加快制件的固化；定位圈 7 用来确定模具在注射机上的安装位置，并保证模具主流道中心线与注射机喷嘴中心重合。

该模具结构简单，制造方便，采用侧浇口从型腔侧面进料，一副模具一次可成型 1~10 个以上的制件（型腔数量根据制件尺寸大小、质量要求、生产批量和注射机工作能力等确定），多用于成型精度要求不太高、无侧孔或侧凹的带凸缘或不带凸缘的杯盒形制件。

（2）双分型面注射模　双分型面注射模又称三板式注射模。与单分型面注射模相比，在动模和定模之间增加了一块可定距移动的流道板（又称中间板），塑料制件和浇注系统凝料从两个不同的分型面取出。图 2-46 所示为一典型的双分型面注射模。该模具采用点浇口从型

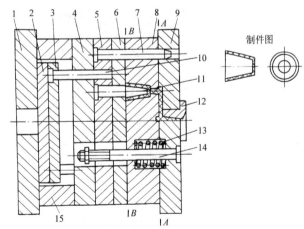

图 2-46　双分型面注射模

1—动模座板　2—推板　3—推杆固定板　4—支承板　5—动模板
6—推件板　7—导柱　8—流道板　9—定模板　10—推杆
11—型芯　12—浇口套　13—弹簧
14—定距拉杆　15—垫块

腔顶部进料，浇注系统凝料和塑料制件不能从同一分型面开模取出，因此设置了两个分型面 *A—A* 和 *B—B*，其中分型面 *A—A* 主要用于取出浇注系统凝料，*B—B* 用来取出制件。定距拉杆 14 是用于控制分型面 *A—A* 的开模距离，弹簧 13 是保证从分型面 *A—A* 处首次开模分型。推出机构由推件板 6、推杆 10、推杆固定板 3 和推板 2 组成。注射成型后开模时，由于弹簧 13 的作用，流道板 8 与定模板 9 首先沿 *A—A* 面作定距分型，以便取出两块板之间的浇注系统凝料。继续开模时，模具沿 *B—B* 面分型，继而由推出机构通过推件板 6 将包在型芯 11 上的制件从型芯上推出脱落。

这种模具结构较复杂，重量大，成本高，主要用于采用点浇口进料的单型腔或多型腔注射模。

（3）带侧向分型抽芯机构的注射模　当塑料制件有侧孔或侧凹时，为了使开模时成型侧孔或侧凹的侧型芯不妨碍制件的脱模，必须把侧型芯做成可沿侧向移动的活动型芯，并在开模的同时通过侧向分型抽芯机构将侧型芯从制件上抽出。图 2-47 所示即为一典型的斜销侧向分型抽芯的注射模，由于所成型的塑料制件中有侧凹存在，模具中设置了由斜销 10、带侧型芯的滑块 11、楔紧块 9、限位挡块 5、拉杆 8、弹簧 7 等组成的侧向抽芯机构。注射成型后开模时，开模力通过斜销 10 作用于滑块 11，迫使滑块随动模左退时在动模板 16 的导滑槽内侧向外移动，直至滑块上的侧型芯与制件完全脱开，侧抽芯动作完成。这时制件包紧在凸模 12 上随动模继续左退，直到注射机顶杆与模具推板 21 接触，推出机构开始工作，推杆 19 将制件从凸模 12 上推出。合模时，复位杆（图中未绘出）使推出机构复位，斜销使滑块向内侧移动复位，楔紧块将其锁紧，随后又可进行下一次注射循环。

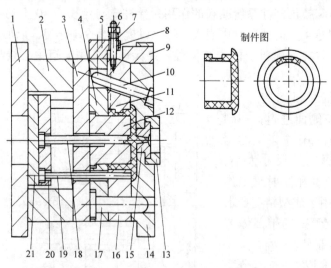

图 2-47　斜销侧向分型抽芯的注射模

1—动模座板　2—垫块　3—支承板　4—凸模固定板　5—限位挡块　6—螺母　7—弹簧　8—拉杆　9—楔紧块　10—斜销　11—滑块　12—凸模　13—定位圈　14—定模板　15—浇口套　16—动模板　17—导柱　18—拉料杆　19—推杆　20—推杆固定杆　21—推板

（4）自动脱螺纹的注射模　对带有内螺纹或外螺纹的塑料制件，螺纹部分的成型需采用螺纹型芯或螺纹型环。要使制件从螺纹型芯或型环上脱下，开模时螺纹型芯或型环与制件间必须有相对转动。脱螺纹的方式有手动和自动两种方式。图 2-48 为齿轮齿条自动脱螺纹的注射模，塑料制件带内螺纹，用可绕自身轴线转动的螺纹型芯 5 成型。开模时，装在定模座板 6 上的齿条导柱 9 带动齿轮轴 10 右端的小齿轮，并通过圆锥齿轮 1、2 和圆柱齿轮 3、4 的传动，使螺纹型芯 5 和螺纹拉料杆 8 旋转；在旋转过程中，制件和浇注系统凝料脱开螺纹型芯和螺纹拉料杆。由于螺纹型芯与螺纹拉料杆的转向相反，所以两者螺纹部分的的旋向应相反，而螺距应相等。

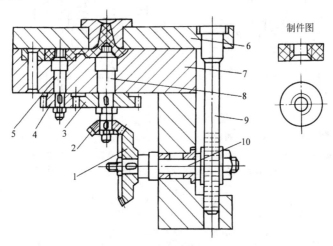

图 2-48　自动脱螺纹的注射模

1、2—圆锥齿轮　3、4—圆柱齿轮　5—螺纹型芯　6—定模座板　7—动模板　8—螺纹拉料杆　9—齿条导柱　10—齿轮轴

（5）无流道注射模　无流道注射模是指采用对浇注系统流道进行绝热或加热的方法，保持从注射机喷嘴到模具型腔之间的流道内的塑料始终呈熔融状态，使每次注射后开模只需取出制件而无浇注系统凝料，这样可大大提高劳动生产率，同时也保证了压力在流道中的传递，容易达到全自动操作。图 2-49 所示即为一种无流道注射模，浇注系统的流道用电热棒插入热流道板 15 上的加热孔 16 中加热，绝热层 18 阻止流道板中的热量向外散失，流道喷嘴 14 用导热性能优良、强度高的铍铜合金或性能类似的其他合金制造，以利热量传至前端。流道喷嘴的前端有塑料隔热层，以避免型腔冷却定型时过度降低喷嘴流道的温度。

无流道注射模注射成型后，省去了切除浇口凝料、修整塑件及回收废料等工序，流道中压力损失小，可实现多点浇口及大型多腔模的低压注射，塑料制件上无浇口痕迹，制件外观质量好，且成型过程中操作简单，利于实现自动化生产。但模具结构复杂，加工难度大，模具制造成本高。该类模具多用于成型外观质量好、生产批量大的各种盖、罩、外壳及容器等塑料制件。

2. 压缩模

压缩模是借助压机的加压和对模具的加热，使直接放入模具型腔内的塑料熔融并固化而成型出所需制件的模具。压缩模主要用来成型热固性塑料制件。

根据模具在压机上的固定方式，压缩模可分为移动式压缩模和固定式压缩模两大类。

（1）移动式压缩模　移动式压缩模是指将压缩成型中的辅助作业如装料、安放嵌件、合模、开模、脱件和清理模具等移到压机工作台外面进行的模具。图 2-50 所示为一典型的移动式压缩模结构，图中上模座板 1、凹模 2、凹模固定板 3 和导柱 4 是上模，其余零件属

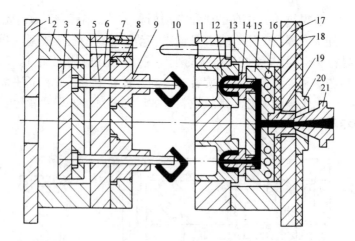

图 2-49　无流道注射模

1、8—动模板　2—支架　3、4—推板　5—推杆　6—动模座板　7—导套　9—凸模　10—导柱
11—定模板　12—凹模　13—支架　14—喷嘴　15—热流道板　16—加热孔　17—定模座板
18—绝热层　19—浇口套　20—定位环　21—注射机喷嘴

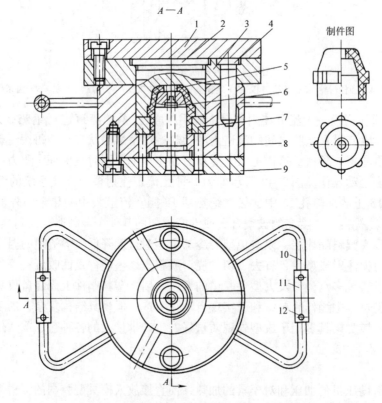

图 2-50　移动式压缩模

1—上模座板　2—凹模　3—凹模固定板　4—导柱　5—螺纹型芯　6—型芯
7—螺纹型环　8—模套　9—下模座板　10—手柄　11—套管　12—销

于下模。它的成型零件有型芯6、凹模2、螺纹型芯5、螺纹型环7和模套8，导向零件是导柱4和模套8上的导柱孔，上模座板1、下模座板9和凹模固定板3是支承与固定零件，手

柄 10 是用于扳动模具的。成型前，先将螺纹型芯 5 和螺纹型环 7 分别放入型芯 6 和模套 8 内，再将称量好的粉粒状或纤维状塑料放入模具型腔（即图中的模套 8）内，然后合模并将模具放入压机工作台进行加热和加压，使型腔内的塑料逐步熔融并固化定型。成型后将模具移出工作台，用专用卸模装置将模具从上、下模接合面分开，并将塑料制件连同螺纹型芯 5 和螺纹型环 7 从型芯 6 上脱下，再用手工分别旋下螺纹型芯和螺纹型环后便可进行下一个压缩成型工作循环。

移动式压缩模进行的机外操作均为手工操作，劳动强度较大，模具重量受工人体力限制，生产率低。但模具结构简单，易于制造，适合于成型批量小的中小型塑料制件，以及形状较复杂、嵌件多、加料困难和带螺纹等的塑料制件。

（2）固定式压缩模　固定式压缩模是将上、下模分别固定在压机上、下工作台上，全部的成型作业均在压机上进行的模具。图 2-51 所示为一典型固定式压缩模结构，上模由上模座板 1、加热板 5、导柱 6 及凹模 3 等零件组成，其余零件组成下模。上模通过上模座板 1 用螺钉和压板固定在压机上工作台上，下模通过下模座板 16 固定在压机下工作台上；上、下模由导柱 6 和导套 9 导向。开模时，压机上工作台带动上模上移，这时凹模 3 脱离下模一段距离，用手工旋出侧型芯 20，接着压机辅助液压缸（下液压缸）工作，通过顶杆 18、推板 17 推动推杆 11 将塑料制件推出模外。加料前，先将侧型芯 20 复位，加料合模后，热固性塑料在加料腔（凹模镶件 4 的上半部）和型腔中受热受压，成为熔融状态而充满型腔，固化成型后开模取出制件，接着又可开始下一个压缩成型循环。模具中承压块 22 起承受上工作台压力的作用，防止过大的压力通过凹模 3 压坏凹模镶件 4。支承钉 12 使推出机构在下液压缸下拉时准确复位。推板导柱 14 和推板导套 15 对推出机构起导向作用。模具是通过安装在加热板 5、10 中的电热棒进行加热的。

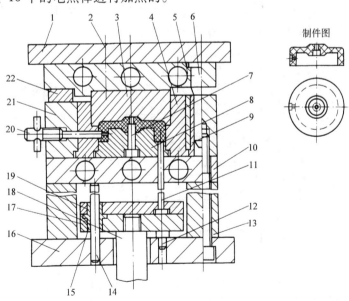

图 2-51　固定式压缩模

1—上模座板　2—螺钉　3—凹模　4—凹模镶件　5、10—加热板　6—导柱　7—型芯　8—凸模　9—导套
11—推杆　12—支承钉　13—垫块　14—推板导柱　15—推板导套　16—下模座板　17—推板　18—压机顶杆
19—推杆固定板　20—侧型芯　21—凹模固定板　22—承压块

固定式压缩模的重量不受工人体力限制，根据压机类型及技术参数，它可成型不同生产批量和大小的塑料制件，可制成多型腔模具，可以实现自动化生产，生产率高，模具寿命较长。但模具结构较复杂，不便成型嵌件较多的制件。

3. 压注模

压注模又称传递模，它是通过柱塞，使在加料腔内受热塑化熔融的热固性塑料经浇注系统压入被加热的模具型腔，继而固化成型出所需塑料制件的模具。压注模与压缩模都是热固性塑料制件常用的成型模具。

压注模与压缩模的最大区别是，压注模设有单独的加料腔。塑料在加料腔受热塑化成熔融状态，再在与加料腔配合的柱塞作用下，使熔料通过设在加料腔底部的浇注系统高速挤入型腔，塑料在型腔内继续受热受压而发生交联反应并固化成型，因而压注模与压缩模相比，成型的效率较高，塑料制件的质量较好，尺寸精度较高，适合成型带细小嵌件、较深的孔及较复杂的制件。但由于浇注系统的存在而消耗的塑料较多，成型收缩率稍大，模具结构较复杂，所需成型压力较高，制造成本也大。

压注模按所用压机的类型和操作方法不同，分为普通压机上用压注模和专用压机上用压注模；按压注模与压机是否固定，分为固定式压注模和移动式压注模。

（1）普通压机上用的压注模

1）移动式压注模。图2-52所示为一典型普通压机上用的移动式压注模，模具上面设有可与模具分离的加料腔4。凹模3和型芯7是成型零件。导柱6和凹模3上的导向孔起合模导向作用。在凹模3中设有浇注系统，使加料腔4与型芯7和凹模3组成的型腔相连通。模具闭合后放上加料腔4，将定量的塑料放入加料腔内，加热装置加热模具至成型所需的温度，同时压机提供压力并通过柱塞5将塑化的塑料熔体经浇注系统高速挤入型腔，待塑料固化定型后，用手工移出模具，并取下加料腔，再用专用工具开模将制件取出。这种模具使用的压机、加热方法及脱模方式与移动式压缩模相同。

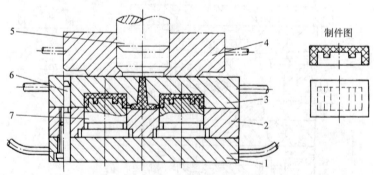

图2-52　普通压机上用移动式压柱模

1—下模座板　2—下模板　3—凹模　4—加料腔　5—柱塞　6—导柱　7—型芯

2）固定式压注模。图2-53所示为一典型的普通压机上用的固定式压注模，它的上、下模座板1、10分别固定在压机的上、下工作台上，模具靠安装在加热孔18中的加热棒加热。开模时压机带动上模座板1上升，模具先从$A—A$面分型，柱塞2离开加料腔3并拔出主流道凝料。当上模座板1带动柱塞2上升到一定高度时，拉杆12的螺母碰到拉钩14，使拉钩与凹模固定板15脱开，接着由于定距拉杆17的作用，整个上模与下模从$B—B$面分型，此时加料腔 3、上凹模板 16 及浇口套 4 成一整体悬于上模座板与下模之间，以便分别从 A—A 面和 B—B 面取出主流道凝料和塑料制件。最后由压机的顶出活塞通过推板 9 推动推杆 7，将制件从凹模 6 及型芯 5 上推出。合模时，复位杆 11 使推出机构复位，拉钩 14 靠自重又与下模锁在一起，从加料腔中加入定量塑料后又可开始下一次压注成型循环。

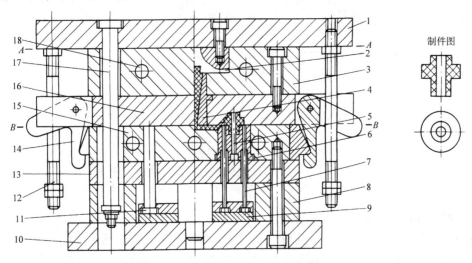

图 2-53　普通压机上用固定式压注模

1—上模座板　2—柱塞　3—加料腔　4—浇口套　5—型芯　6—凹模　7—推杆　8—垫块
9—推板　10—下模座板　11—复位杆　12—拉杆　13—支承板　14—拉钩
15—凹模固定板　16—上凹模板　17—定距拉杆　18—加热孔

（2）专用压机上用的压注模　专用压机上用压注模与普通压机上用压注模的主要区别是它没有主流道，主流道已扩大成为圆柱形的加料腔，这时柱塞将熔融塑料压入型腔的压注力也起不到锁紧模的作用。为此，压注模需要具有两个液压缸来分别完成锁模和压注成型作用的专用双压式压机。这类压注模一般都是固定式结构，根据加料腔的位置不同，可分为上加料腔固定式压注模和下加料腔固定式压注模，其中以上加料腔固定式压注模最常用。

图 2-54 所示为专用压机用上加料腔固定式压注模的典型结构。上模由加料腔 1、上模座板 2、凹模板 3 及导柱 11 组成，其余零件组成下模。这种压注模的加料腔 1 在上模，所用压机的液压缸（称主缸）在压机的下方，自下而上合模，压注成型用的液压缸（称辅缸）在压机的上方，自上而下将熔融塑料注入模具型腔。合模加料后，当加入加料腔内的塑料受热塑化成熔融状态时，压机辅缸工作，通过与加料腔配合的柱塞将熔融塑料通过浇注系统注入型腔。固化成型后，压机辅缸带动柱塞上移，而主缸则带动下工作台将模具下模部分下移开模，塑料制件与浇注系统凝料留在下模，继而推出机构工作，推杆 5 将制件及浇注系统凝料一起推出。

专用压机用压注模与普通压机用压注模相比，不但可以用较低的总压力进行压注，而且还消除了主流道废料，降低了塑料的耗量。另外，模具也少了一个分型面，成型后制件与浇注系统凝料是作为一个整体从模具中脱出，故生产率较高。但这种压注模需安装在专用的压机上工作。

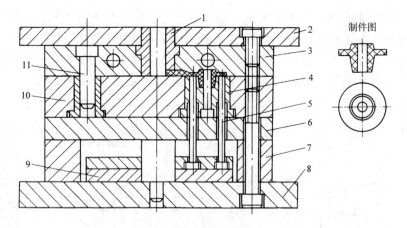

图 2-54　专用压机用上加料腔固定式压注模

1—加料腔　2—上模座板　3—凹模板　4—型腔　5—推杆　6—支承板
7—垫块　8—下模座板　9—推板　10—凹模固定板　11—导柱

二、塑料模的主要零部件及其标准

从前述塑料模的基本结构分析可知，虽然塑料模的类型较多，而同一类型的塑料模又有各种不同的结构形式，但任何一副塑料模的组成零件都可按其用途分为成型零件、浇注系统与加料腔零件、排气系统、导向零件、推出机构、侧向分型抽芯机构、加热与冷却装置及支承与固定零件等。

塑料模零部件的详细分类见表 2-3。

表 2-3　塑料模零部件的分类

				塑料模零部件			
成型零件	浇注系统及排气系统与加料腔	导向零件	推出机构	侧向分型抽芯机构	加热与冷却装置	支承与固定零件	
凸模、凹模、型芯、侧型芯	螺纹型芯、镶件、螺纹型环	浇口套、分流锥、流道板	加料腔、柱塞	排气槽、排气塞	导柱、导套	推杆、推管、推件板	复位杆、推杆固定板、推板	推板导柱与导套	斜销、斜滑块、滑块	导滑板、楔紧块	滑块定位装置、限位装置、止动装置	电热板、电热套、隔热板、隔热棒	隔板、喷水管、隔热板	定模座板、动模座板、上模座板、下模座板	动模板、定模板、上模板、下模板	模套、支承板、垫块、支架	定位圈、定位销、螺钉、销

塑料模中，构成注射模的通用零件（如推出零件、支承与固定零件、导向零件等）及模架组合体已经标准化了，设计时应尽量选用标准零件及模具标准组合结构。对非标准模具零件，设计时也应符合标准规定的塑料模零件技术条件的要求。

下面分别介绍塑料模各主要零部件的结构及其标准的选用。

1. 成型零件

（1）凹模　凹模是成型塑料制件外形的主要零件。凹模按其结构形式分为整体式凹模和组合式凹模两类。

1）整体式凹模：是指在模板（称为凹模板）上直接加工出凹模型腔的一种凹模，如图 2-55 所示。这种凹模结构简单，成型的制件质量较好。但对于形状复杂的凹模，其加工较困难，热处理不方便，因而整体式凹模常用在形状简单的中、小型模具上。随着数控加工技术和电加工技术的发展与应用，整体式凹模的应用将越来越多。

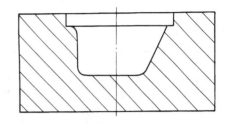

图 2-55　整体式凹模

2）组合式凹模：是指由两个以上零件组合而成的凹模。组合式凹模简化了复杂凹模的加工工艺，减少了热处理变形，节约了贵重模具纲。但装配调整较麻烦，有时制件表面可能存在拼块的拼接线痕迹。因此组合式凹模主要用于形状复杂的塑料制件的成型。

组合式凹模的组合方式很多，常见的组合方式有以下几种。

a. 整体嵌入式组合凹模。将单个凹模采用机械加工或冷挤压、电加工等方法加工而成，然后整体嵌入模板中，这种凹模称为整体嵌入式组合凹模，如图 2-56 所示。这种结构的凹模形状和尺寸的一致性较好，更换方便，嵌入的凹模外形一般是圆柱形，与模板的装配及配合如图中所示。若型腔是非轴对称旋体，则需用销防转，如图 2-56b 所示。

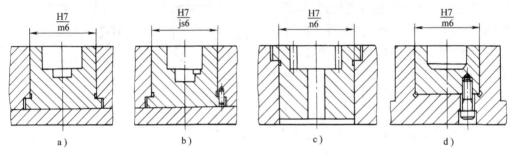

图 2-56　整体嵌入式组合凹模

b. 局部镶嵌式组合凹模。对于凹模的某些部位特别容易磨损需经常更换，或者是难以加工，这时常把凹模的这一部位做成镶件，再嵌入凹模本体，这种凹模称为局部镶嵌式组合凹模，如图 2-57 所示。

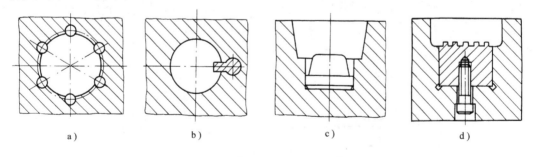

图 2-57　局部镶嵌式组合凹模

c. 镶拼式组合凹模。为了便于机械加工、抛光、研磨和热处理，形状复杂或尺寸较大的凹模型腔可用几个部分镶拼而成，如图 2-58 所示。其中图 a 和图 b 是在凹模型腔底部镶入镶块的结构；图 c 是在凹模型腔侧面镶入镶块的结构。

（2）凸模和型芯　凸模和型芯均是成型塑料制件内表面的零件。凸模一般是指成型制

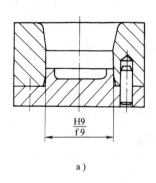 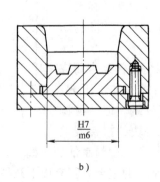 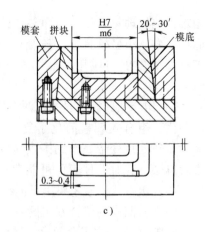

图2-58　镶拼式组合凹模

件中较大或主要内表面的零件，又称为主型芯；型芯一般是指成型制件上较小孔或槽的零件，又称小型芯。

1）主型芯。主型芯也有整体式和组合式两种结构形式。图2-59所示为整体式型芯，其中图a是型芯与模板为一整体，其结构牢固，但不便加工，消耗的模具钢多，主要用作小型模具上形状简单的型芯；图b～图d是将型芯单独制造，再压入型芯固定板中，或直接通过螺钉与销固定在型芯固定板上，这几种结构加工较方便，且节省模具钢，是一般塑料模具常采用的结构。

图2-60所示为常见的组合式型芯。采用组合式型芯的优缺点与组合式凹模基本相同，设计和制造这类型芯时，必须注意

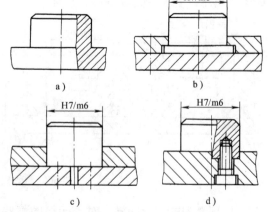

图2-59　整体式主型芯（凸模）

结构合理，应保证型芯和镶块的强度，防止热处理变形。如图a中若两个型芯靠得太近，热处理时薄壁部位易开裂，应采用图b的结构，将其中一个小型芯与大型芯制成一个整体，再镶入另一个小型芯。

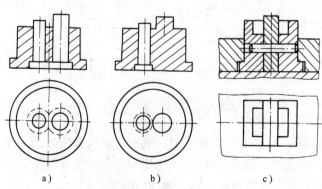

图2-60　组合式型芯

2）小型芯。小型芯一般单独制造后再固定在型芯固定板或滑块上。图2-61所示为小型芯的几种常见结构及其固定方式。其中图a是用台肩固定，下面用垫板压紧；图b～图d是在固定板太厚时在固定板上减少配合长度的结构；图e是型芯镶入后在另一端采用铆接固定的形式。

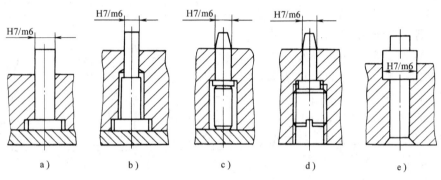

图2-61 小型芯的结构及固定方式

对于非圆形型芯，为了制造方便，常将型芯设计成两段，其连接固定段制成圆柱形，并用台肩固定在固定板中，如图2-62a所示。也可用螺母和弹簧垫圈紧固，如图2-62b所示。

对多个互相靠近的小型芯用台肩时，如果台肩发生重叠干涉，可将台肩相碰的一面磨去，并将固定板的台阶孔加工成大圆台阶孔或长腰圆形台阶孔，然后再将型芯镶入，如图2-63所示。

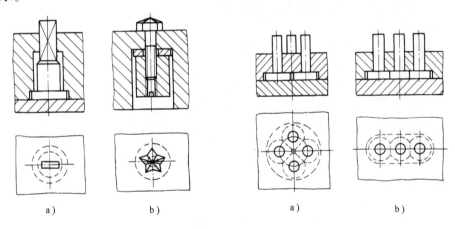

图2-62 非圆形型芯的固定方式　　　　图2-63 多个互相靠近型芯的固定方式

（3）螺纹型芯和螺纹型环　螺纹型芯和螺纹型环是分别用来成形塑料制件上的内螺纹（螺孔）和外螺纹，也可用来固定带螺纹孔或螺杆的嵌件。成形后，螺纹型芯和螺纹型环的脱件方式有两种，一种是模内自动脱件，另一种是模外手动脱件。这里仅介绍手动脱件的螺纹型芯和螺纹型环的结构及其固定方式。

1）螺纹型芯。螺纹型芯按其用途分为直接成形制件上螺孔的螺纹型芯和固定螺母嵌件用的螺纹型芯两种。两种螺纹型芯在结构上没有区别，但用来成形制件螺孔的螺纹型芯在设计时必须考虑塑料断面收缩率，表面粗糙度值要小（Ra值小于0.4μm），螺纹始端和末端应按塑料螺纹结构要求设计，以防止从塑件上拧下时拉毛塑料螺纹。而固定螺母嵌件的螺纹型芯不必考虑断面收缩率，按普通螺纹制造即可。

螺纹型芯安装在模具上，成形时要可靠定位，不能因合模振动或料流冲击而移动，开模时又能与塑料制件一道取出并便于装卸。螺纹型芯的常见结构及固定方式如图 2-64 所示，其中图 a ~ 图 c 是成形内螺纹的螺纹型芯，图 d ~ 图 f 是安装螺纹嵌件的螺纹型芯。螺纹型芯与模板上安装孔的配合一般按 H8/f8。螺纹型芯的非成形端应该制成方形或加工出相对的两个平面，以便在模外用工具将其旋下。

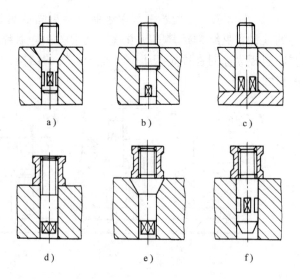

图 2-64　螺纹型芯的结构及固定方式

图 2-65 所示为在上模或动模上的螺纹型芯结构及其固定方法。由于合模时冲击振动较大，螺纹型芯插入时应有弹性连接装置，以免造成型芯脱落或移动，导致制件报废或模具损伤。图 2-65 中，图 a 是带豁口柄的结构，豁口柄的弹力将型芯支撑在模具内，适用于直径小于 8mm 的型芯；图 b 和图 c 是用弹性钢丝或弹簧片支撑，适用于直径 5 ~ 10mm 的型芯；图 d 用弹簧和钢球支撑，用于直径大于 10mm 的型芯。

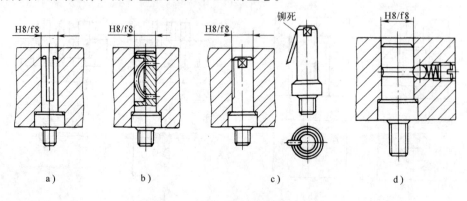

图 2-65　带弹性连接的螺纹型芯

2）螺纹型环。螺纹型环常见的结构如图 2-66 所示，其中图 a 是整体式螺纹型环，型环与模板的配合按 H8/f8，配合段长 3 ~ 5mm，为了安装方便，配合段以外制出 3° ~ 5° 的斜度，型环下端铣成方形，以便用扳手从塑料制件上拧下。图 b 是组合式螺纹型环，型环由两半瓣拼合而成，两半瓣中间用定位销定位，成形后用尖劈状卸模器楔入型环两边的楔形槽内，使螺纹型环分开。组合式型环脱螺纹快而省力，但在成形的塑料外螺纹上留下难以修整的拼合痕迹，因此，这种螺纹型环只适用于成形精度要求不高的粗牙螺纹。

2. 浇注系统、排气系统及加料腔零件

（1）浇注系统　浇注系统是指塑料熔体从注射机喷嘴或加料腔底部压出后到达型腔之

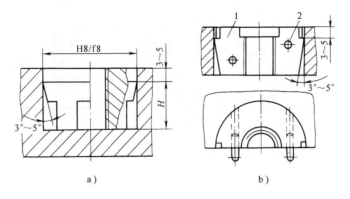

图 2-66　螺纹型环的结构

1—螺纹型环　2—定位销

前在模具内流经的通道，是注射模和压注模的重要组成部分。浇注系统分为普通流道的浇注系统和无流道浇注系统两大类。这里只介绍普通流道的浇注系统。

普通流道浇注系统一般由主流道、分流道、浇口和冷料穴等部分组成，如图 2-67 所示，其中图 a 为注射模所用的浇注系统，图 b 为压注模所用的浇注系统。

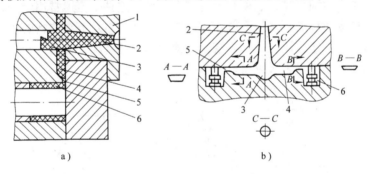

图 2-67　普通浇注系统的组成

a）注射模所用的浇注系统　b）压注模所用的浇注系统

1—浇口套　2—主流道　3—冷料穴　4—分流道　5—浇口　6—型腔

1）主流道：是指塑料熔体在模具浇注系统中最先经过的一段直流道，因此主流道的形状和尺寸也最先影响着塑料熔体的流动速度和填充时间。

在注射模的浇注系统中，主流道必须使熔体的温度降和压力降最小，且不损害其他塑料熔体输送到最远位置的能力。为此，主流道一般设计得比较粗大，以利于熔体顺利地流向分流道，但不能太大，否则会造成塑料消耗增多。为使凝料能顺利地从主流道中拔出，主流道常设计成正圆锥形，锥角为 $2° \sim 6°$，表面粗糙度数值 Ra 小于 $0.8\mu m$。因为主流道部分在成形过程中其小端入口处与注射机喷嘴及一定温度和压力的塑料熔体要冷热交替地反复接触，属易损部位，因此，塑料制件批量较大时，常将主流道部分设计成可拆卸更换的主流道衬套式（称为浇口套），以便有效地选用优质钢单独进行加工和热处理。浇口套常见的结构及固定形式如图 2-68 所示。其中图 a 为浇口套与定位圈设计成整体式，一般用于小型模具；图 b 和图 c 的浇口套与定位圈是分开的，图 b 用于较大一点的模具，图 c 用于主流道穿过两块模板的情况。

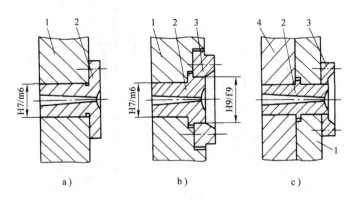

图 2-68　浇口套的结构与固定形式
a）整体式　b）分开式　c）分开式
1—定模座板　2—浇口套　3—定位圈　4—定模板

在压注模中，主流道有正圆锥形、倒圆锥形及带分流锥等形状，如图 2-69 所示。其中图 a 为正圆锥主流道，常用于多型腔模具，有时也可用于流动性较差的塑料的单型腔模具，主流道锥度取 6°~10°；图 b 为带分流锥的主流道，分流锥与流道间隙一般取 1~1.5mm，流道可沿分流锥整个表面分布，也可在分流锥上开槽，这种主流道常用于塑料制件较大或型腔距主流道中心较远时以缩短浇注系统长度、减少流动阻力及节约原料的场合；图 c 为倒锥形主流道，大多用于固定式压注模，与端面带楔形槽的柱塞配合使用，开模时主流道连同加料室中残余废料由柱塞带出再予以清理。

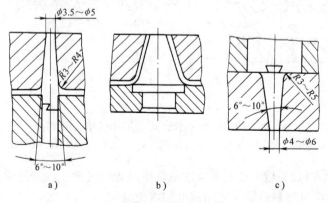

图 2-69　压注模主流道
a）正圆锥主流道　b）带分流锥的主流道　c）倒锥形主流道

2）分流道：是介于主流道与浇口之间的一段流道，在一模多腔或单型腔采用多个浇口进料时都必须设置分流道。分流道是浇注系统中塑料熔体由主流道进入型腔前，通过截面积的变化及流向变换以获得平稳流态的过渡段，因此要求所设计的分流道应能满足良好的压力传递和保持理想的填充状态，使塑料熔体均衡地分配到各型腔。

为了便于机械加工及流道凝料的脱出，分流道一般设置在分型面上。分流道常用的截面形状如图 2-70 所示。其中图 a 为圆形截面，它的比表面积（截面周长与截面面积之比）小，因而热量不易散失，流动阻力小。但它因同时开设在两块模板上，故制造较困难。图 b 和图 c 分别为梯形和 U 形截面，这两种分流道加工容易，热量散失和流动阻力也不大，是热塑性塑料注射模中最常用的形式。图 d 和图 e 分别是半圆形和矩形截面，这两种分流道加工也较方便。但比表面积较大，因而传热面积也较大，通常只用作热固性塑料注射模或压注模的分流道。

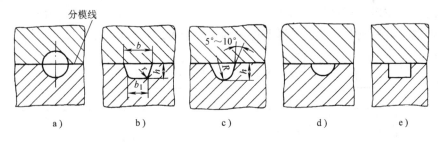

图 2-70　常用的分流道截面形状

a）圆形截面　b）梯形截面　c）U 形截面　d）半圆形截面　e）矩形截面

分流道在分型面上的布置形式有平衡式和非平衡式两种。平衡式是指多个分流道的长度、截面形状和尺寸都是对应相同的，如图 2-71 所示。这种布置可以达到各型腔能均衡地进料，并能同时充满各型腔。

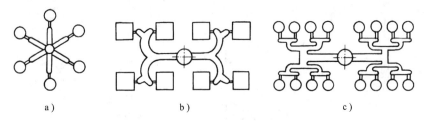

图 2-71　分流道的平衡式布置

非平衡式布置的分流道如图 2-72 所示。由于各分流道长度不相同，为了使各型腔能同时均衡进料，必须将各浇口设计成不同的截面尺寸。但由于塑料的充模顺序与分流道的长短和截面尺寸等都有较大关系，要准确地计算各浇口尺寸比较复杂，需要经过多次试模和修整才能实现，故不适用成形精度较高的塑料制件。非平衡式布置的优点是型腔数较多时常可缩短流道的总长度。

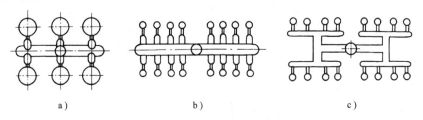

图 2-72　分流道的非平衡式布置

3）浇口。浇口又称进料口，是连接分流道与型腔的通道。除直接浇口外，它是浇注系统中最狭窄短小的部分。浇口既能使由分流道流进的塑料熔体产生加速，形成理想的流动状态而充满型腔，又便于成形后塑料制件与浇注系统凝料分离，便于修整制件。但浇口的截面尺寸不能过小，过小的浇口压力损失大，冷凝快，补缩困难，会造成塑料制件缺料、缩孔等缺陷，甚至还会产生熔体破裂形成喷射现象，使制件表面出现凹凸不平。同样，浇口的截面尺寸也不能过大，过大的浇口进料速度低，温度下降快，制件可能产生明显的熔接痕和表面云层现象。因此，浇口尺寸必须适当。

浇口的形式较多，不同类型的浇口其尺寸稍有不同，特点和适用情况也有所不同，具体选用时应根据塑料的成形特性、成形条件等因素综合考虑。常用的浇口形式、特点及应用见表2-4。

表 2-4 常用的浇口形式、特点及应用

序号	名 称	简 图	特 点 及 应 用
1	直接浇口		塑料熔体流动阻力小，流程短，流速快，补缩时间长。但在进料处易产生较大残余应力而导致制件翘曲变形，浇口痕迹较大，凝料难去除。多用于注射成形大型厚壁长流程深型腔制件及一些高黏度塑料的单型腔模具
2	侧浇口		加工容易，修理方便，可根据制件的形状特征灵活地选择进料位置。但易在制件上形成熔接痕、缩孔、气孔等缺陷，且对深型腔制件排气不便。广泛用于中小型制件的多型腔模具
3	扇形浇口		可使塑料熔体在宽度方向上的流动得到更均匀的分配，使内应力减小，还可避免流纹及定向效应带来的不良影响。但浇口痕迹较明显且去除较困难。适用于成形横向尺寸较大的薄片制件及平面面积较大的扁平制件
4	环形浇口		熔体充模时进料均匀，各处流速大致相同，模腔内气体易排去，不易产生熔接痕。但浇口去除较难，浇口痕迹明显。主要用于成形圆筒形塑料制件

（续）

序号	名称	简图	特点及应用
5	轮辐式浇口		相当于从塑料制件内侧多点侧浇口进料，比环形浇口用料少，易去除浇口凝料。但制件易产生多条熔接痕，从而影响强度及外观质量。主要用于成形圆筒形和浅杯形制件
6	爪形浇口		它是轮辐式浇口的变形形式，除具有轮辐式浇口的共同特点外，因浇口设在型芯头部，故具有自动定心作用，能保证制件内外形同轴度和壁厚均匀性。主要用于成形内孔小且同轴度要求较高的细长管状制件
7	点浇口		浇口尺寸很小，熔体通过时可获得很高的剪切速率并产生较大的剪切热，对表观黏度随剪切速率变化敏感的塑料和黏度低的塑料可获得外观清晰、表面光泽的制件。浇口凝料可自动切断，浇口残留痕迹小。但压力损失较大，制件收缩大，易变形，需采用三板式模具
8	潜伏式浇口		由点浇口演变而来，除具有点浇口特点外，因浇口设在制件侧面不影响外观的较隐蔽部位，因而可使制件表面不受损伤。但加工较困难，推出浇口凝料时需有较强冲击力，韧性较强的塑料不宜采用

　　浇口的开设位置对塑料制件的质量也有重要影响，同时还影响模具结构。浇口位置选择的一般原则是：尽量缩短熔体流动距离；减少或避免熔接痕；有利于型腔中气体的排除；防止料流将型芯或嵌件挤压变形；利于熔体流动和补缩；避免产生喷射和蠕动现象；考虑塑料高分子取向对制件性能的影响等。这些原则在应用时常常会产生某些不同程度的相互矛盾，这时应以保证成形性能及成形质量为主，综合分析权衡，从而根据具体情况确定出比较合理的浇口位置。表2-5列出了几种常见浇口位置选择对比示例，供设计模具时参考。

表 2-5　浇口位置的对比示例

序号	位 置 合 理	位 置 不 合 理	说　　明
1	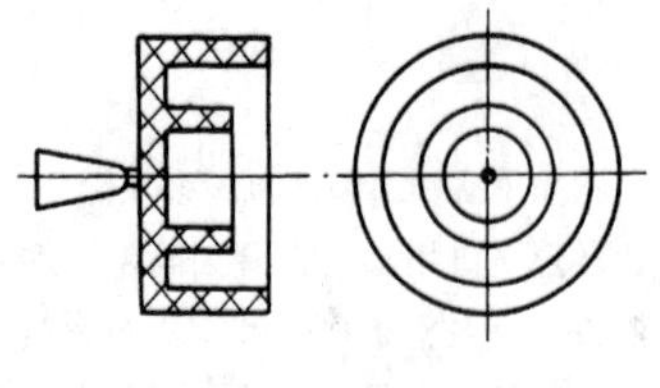	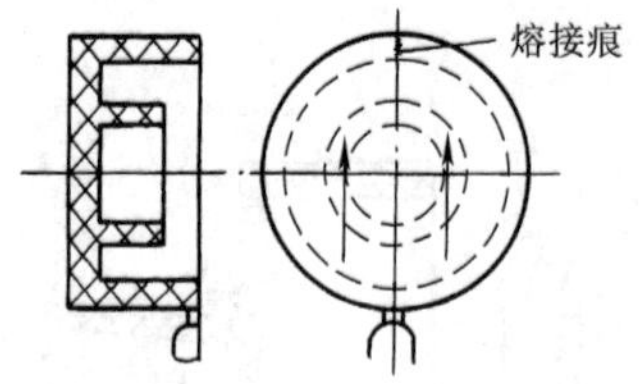	盒罩形制件顶部壁薄,采用点浇口可减少熔接痕,有利于排气,可避免顶部缺料或塑料碳化
2	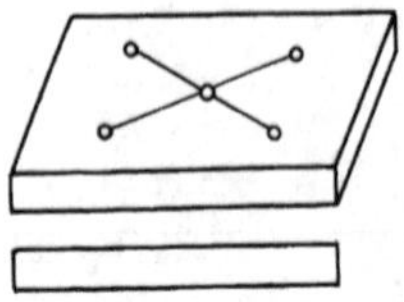	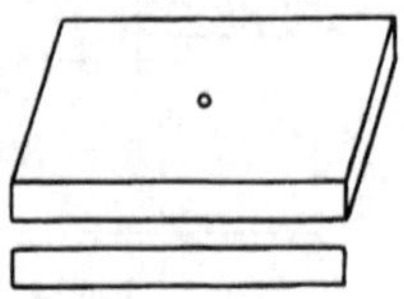	对底面积较大又浅的壳体制件或平板状大面积制件应兼顾内应力和翘曲变形问题,采用多点进料较好
3	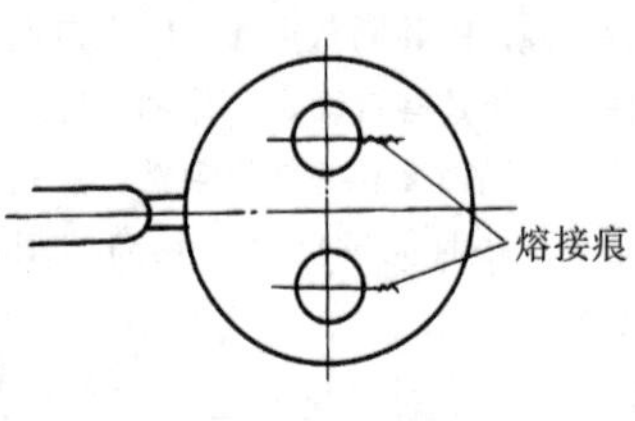	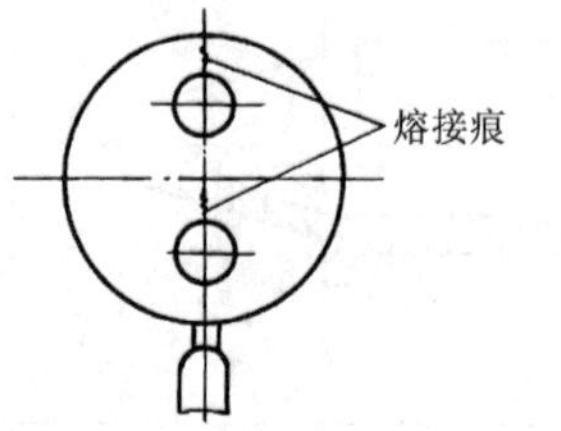	浇口位置应考虑熔接痕的方位。右图所示的熔接痕与小孔连成一线,使强度大为削弱
4	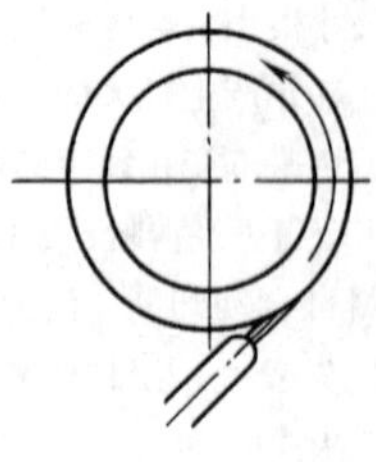	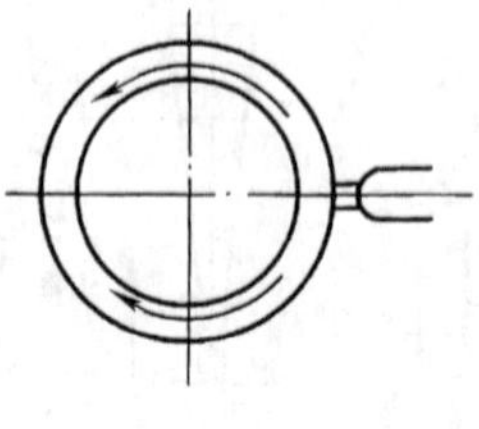	圆环形塑件采用切向进料,可减少熔接痕,提高熔接部位强度,有利于排气
5	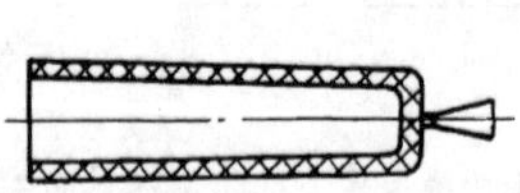	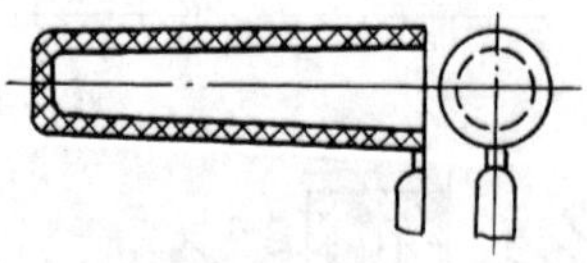	罩形、细长圆筒形、薄壁等制件在设置浇口时,应防止缺料、熔接不良、排气不良、型芯受力不均、流程过长等缺陷
6	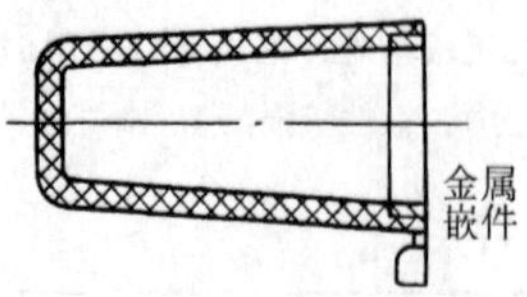	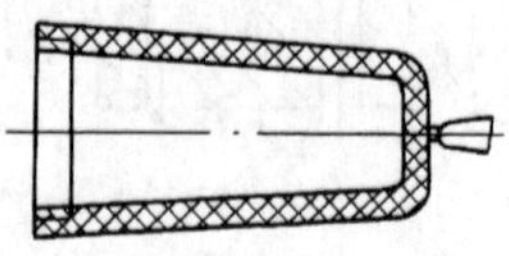	左图制件塑料分子取向方位与收缩产生的残余拉应力方向一致,制件使用后开裂的可能性大大减小
7	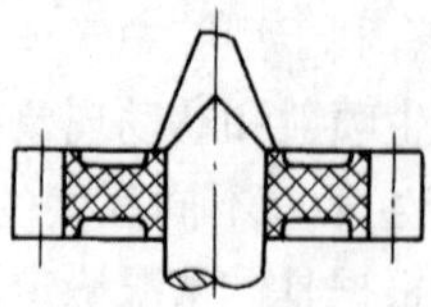	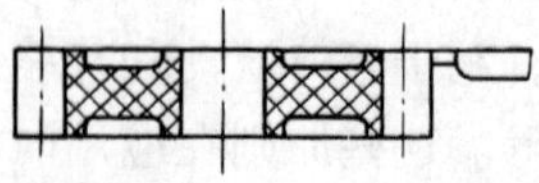	选择浇口位置时,应注意去浇口后的残留痕迹不影响制件使用要求及外观质量

（续）

序号	位 置 合 理	位 置 不 合 理	说　　明
8	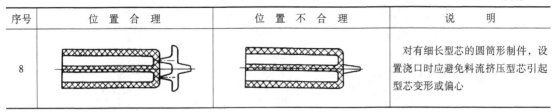		对有细长型芯的圆筒形制件，设置浇口时应避免料流挤压型芯引起型芯变形或偏心

　　压注模采用的浇口形式及浇口位置的确定原则与注射模基本相同，应用较多的浇口是直接浇口、侧浇口和环形浇口。其中直接浇口多用于倒圆锥形主流道与制件直接连接的情况，如图 2-73 所示。图 a 是为防止去除浇口凝料时损伤制件表面，对一般以木粉为填料的热固性塑料制件需将浇口与制件的连接处用圆弧过渡；图 b 和图 c 是对于以长纤维为填料的制件需在浇口附近的制件上增设一凸块，凸块在成形后再将其磨去。

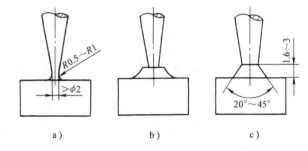

图 2-73　压注模直接浇口与制件的连接

　　4）冷料穴。在注射模浇注系统中，冷料穴是用来储藏注射间歇期间喷嘴所产生冷凝料头和最先注入模具浇注系统的温度较低的部分熔体，以防止这些冷料进入型腔而影响塑料制件的质量，使熔体顺利充满型腔。

　　冷料穴一般开设在主流道对面的动模板上（也即塑料熔体流动时的第一次转向处），其直径与主流道大端直径相同或略大一些，深度为直径的 1~1.5 倍。图 2-74 所示为常用冷料穴和拉料杆的形式。其中图 a 是带钩形（或 Z 形）拉料杆的冷料穴，开模时主流道凝料被拉料杆拉出，因拉料杆固定在推杆固定板上，所以在制件推出的同时将流道凝料也从动模中推出。但推出后常常需人工取出凝料而不能自动脱落。这种冷料穴适用性较广，是一种最常见的形式。图 b 和图 c 是底部带推杆的冷料穴，开模时主流道凝料是靠倒锥形冷料穴或带环形槽的冷料穴拉出，再靠推杆推出。这两种形式适用于弹性较好的软制塑料，能实现自动化脱模。图 d 和图 e 分别是带球头拉料杆和菌形拉料杆的冷料穴，熔体进入冷料穴后紧包在球头或菌形头上，开模时就可以将主流道凝料拉出。因这两种拉料杆一般用于推件板推出机构的模具中，拉料杆固定在动模一侧的型芯固定板上，在推件板推出制件时就会把流道凝料从球头或菌形头上强行脱出，故这两种形式也只适用于弹性较好的塑料。

　　有时因分流道较长，塑料熔体充模的降温较大时，也要求在分流道的延伸端开设较小的冷料穴，以防止分流道末端的冷料进入型腔。当然，并不是所有注射模都需开设冷料穴，当塑料的工艺性能好和成形工艺条件控制得好而很少产生冷料，或制件要求不高时，可不必设置冷料穴。

　　在压注模中，一般产生冷料的现象不明显，是以反料槽兼起冷料穴作用的。反料槽的作用主要是利于塑料熔体集中流动，以增大熔体进入型腔时的流速，也可适当储存冷料。反料槽一般位于正对着主流道大端的模板平面上，如图 2-75 所示。

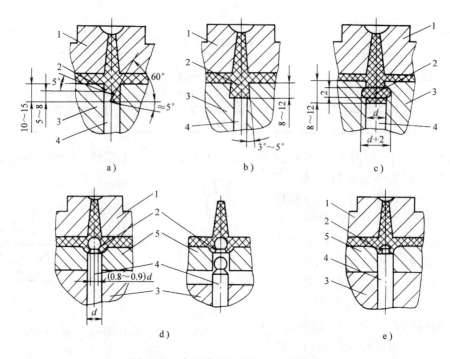

图 2-74　常用冷料穴与拉料杆的形式

1—定模座板　2—冷料穴　3—动模板　4—拉料杆（推杆）　5—推件板

（2）排气系统　当塑料熔体充填型腔时，必须顺序排出浇注系统及型腔内的空气及塑料受热或凝固时产生的低分子挥发气体。如果型腔内因各种原因而产生的气体不能被排除干净，一方面将会在塑料制件上形成气泡、接缝、表面轮廓不清及填充缺料等成形缺陷；另一方面气体受压、体积缩小而产生高温会导致制件局部碳化或烧焦，同时积有的气体还会产生反向

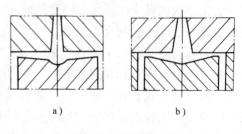

图 2-75　反料槽结构

压力而降低充模速度，因此，设计型腔时必须考虑排气问题，从排气槽溢出少量的冷料还有助于提高制件的熔接强度。

塑料模成形时的排气通常有以下几种方式。

1）利用配合间隙排气。通常中小型模具的简单型腔，可利用推杆、活动型芯等与凹模或型芯的配合间隙进行排气，其间隙一般为 0.03～0.05mm。

2）在分型面上开设排气槽排气。分型面上开设排气槽的形式与尺寸如图 2-76 所示。其中图 a 是排气槽在离开型腔约 5～8mm 后设计成开放的燕尾式，以便排气顺利、畅通；图 b 的形式是为了防止在排气槽对着操作工人进行成形时熔料从排气槽喷出而发生人身事故，因此将排气槽设计成转弯的形式。排气槽的深度对注射模取 $h = 0.01～0.03$mm，对压注模取 $h = 0.04～0.13$mm。

3）利用排气塞排气。如果型腔最后填充的部位不在分型面上，其附近又无可供排气的推杆或活动型芯的配合间隙时，可在型腔深处镶嵌排气塞。排气塞可用烧结金属块制成，如

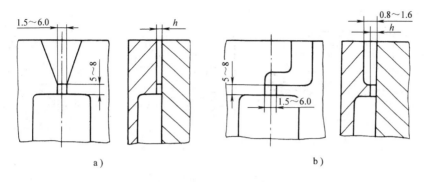

图 2-76　分型面上的排气槽

图 2-77 所示。

（3）加料腔与柱塞

1）加料腔：是指压缩模和压注模中用来容纳并加热塑料原料的零件。在压缩模中，加料腔可以是凹模开口端的延伸部分，如图 2-78a、b 所示，也可以根据具体情况按凹模形状扩大成圆形或矩形等，如图 2-78c、d 所示。在压注模中，加料腔是单独设置的，塑料原料在加料腔中加热成熔融状态后，在柱塞作用下经过浇注系统注入型腔，如图 2-79 所示。其中图 a 是普通压机用移动式压注模加料腔结构，加料腔可单独取下，且具有一定的通用性，底部为一带 40°～45°角的台阶，其作用在于当柱塞向

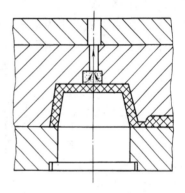

图 2-77　利用排气塞排气

加料腔内的塑料加压时，压力也作用在台阶上，从而将加料腔紧紧压在模具的模板上，以免塑料从加料腔底部溢出；图 b 是普通压机用固定式压注模加料腔结构，加料腔直接开设在上模座板上；图 c 是专用压机用压注模加料腔结构，加料腔由主流道演化而成，因加料腔截面尺寸已与锁模无关，故直径一般较小，高度较大。

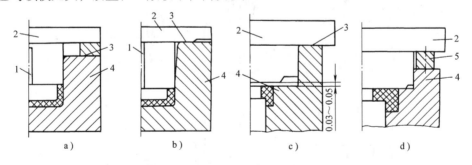

图 2-78　压缩模加料腔结构
1—排气溢料槽　2—凸模　3—承压面　4—凹模　5—承压块

2）柱塞：是指压注模中传递压机压力并使加料腔内的塑料熔体注入浇注系统和型腔的圆柱形零件。图 2-80 所示为几种常见的压柱结构。其中图 a 为简单的圆柱形，加工简便省料，常用于普通压机上用移动式压注模；图 b 为带凸缘的结构，承压面积大，压注平稳，普

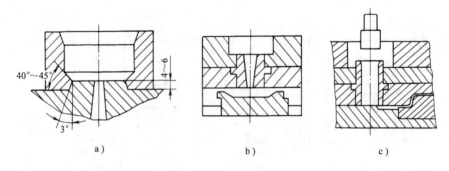

图 2-79　压注模加料腔结构

通压机上用移动式和固定式压注模都能用；图 c 的柱塞通过固定板固定，以便固定在压机上，用于普通压机上用固定式压注模；图 d 的柱塞一端带有螺纹，直接拧在压机辅缸的活塞杆上，用于专用压机上用压注模。

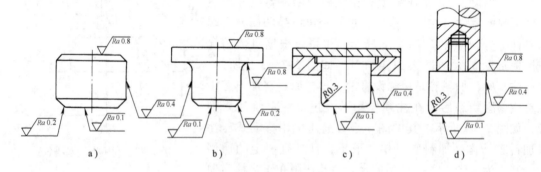

图 2-80　柱塞的结构形式

为了拉出主流道凝料，可在柱塞的端部开设楔形槽，如图 2-81 所示。其中图 a 和图 b 用于直径不大的柱塞；图 c 用于直径较大的柱塞。

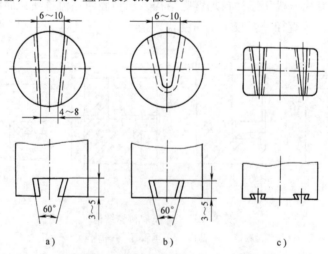

图 2-81　柱塞的拉料结构

3. 导向零件

导向零件是保证动、定模或上、下模合模时正确定位和导向的零件，同时还能承受塑料熔体充模过程中可能产生的一定的单向侧压力。导向零件主要有导柱和导套，制件批量不大时也可不用导套而直接在模板上镗孔代替导套，该孔称为导向孔。塑料模导柱和导套都已经标准化。

（1）导柱 国家标准中的导柱结构形式如图 2-82 所示。其中图 a 为带头导柱（GB/T 4169.4—2006），结构简单，加工方便，多用于简单模具。图 b 和图 c 是有肩导柱（GB/T 4169.5—2006），结构较复杂，用于精度要求较高、生产批量大的模具。这两种导柱一般均与导套配合，且导套固定孔直径与导柱固定孔直径相等，两孔可同时加工，以确保同轴度要求。图 c 所示导柱用于固定板较薄的场合，在固定板下面再加垫板固定。这种结构不太常用。

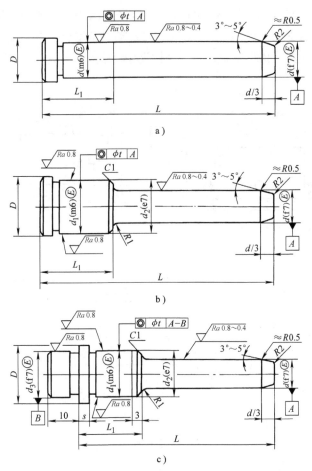

图 2-82 导柱的结构形式

导柱导向部分的长度应比凸模或型芯的端面高出 8～12mm，如图 2-83 所示，以避免出现导柱未导正导套以前凸模或型芯先进入凹模。导柱应合理地均布在模具分型面的四周。一副塑料模的导柱数量为 2～4 个（尺寸较大的塑料模用 4 个导柱）。导柱的直径根据模具尺寸选用，但必须保证有足够的强度和刚度。为确保动、定模或上、下模只能按一个方向合模，导柱的布置可采用等直径导柱不对称布置或采用不等直径导柱对称布置。

对于压缩模和压注模，为了便于脱模，导柱通常安装在上模；对于注射模，导柱可以安装在动模，也可安装在定模，通常是安装在主型芯周围。

（2）导套　国家标准中的导套结构如图 2-84 所示。其中图 a 为直导套（GB/T 4169.2—2006），结构简单，制造方便，用于小型简单模具或导套后面没有垫板的场合；图 b 和图 c 为带头导套（GB/T 4169.3—2006），结构较复杂，主要用于精度要求较高的大、中型模具，导套的固定孔便于与导柱的固定孔同时加工，图 c 用于两块板固定的场合。

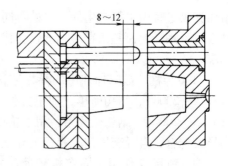

图 2-83　导柱长度的确定

导柱与导套的配用形式要根据模具的结构及生产要求而定，常见的配用形式如图 2-85 所示。导柱固定端与模板之间一般采用 H7/m6 或 H7/k6 配合，导向部分与导套通常采用 H7/f7 或 H8/f7 配合，直导套与模板之间采用 H7/r6 配合，带头导套与模板之间用 H7/m6 或 H7/k6 配合。

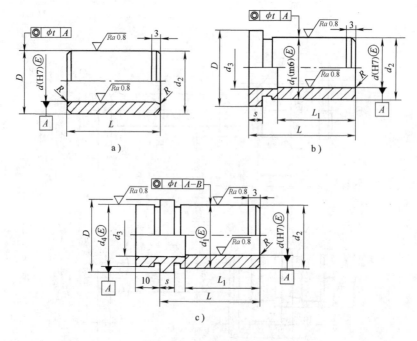

图 2-84　导套的结构形式

4. 推出机构及其零件

推出机构主要由推出零件、推出零件固定板、推板、推出机构的导向与复位等零部件组成。如图 2-86 所示，推出机构是由推杆 1、拉料杆 6、推杆固定板 2、推板 5、推板导柱 4、推板导套 3 及复位杆 7 等组成。开模时，动模部分向左移动，开模一段距离后，注射机顶杆接触模具推板 5 时，推杆 1、拉料杆 6 与推杆固定板 2 及推板 5 一起静止不动，当动模部分继续向左移动时，塑料制件就由推杆从型芯上推出。

推出机构中，凡直接与塑料制件接触并将制件推出型芯或凸模的零件称为推出零件。常用的推出零件有推杆、推件板、推管、成型推杆。为了保证推出零件合模后能回到原来的位

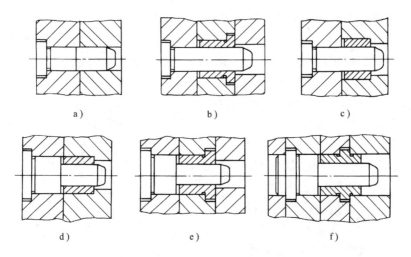

图 2-85　导柱与导套的配用形式

置，需设计复位零件，如图 2-86 中的复位杆 7。推出零件需要固定，因此需要设置推出零件固定板和推板，两板用螺钉联接，如图 2-86 中的推杆固定板 2 和推板 5。从保证推出平稳、灵活的角度考虑，通常还设有导向零件，如图 2-86 中的推板导柱 4 和推板导套 3。除此以外，还有拉料杆或流道凝料的推杆，以保证流道凝料从定模或上模中拉出并随制件从动模上推出。有的模具还设有支承钉，如图 2-86 中的支承钉 8，使推板与座板间形成间隙，易保证平面度要求，且有利于废料、杂物的去除，还可通过改变支承钉高度来调节推出距离。

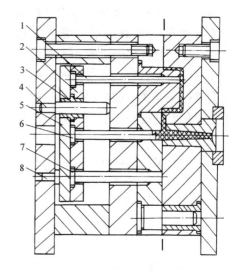

图 2-86　推出机构
1—推杆　2—推杆固定板　3—推板导套
4—推板导柱　5—推板　6—拉料杆
7—复位杆　8—支承钉

　　推出机构的结构随模具的结构不同而有所变化。但对推出机构的要求是一致的：使制件在推出过程中不会变形损坏；机构简单，动作可靠；保证制件有良好的外观质量；合模时能正确复位，并不与其他零件发生干涉。

　　推出机构的类型较多，这里只介绍最常用的推杆推出机构、推管推出机构和推件板推出机构及其主要零件。

　　（1）推杆推出机构　推杆推出机构是以推杆作为推出零件的推出机构，是推出机构中最简单最常见的一种形式，图 2-86 所示即为推杆推出机构。由于推杆加工简单，更换方便，滑动阻力小，脱模效果好，设置的位置自由度大，且易实现标准化，因此生产中应用广泛。但因推杆与制件接触面积小，推出时容易引起应力集中，从而可能损坏制件或使制件变形，因此不宜用于斜度小和脱模力大的管形和箱形制件的脱模。

　　推杆的截面形状因制件的几何形状及型腔、型芯结构不同而不尽相同，常见的有圆形、矩形、长圆形、半圆形、三角形。设计模具时，为了便于加工，应尽可能采用圆截面推杆。

起成型制件某一部分形状作用的推杆称为成型推杆。

标准推杆（GB/T 4169.1—2006）是等截面的，如图 2-87a 所示。细长推杆为提高其强度和刚度，可将后部加粗成台阶形，一般 $d_1 = 2d$，如图 2-87b 所示。根据结构需要，并考虑节约材料和制造方便，还可采用组合式推杆，如图 2-87c 所示。

推杆的固定形式如图 2-88 所示。其中图 a 是一种常见的固定形式，适用于多种不同结构形式的推杆；图 b 是用垫圈代替固定板上的沉头孔以简化加工；图 c 是用两个螺母紧固推杆，推杆的高度可以调节；图 d 是用螺塞顶紧推杆，用于直径较大的推杆和固定板较厚的场合；图 e 是铆接法固定推杆，适用于推杆直径小且数量多及间距小的场合；图 f 用螺钉紧固推杆，适用于截面尺寸较大的各种推杆。不论哪一种推杆，其固定端与推杆固定板通常留出单边 0.2~0.5mm 的间隙，这样既可降低加工要求，又能在多推杆的情况下，不因不同模板上的推杆孔加工误差引起的轴线位置不一致而发生卡死现象。推杆与凹模或型芯上的推杆孔一般采用 H9/f8 或 H8/f8 配合，模具闭合后推杆的推出端面应高出所在型芯或凹模的表面 0.05~0.1mm，以避免推出痕迹影响制件的使用。

（2）推管推出机构 对于中心带孔的圆形套类塑料制件或局部是圆筒形的制件，通常使用推管推出机构。推管推出机构的推出零件是推管，其运动方式与推杆推出机构基本相同，只是推管中间有一个固定型芯，如图 2-89 所示。其中图 a 是用销或键固定型芯，推管中部开有槽，槽在销的下方长度 l 应大于推出的距离，其特点是型芯较短，模具结构紧凑。但型芯紧固力小，而且要求推管与型芯和凹模板间的配合精度较高（IT7），适用于型芯直径较大的模具。图 b 表示型芯用台肩固定在模具动模座板上，型芯较长，但结构可靠，多用于推出距离不大的场合。图 c 为推管在凹模板内移动，可缩短推管和型芯的长度，但凹模板的厚度增大，当推出距离较大时，采用这种结构不太经济。

推管的尺寸关系及配合如图 2-90 所示，推管的内径与型芯相配合，当直径较小时选用

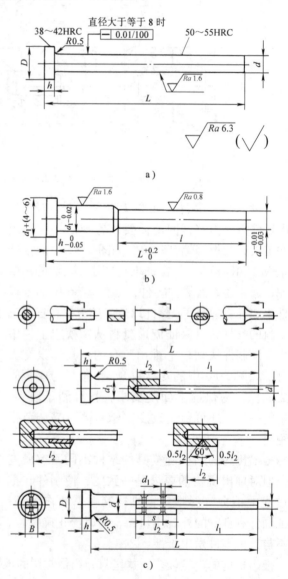

图 2-87　推杆结构形式

H8/f7 的配合，当直径较大时选用 H7/f7 的配合；推管外径与模板孔相配合，当直径较小时选用 H8/f8 的配合，当直径较大时选用 H8/f7 的配合。推管与型芯的配合长度一般比推出行程大 3～5mm，推管与模板的配合长度一般取推管外径的 1.5～2 倍。

推管推出机构的推出动作均衡、可靠，且在塑件上不留任何推出痕迹。但对于一些软质塑料制件或薄壁深筒形制件，不宜采用单一的推管推出，通常要与其他推出零件（如推杆、推件板等）同时采用才能达到理想的效果。

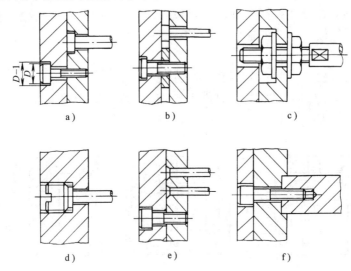

图 2-88　推杆固定形式

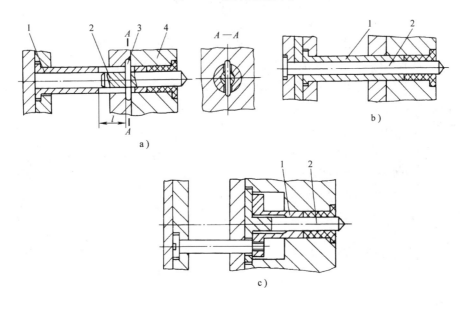

图 2-89　推管推出机构

1—推管　2—型芯　3—销　4—凹模板

（3）推件板推出机构　推件板又称脱模板，它是一块与型芯或凸模按一定配合精度相配合的模板，推出时推件板在制件的整个周边端面上进行推出。对于一些深腔薄壁的容器、罩子、壳体形制件及不允许有推杆痕迹的制件，一般都可采用推件板推出机构。推件板推出机构的结构形式如图 2-91 所示。其中图 a 的推件板借助于动、定模的导柱导向，是应用最广泛的形式。但要注意控制推出行程，防止推件板脱落。图 b 表示推件板由推板螺钉拉住，可避免推件板脱落，也是常用的结构形式。图 c 是推件板镶入型芯固定板内，模具结构紧凑，推件板上的斜面是为了在合模时便于推件板复位。

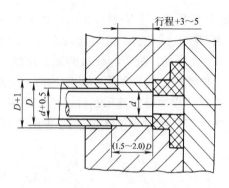

图 2-90　推管的尺寸关系及配合

在推件板推出过程中，为了减小推件板与型芯的摩擦，可采用图 2-92 所示的结构，推件板与型芯间留 0.2 ~ 0.25mm 的间隙，并用锥面配合，以防止推件板因偏心而溢料。

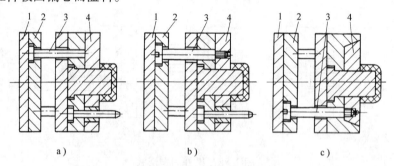

a)　　　　　　　　b)　　　　　　　　c)

图 2-91　推件板推出机构
1—推板　2—推板固定板　3—推杆　4—推件板

对于大型的深腔制件或用软塑料成形的制件，推件板推出时，制件与凸模或型芯间容易形成真空，造成脱模困难，为此应考虑增设引气装置。图 2-93 所示结构是脱模时靠大气压力，使中间进气阀引气，制件便能顺利地从凸模上脱出。

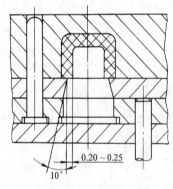

图 2-92　推件板与型芯的配合

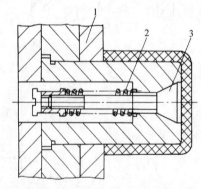

图 2-93　推件板推出机构的引气装置
1—推件板　2—弹簧　3—阀杆

推件板推出机构在制件的整个周边进行推出，脱模力大而均匀，运动平稳，无明显的推出痕迹，且在合模过程中推件板依靠合模力的作用复位，不必另设复位机构。但对于非对称旋转体零件，推件板与型芯的配合部位加工较困难，同时因增加了推件板而使模具的厚度和重量增加。

（4）推出机构的导向与复位　为了保证推出机构在工作过程中灵活、平稳，每次合模后推出零件能回到原来的位置，通常还需设置推出机构的导向与复位零件。

1）导向零件。推出机构的导向零件通常由推板导柱和推板导套所组成，简单的小模具也可省去推板导套而直接在推板上开导向孔。导向零件可使各推出零件得以保持一定的配合间隙，从而保证推出和复位动作顺利进行。有的导向零件在导向的同时还起支承作用。常用的导向形式如图 2-94 所示。其中图 a 和图 b 均为推板导柱与推板导套相配合的形式，且推板导柱还起支承作用，从而改善了支承板的受力状况，大大提高了支承板的刚性，适用于模具结构尺寸较大、制件生产批量也较大的场合；图 c 中推板导柱固定在支承板上，且导柱直接与推杆固定板上的导向孔相配合，导柱也不起支承作用，适合于制件生产批量较小的小型模具。推板导柱的数量根据模具大小而定，一般要设置两根，大型模具需设四根。对于模具小、推板和推杆固定板重量轻、推出力对称的，也可不设导向零件。但此时复位杆与动模板之间需采用间隙配合（常取 H7/f8），有时为了让复位杆起导向作用，可将复位杆直径加大。

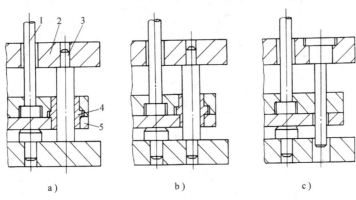

图 2-94　推出机构的导向零件

1—推杆　2—支承板　3—推板导柱　4—推板导套　5—推板

2）复位零件。在推出机构完成制件脱模后，为了继续成型制件，推出机构必须回到原来位置，为此，除推件板推出机构以外，其他推出机构一般均需设置复位零件。常见的复位零件有：

a. 复位杆。又称回程杆，它是借助模具的合模动作使推出机构复位的杆件，是推出机构中应用最广泛的一种复位零件。复位杆在结构上与推杆相似，都是固定在同一固定板（即推杆固定板）上，但复位杆与模板的配合间隙可较推杆稍大，同时在复位状态下复位杆的顶面应与模具分型面平齐，如图 2-86 中的件 7。复位杆一般设置在推板的四周，数量为2~4 个，且各复位杆的长度应一致。

b. 兼用推杆。在塑料制件的几何形状和模具结构允许的条件下，也可利用推杆兼作复位杆进行复位，这种推杆称作兼用推杆。图 2-95 所示的推杆即为兼用推杆，推杆的一部分与制件接触，起推件作用，而推杆的另一部分露在制件以外，在复位状态下与分型面平齐，起复位作用。兼用推杆的边缘与型芯侧壁之间应留 0.1~0.15mm 的间距，以避免兼用推杆因孔的磨损而把型芯侧壁擦伤。

c. 复位弹簧。利用弹簧的弹力也可使推出机构复位，如图 2-96 所示。其中图 a 是将弹簧直接套在推杆上；图 b 是将弹簧套在复位杆上；图 c 的复位弹簧套在一定位杆上（也可套在推板导柱上），以免工作时弹簧偏移。使用弹簧复位结构简单，而且可实现推出机构先于合模动作而复位，但不如复位杆可靠，故设计时应该注意弹簧的弹力要足够，一旦弹簧失效，要考虑能及时更换。

5. 侧向分型抽芯机构及其零件

当制件侧壁上带有与开模方向不同的侧孔或侧凹等阻碍制件成型后直接脱模

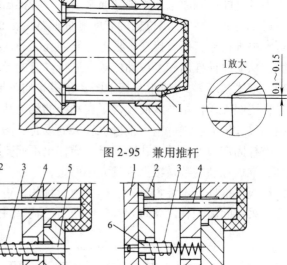

图 2-95 兼用推杆

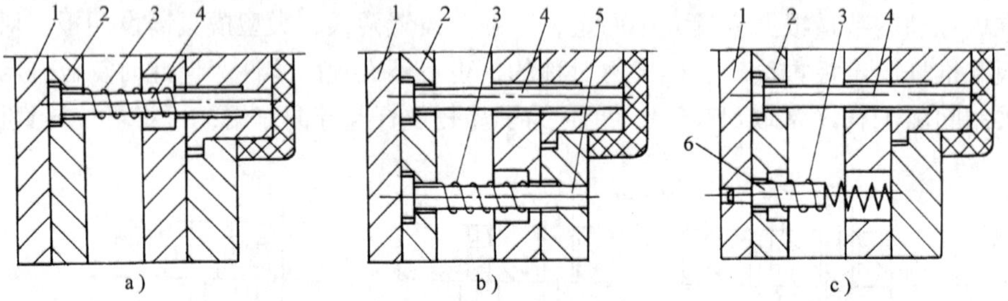

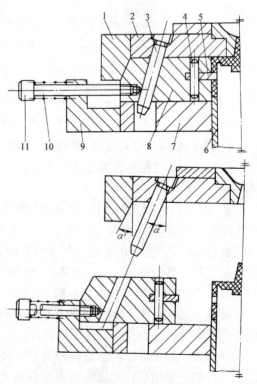

图 2-96 弹簧复位
1—推板 2—推杆固定板 3—弹簧 4—推杆 5—复位杆 6—定位杆

时，必须将成型侧孔或侧凹的零件做成活动的，这种零件称为侧型芯（或活动型芯）。在制件脱模前必须抽出侧型芯，然后再从模具中推出制件，这种完成侧型芯的抽出和复位的机构称为侧向分型抽芯机构。

侧向分型抽芯机构的类型也很多，这里只介绍最常用的斜销侧向分型抽芯机构和斜滑块侧向分型抽芯机构及其主要零件。

（1）斜销侧向分型抽芯机构　斜销侧向分型抽芯机构是利用斜销等零件把开模力传递给侧型芯或侧向成形块，使之产生侧向运动而完成分型与抽芯动作。这种分型抽芯机构的特点是结构紧凑、动作安全可靠、加工制造方便，是塑料模中最常用的机构。但它的抽芯力和抽芯距受到模具结构限制，一般用于抽芯力不大及抽芯距小于 60~80mm 的场合。

斜销侧向分型抽芯机构主要由与开模方向成一定角度的斜销、带侧型芯的滑块、导滑槽、楔紧块及滑块的定位装置等组成，其工作原理如图 2-97 所示。斜销 3 固定在定模座板 2 上，滑块 8 可以在动模板 7 的导滑槽内滑动，

图 2-97 侧向分型抽芯原理
1—楔紧块 2—定模座板 3—斜销 4—销
5—侧型芯 6—推管 7—动模板 8—滑块
9—限位挡块 10—弹簧 11—螺钉

侧型芯 5 用销 4 固定在滑块 8 上。开模时，开模力通过斜销作用于滑块上，迫使滑块在动模导滑槽内侧向滑动，直至斜销全部脱离滑块，即完成抽芯动作，制件由推出机构中的推管 6 推离型芯。限位挡块 9、弹簧 10 及螺钉 11 组成滑块定位装置，使滑块保持抽芯后的最终位置，以确保再次合模时斜销能顺利地插入滑块的斜孔，使滑块复位到成形时的位置。在成形时，滑块受到型腔熔体压力的作用，有产生位移的可能，因此用楔紧块 1 来保证滑块在成形时的位置。

1）斜销。斜销的结构形状如图 2-98 所示。其中图 a 为普通形式，其截面形状通常为圆形（也可为方形）；图 b 是为了减小斜销与滑块间的摩擦，将斜销铣出两个相对平面，其宽度 b 约为斜销直径的 0.8 倍。为便于斜销导入滑块，斜销的头部通常做成圆锥形或半球形，呈圆锥形时其半锥角应大于斜销的斜角 α，以免在斜销的有效长度脱离滑块后其头部仍然继续驱动滑块。

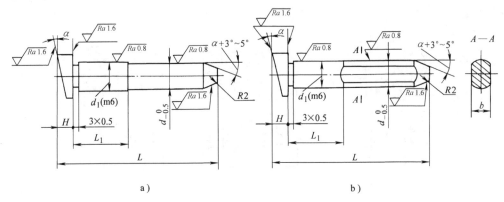

图 2-98 斜销的结构形状

斜销的安装形式如图 2-99 所示，其固定部分与模板之间采用 H7/m6 或 H7/n6 配合。因滑块运动的平稳性是由滑块与导滑槽之间的配合精度保证，合模时滑块的最终位置又是由楔紧块保证，斜销只起驱动滑块的作用，故为了运动灵活，斜销与滑块之间可采用较松的间隙配合 H11/h11 或保持 0.5～1mm 的间隙。有时为了使滑块运动滞后于开模运动，以便分型面先打开一定的缝隙，让制件先从型芯上松动之后斜销再驱动滑块作侧抽芯，这时斜销与滑块的配合间隙可以放大至 2～3mm。斜销的斜角 α 要兼顾抽芯距及斜销所受的弯曲力，通常取 $\alpha = 15° \sim 20°$，一般不大于 25°。斜销工作部分的长度

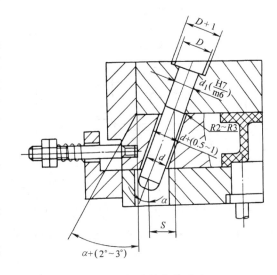

图 2-99 斜销的安装形式

要保证抽芯距 S 大于或等于制件侧孔或侧凹深度另加 2～3mm 的安全距离。

2）滑块。滑块是斜销分型抽芯机构的一个重要零件，它上面安装有侧型芯或成形块，成型时制件尺寸的准确性和移动的可靠性都需靠滑块的运动精度保证。滑块的结构有整体式

和组合式两种。整体式滑块是指侧型芯或侧向成形块与滑块做成一个整体，这种结构适用于形状十分简单的侧型芯，尤其适用于对开式瓣合模的侧向分型。实际生产中广泛采用组合式滑块。这种结构的侧型芯或侧向成形块是单独制造，然后用一定方式连接在滑块上，这样可以节省优质钢材，且加工和修配方便。

图 2-100 所示是几种常见的滑块与侧型芯联接的方式。其中图 a 是小型芯在固定部分尺寸增大后用 H7/m6 的配合镶入滑块，然后用一个圆柱销定位，如果侧型芯较大，固定端也可不增大；图 b 是为了提高型芯的强度，适当增大型芯固定部分尺寸，并用两个骑缝销固定；图 c 是采用燕尾槽联接，适用于尺寸较大的型芯；图 d 是在细小型芯后部制出台肩，型芯以过渡配合镶入后从滑块的后部用螺塞固定，适用于细小型芯的联接；图 e 采用通槽嵌装和销固定，适用于薄片状型芯；图 f 适用于多个型芯的场合，把各型芯镶入一固定板后用螺钉和销从正面与滑块联接和定位，如果正面影响制件成形，螺钉和销可以从滑块的背面联接到型芯固定板。

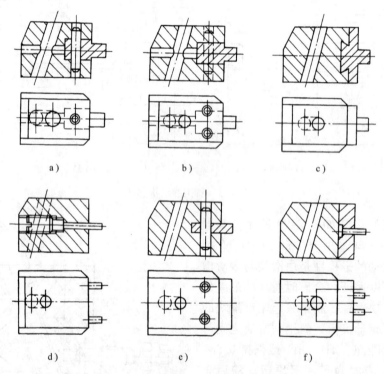

图 2-100 侧型芯与滑块的联接

3）导滑槽。滑块在侧向分型抽芯和复位过程中，要求其必须沿一定的方向平稳地往复移动，这一过程是在导滑槽内完成的。滑块与导滑槽的配合形式根据模具大小、结构及制件生产批量等确定，常见的形式如图 2-101 所示。其中图 a 是整体式滑块和整体式导滑槽，其结构紧凑。但制造较困难，精度难以控制，主要用于小型模具。图 b 表示导滑部分在滑块中部，改善了斜销的受力状态，适用于滑块上下均无支承板的情况。图 c 是组合式结构，容易加工和保证精度。图 d 表示导滑基准在中间的镶块上，可减少加工基准面。图 e 表示导滑槽的基准可以按滑块来决定，便于加工和装配。图 f 的导滑槽由两块镶条组成，镶条可经热处理后进行磨削加工，既保证了导滑槽精度又耐磨。

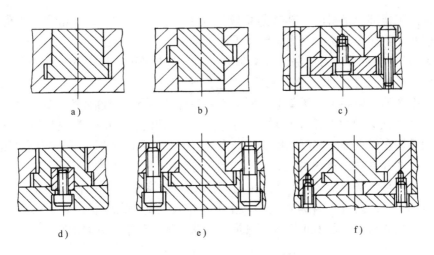

图 2-101 导滑槽的结构

滑块与导滑槽之间的配合部分一般按 H8/f7 或 H8/f8 的间隙配合，非配合部分应留出 0.5~1mm 的间隙。导滑槽与滑块还要保持一定的配合长度，滑块完成抽芯动作后，其滑动部分仍应全部或有不小于滑块长度的 2/3 留在导滑槽内，否则滑块开始复位时容易偏斜，甚至损坏模具。如果模具的尺寸较小，为了保证具有一定的导滑长度，可以把导滑槽局部加长，使其伸出模外，如图 2-102 所示。

4）楔紧块。在塑料制件成形过程中，侧型芯在抽芯方向受到塑料熔体较大的推力作用，这个力通过滑块传给斜销。而一般斜销为细长杆，受力后易变形，因此必须设置楔紧块，以便在合模后锁紧滑块，使滑块不致产生位移，从而保护斜销和保证滑块在成形时的位置精度。楔紧块的结构及与模具的联接方式如图 2-103 所示。其中图 a 是楔紧块与模板制成一整体，牢固可靠。但消耗的材料较多，加工精度要求较高，适合于侧向力较大的场合。图 b 是采用销定位、螺钉紧固的形式，结构简单，加工方便，应用较普遍。但承受的侧向力不大。图 c 采用 T 形槽固定并用销定位，能承受较大的侧向力。但加工不方便，尤其是装拆困难，所以不常应用。图 d 把楔紧块用 H7/m6 配合整体镶入模板中，承受的侧向力比图 b 大。图 e 在楔紧块的背面又设置了一个后挡块，对楔紧块起加强作用。图 f 采用了双楔紧块的形式，适用于侧向力很大的场合。但安装调试较困难。

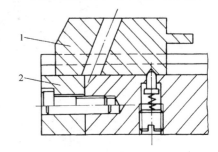

图 2-102 导滑槽的局部加长
1—滑块 2—导滑槽加长块

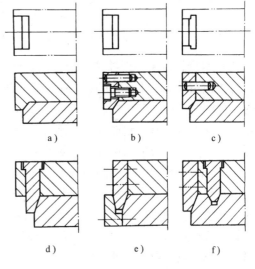

图 2-103 楔紧块的结构形式

楔紧块的工作部分是斜面。其楔紧角应比斜销的斜角大 2°~3°，这样才能保证当模具一开模时楔紧块就让开滑块，否则斜销将无法带动滑块作抽芯动作。

5）滑块的定位装置。为了保证合模时斜销伸出端准确可靠地进入滑块斜孔，滑块在完成抽芯动作后必须停留在刚刚脱离斜销的位置，不再发生任何移动。为此，滑块必须设置灵活、可靠、安全的定位装置。图 2-104 所示为几种常见的滑块定位装置。其中图 a 是依靠弹簧 4 的弹力使滑块 2 停靠在限位挡块 3 上而定位，弹簧的弹力应是滑块自重的 1.5~2 倍。这种形式的滑块在任意方位都可采用。但缺点是增大了模具的外形尺寸，有时甚至给模具安装带来困难。图 b 是利用滑块的自重停靠在限位挡块上，结构简单，适用于向下抽芯的模具。图 c 和图 d 是弹簧顶销式定位装置，适用于水平方向的抽芯动作，弹簧丝的直径可选 1~1.5mm，顶销的头部制成半球状，滑块上的定位穴应设计成球冠状或呈 90°的锥穴。图 e 的结构和使用场合与图 c 和图 d 相似，只是用钢球代替了顶销，钢球的直径可取 5~10mm。

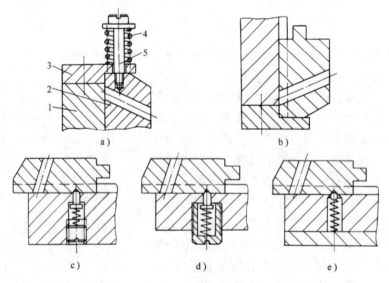

图 2-104　滑块的定位装置
1—导滑板　2—滑块　3—限位挡块　4—弹簧　5—拉杆

（2）斜滑块侧向分型抽芯机构　斜滑块侧向分型抽芯机构是利用成型制件侧孔或侧凹的斜滑块，在模具推出机构的推动下沿斜向导滑槽滑动，从而使分型抽芯和制件推出同时进行的一种侧向分型抽芯机构。通常，斜滑块侧向分型抽芯机构要比斜销侧向分型抽芯机构简单得多，且安全可靠，制造方便，因此应用也很广，特别适用于当制件的侧凹较浅、所需抽芯距不大，但侧凹成形面积较大的场合。

图 2-105 所示为斜滑块侧向分型抽芯机构的典型示例。该成形制件为绕线轮，外侧有深度浅但面积大的侧凹，斜滑块 2 设计成对开式（瓣合式）凹模镶块，即凹模由两个斜滑块组成。开模后，制件包在动模型芯 5 上和斜滑块一起随动模部分向左移，在推杆 3 的作用下，斜滑块相对向右运动的同时向两侧分型，分型的动作靠斜滑块在模套 1 的导滑槽内进行斜向运动来实现，导滑槽的方向与斜滑块的斜面平行。斜滑块侧向分型的同时，制件从动模型芯 5 上脱出。限位螺钉 6 是防止斜滑块从模套中脱出而设置的。

斜滑块侧向分型抽芯机构主要由斜滑块、导滑槽、斜滑块的限位和止动装置组成，下面

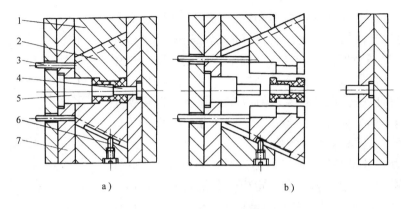

图 2-105　斜滑块侧向分型抽芯机构
1—模套　2—斜滑块　3—推杆　4—定模型芯　5—动模型芯
6—限位螺钉　7—型芯固定板

分别给予简要介绍。

1）斜滑块。斜滑块是用来成形制件侧孔或侧凹并实现抽芯的主要零件。根据塑料制件的具体结构与尺寸情况，斜滑块通常由 2～6 块组成瓣合凹模，常见的组合方式如图 2-106 所示。具体选择时应考虑抽芯方向，并尽量保持制件的外观质量，不使其表面留有明显的镶拼痕迹，同时还应使斜滑块的组合部分有足够的强度。斜滑块与导滑槽之间的配合要求与斜销侧向分型抽芯机构中滑块与导滑槽之间的配合要求是基本相同的。

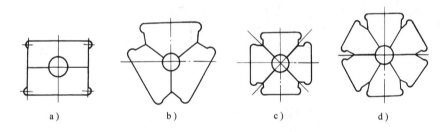

图 2-106　斜滑块的组合形式

由于斜滑块的强度较高，斜滑块导滑部分的倾斜角可比斜销的斜角大一些。但不宜超过 30°，具体选用时应根据抽芯距和推出行程确定。斜滑块推出模套的行程，立式模具不大于斜滑块高度的 1/2，卧式模具不大于斜滑块高度的 1/3。如果必须使用更大的推出行程，可使用增加斜滑块导向长度的方法。

为了保证斜滑块在合模时拼合紧密，在成形时不产生溢料，要求斜滑块装配后其底部与模套之间应留有 0.2～0.5mm 的间隙，同时还必须高出模套 0.4～0.6mm，以保证当斜滑块与模套的配合面有磨损时，还能保持紧密的拼合，如图 2-107 所示。

2）导滑槽。斜滑块的侧向分型抽芯和复位的过程都是在导滑槽内进行的。导滑槽一般开设在模套上，与斜滑块的导滑部分相互配合。常见的导滑槽结构形式如图 2-108 所示。其中图 a 为整体式导滑槽，又称半圆形导滑槽，结构简单、紧凑。但加工精度不易保证，又不便热处理，适用于小型或制件批量不大的模具。整体式导滑槽的半圆形也可制成方形，成为斜的梯形槽。图 b 为镶拼式，又称为镶块导滑或分模楔导滑，导滑部分和分模楔都单独制造后镶入模套，这样就可进行热处理和磨削加工，从而提高了精度和耐磨性。分模楔的位置要有良好的定位，所以用圆柱销联接。为了提高精度，在分模楔上增加了销套。图 c 是用斜向镶入的导柱作导轨，也称圆柱销导滑，因滑块与模套可以同时加工，所以易保证平行度。但应注意导柱的斜角要小于模套的斜角。图 d 是燕尾式导滑槽，结构紧凑。但加工较复杂，主要用于小模具多滑块的情况。

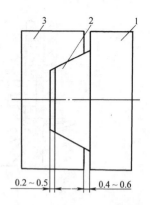

图 2-107　斜滑块的装配要求
1—定模板　2—斜滑块　3—模套

　　3）斜滑块的止动装置。斜滑块通常设在动模部分，并要求制件对动模部分的包紧力大于对定模部分的包紧力。但有时因为制件的特殊结构，制件对定模部分的包紧力大于动模部分或者不相上下，此时，如果没有止动装置，则斜滑块在开模动作刚刚开始之时便有可能与动模产生相对运动，导致制件损坏或滞留在定模而无法取出，如图 2-109a 所示。这时可设置弹簧顶销止动装置，如图 2-109b 所示。开模后，弹簧顶销 6 紧压斜滑块 4 防止其与动模分离，使动模型芯 5 先从制件中抽出，继续开模时，制件留在动模上，然后由推杆 1 推动滑块侧向分型并推出制件。

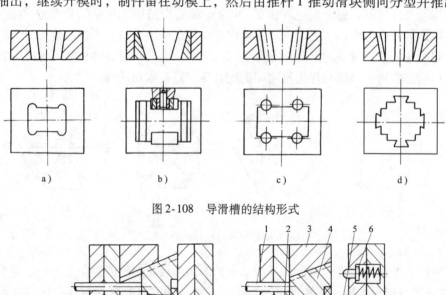

a)　　　　　b)　　　　　c)　　　　　d)

图 2-108　导滑槽的结构形式

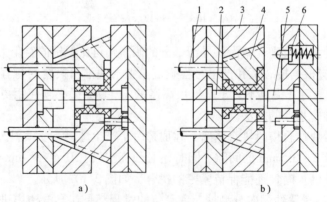

a)　　　　　　　　　b)

图 2-109　斜滑块的止动装置
1—推杆　2—动模型芯　3—模套　4—斜滑块　5—定模型芯　6—弹簧顶销

　　4）斜滑块的限位装置。当在卧式注射机上使用的模具中采用斜滑块侧向分型抽芯机构时，斜滑块被推出分型后有可能因自重完全离开模套导滑槽而脱落，为了防止斜滑块滑出模套，可在斜滑块上开一长槽，并在模套上加一螺钉限位，如图 2-105 所示，限位螺钉 6 和斜滑块上的长槽即构成斜滑块的限位装置。

6. 冷却与加热装置

在塑料成形工艺过程中，模具温度直接影响到塑料熔体的充模、制件的定型、成形的周期和制件的质量等。由于各类塑料的性能和成形工艺要求不同，对模具温度的要求也不尽相同。热塑性塑料在注射成形过程中，对模温要求较低的塑料，由于模具不断地被注入的熔融塑料加热，模温升高，靠模具自身的散热不能使模具保持较低的温度，这时必须加设冷却装置；对于有些黏度高、流动性差的塑料，模具温度偏低会产生流动剪切力，甚至出现冷流痕、注不满等缺陷，成形时要求采用较高的模温，故必须设置加热装置。热固性塑料在压缩或压注成形过程中，模具需要有较高的温度，以便塑料在型腔中固化成形，此时必须对模具加热。因此，模具设计时应根据塑料品种和模具尺寸大小等不同情况，考虑采取不同的冷却或加热方式对模具进行温度调节。

（1）模具的冷却装置　模具的冷却装置是用来将熔融状态的塑料传给模具的热量尽可能迅速地全部带走，以便制件快速冷却定型，并获得最佳的制件质量。

塑料模的冷却方法有水冷却、空气冷却和油冷却等，但常用的是水冷却。冷却的形式一般在凹模、型芯等部位合理地设置冷却水通道，并通过调节冷却水流量及流速来控制模温。

塑料模冷却装置的结构形式取决于制件的形状、尺寸、模具的结构、浇口位置、型腔内温度分布情况等。常见的结构形式有以下几种。

1）直流式和直流循环式。如图 2-110 所示。这种结构形式结构简单，制造方便，适用于成形较浅而面积较大的制件。

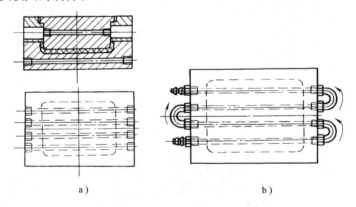

图 2-110　直流式和直流循环式冷却装置

2）循环式。如图 2-111 所示，这种结构形式围绕型腔周边进行冷却，冷却效果较好，对凹模和型芯都适应。但制造较复杂，通道较难加工，主要用于中型模具。

3）喷流式。如图 2-112 所示，在冷却通道中设置喷水管，冷却水从喷水管中注入后再从喷水管中喷散到冷却通道中，形成冷却回路，对型芯进行冷却。这种结构可用于小而长的型芯冷却，也可设置多个冷却通道对大型芯进行冷却。

4）隔板式。如图 2-113 所示，这种结构形式用隔板将冷却通道分成两半，冷却水从通道的一边流向另一边，对型芯进行冷却，结构较简单。但冷却水流程较长，进、出冷却水温差较大，冷却效果不如喷流式冷却装置，可用于大而高的型芯的冷却。

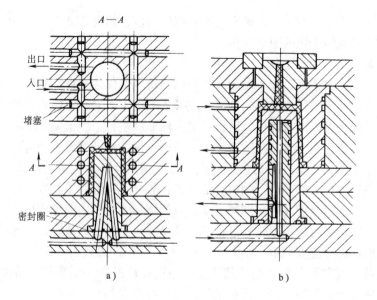

图 2-111 循环式冷却装置

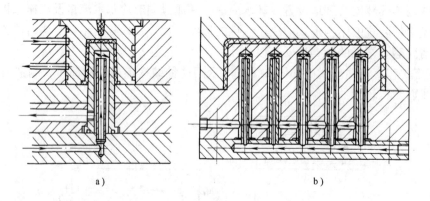

图 2-112 喷流式冷却装置

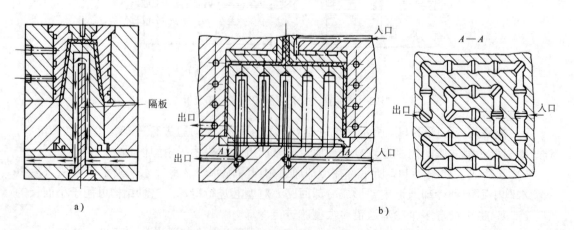

图 2-113 隔板式冷却装置

（2）模具的加热装置　模具的加热方式较多，有电加热、油加热、蒸汽或过热水加热等。如果采用油加热、蒸汽或过热水加热，其加热装置的设置类似于冷却装置。目前，普遍应用的是电加热方式。

电加热通常采用电阻加热法，常用的加热方式有以下两种。

1）电热元件插入电热板中加热。图 2-114 所示为电热元件及其安装图，它是将一定功率的电阻丝密封在不锈钢管内，做成标准的电热棒，如图 2-114a 所示。使用时根据需要的加热功率选用电热棒的型号和数量，然后安装在电热板内，如图 2-114b 所示，再用电热板对模具进行加热。这种加热方式的电热元件使用寿命长，更换和调整温度方便，在压缩模和压注模中应用较多。

2）电热套或电热板加热。图 2-115 所示为电热套和电热板的结构形式，使用时可根据模具上安装加热器部位的形状，选用与之吻合的结构形式。其中图 a 为矩形电热套，系由四个电热片用螺钉连接而成；图 b 为整体式圆形电热圈，图 c 为分开式圆形电热圈，前者加热效率高，后者安装较方便；图 d 是电热板，当模具上不便安装电热套的部位，可采用电热板。电热套或电热板均用扁状电阻丝绕在云母片上，然后装在特制的金属壳内而构成。这种加热方式的热损耗比电热棒大。

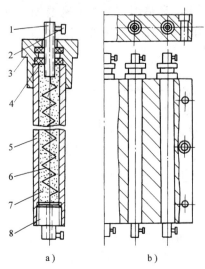

图 2-114　电热棒及其在加热板内的安装

1—接线柱　2—螺钉　3—端帽　4—垫圈
5—外壳　6—电阻丝　7—石英砂　8—螺塞

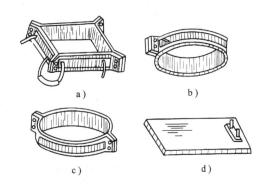

图 2-115　电热套和电热板

a）矩形电热套　b）整体式圆形电热圈
c）分开式圆形电热圈　d）电热板

7. 支承与固定零件

塑料模的支承与固定零件包括动模（或上模）座板、定模（或下模）座板、动模（或上模）板、定模（或下模）板、支承板、垫块等，这些零件在模具中起装配、定位及安装作用。注射模支承固定零件的典型组合如图 2-116 所示，各种模板及垫块均已标准化（GB/T 4169.8—2008、GB/T 4169.6—2008）。

（1）动模（或上模）座板和定模（或下模）座板　动模（或上模）座板和定模（或下模）座板分别是动模（或上模）和定模（或下模）的基座，也是固定式塑料模与成形设备连接的模板，因此，座板的轮廓尺寸和固定孔必须与成形设备上模具的安装板相适应。此外，座板应具有足够的强度和刚度，一般小型模具的座板厚度不应小于 13mm，大型模具的座板厚度有时可达 75mm 以上。

（2）动模（上模）板、定模（下模）板 这两种模板的作用是固定型芯或凸模、凹模、导柱和导套等零件，所以又称为固定板。塑料模的种类及结构不同，固定板的工作条件也有所不同。对于移动式模具，开模力作用在固定板上，因而固定板应有足够的强度和刚度。但不论哪一种模具，为了保证型芯（或凸模）、凹模等零件固定稳固，固定板应有足够的厚度。

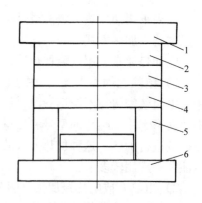

图 2-116 支承固定零件的典型组合
1—定模座板 2—定模板 3—动模板
4—支承板 5—垫块 6—动模座板

动模（或上模）板和定模（或下模）板与型芯（或凸模）、凹模的基本连接方式如图 2-117 所示。其中图 a 通过台阶孔固定，装卸较方便，是常用的固定方式；图 b 为沉孔固定，可以不用支承板，但固定板需加厚，对沉孔的加工还有一定的要求，以保证型芯（或凸模）与固定板的垂直度；图 c 直接通过螺钉和销固定，既不需要加工沉孔又不要支承板，固定方法最简单，但型芯或凹模上必须有足够的螺钉和销的安装位置，一般用于固定尺寸较大的型芯或凹模。

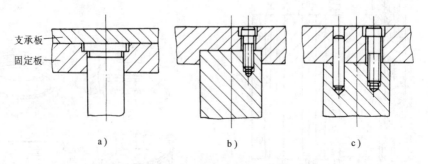

图 2-117 固定板与型芯或凹模的连接方式
a）通过台阶孔固定 b）通过沉孔固定 c）通过螺钉和销固定

（3）支承板 支承板（又称垫板）是垫在固定板背面的模板，其作用是防止型芯（或凸模）、凹模、导柱、导套等零件相对固定板移动，以增强这些零件的稳定性并承受型芯（或凸模）和凹模等成形零件传递来的成形压力。支承板与固定板的连接通常用螺钉和销紧固。对动模支承板，因支承板的背面一般是处于悬空状态，所以支承板应具有足够的强度和刚度，以能承受成形压力而不过量变形。支承板的厚度一般较厚，确定时应进行必要的强度和刚度计算。

（4）垫块 垫块的作用是使动模支承板与动模（或下模）座板之间形成推出机构所需要的推出空间，或调节模具的闭合厚度以适应成形设备上模具安装空间对模具总厚度的要求。因此，垫块的高度应根据以上要求而定。垫块与支承板、动模（或下模）座板之间的组装方式如图 2-118 所示，加工时应注意两边垫块高度保持一致，以保证组装后的模具上、下表面平行。

8. 塑料模的标准模架

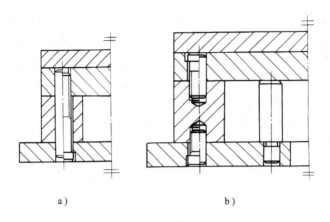

图 2-118　垫块的连接

　　塑料模的模架是指由各种模板、导柱和导套等零件组成而型腔尚未加工的模具组合体。模架是设计、制造塑料模的基础部件。为了提高模具质量，缩短模具设计与制造周期，便于组织专业化生产，促进模具商品化，国家标准化局于 1990 年颁布了《塑料注射模模架》国家标准（GB/T 12555—2006）。

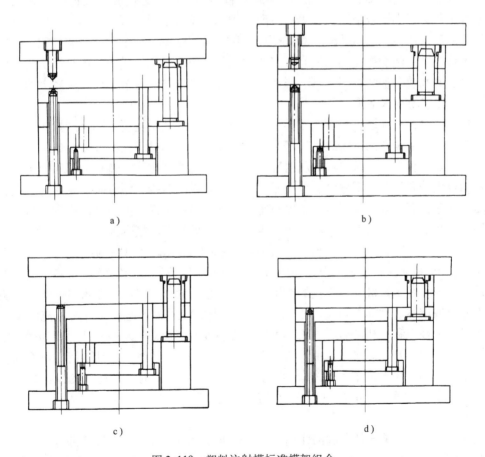

图 2-119　塑料注射模标准模架组合

塑料注射模模架的标准组合主要根据浇注形式、分型面数、制件脱模方式、推板行程以及动模与定模组合形式等因素确定的，因而模架组合具备了模具的主要功能。图 2-119 所示列出了四种常用的注射模标准组合模架。其中图 a 和图 b 为两种基本型注射模模架，可分别用作以推杆和推件板推出制件的单分型面注射模；图 c 和图 d 为两种派生型注射模模架，可分别用作以推杆和推件板推出制件的双分型面注射模。

标准模架根据塑料制件的形状、尺寸、生产批量及确定的模具结构形式和注射机型号从相应标准中选用。选用标准模架以后，只需设计和加工成形零件、浇注系统、侧向分型抽芯机构（需侧向分型抽芯时）及推出零件（可选用标准件）等，组合后即成为一副所需要的完整模具。

第三节 压铸模的基本结构及零部件

压铸模是实现金属压力铸造成形的专用工具和主要工艺装备。利用压铸模可以成形各种形状复杂、轮廓清晰、组织致密、尺寸精度和表面质量均较高的非铁金属铸件。目前在成形部分钢铁材料铸件方面也有了较大的进展。

压铸模的类型也较多。按所成形的金属材料不同，可分为铝合金压铸模、锌合金压铸模、铜合金压铸模和镁合金压铸模等；按所使用的压铸机不同，可分为热压室压铸机用压铸模、卧式冷压室压铸机用压铸模、立式冷压室压铸机用压铸模和全立式压铸机用压铸模。

压铸模与塑料注射模在结构上有很多相似之处。但由于压铸成形时模具需承受金属熔体高温、高压和高速条件的作用，因而压铸模的设计、制造与注射模相比又有较大的区别。

一、压铸模的基本结构

压铸模的结构形式取决于所选压铸机的种类、压铸件的结构要求和生产批量等因素。但不论是简单的还是复杂的压铸模，其基本结构都是由定模和动模两大部分组成。定模固定在压铸机的固定模板上，与压铸机的压射部分相连接；动模固定在压铸机的移动模板上，可随压铸机的合模装置作开合模移动。合模时，动模与定模闭合构成型腔和浇注系统，金属熔体在高压下快速充满型腔。开模时，动模与定模分开，借助于模具上的推出机构将铸件推出。

图 2-120 所示为一副零部件较齐全的压铸模。该模具以动模套板 12 与定模套板 18 之间的接合面 $A-A$ 面为分型面，分型面以右的部分为定模，分型面以左的部分为动模，模具通过定模座板 19 和动模座板 8 用螺钉和压板分别固定在压铸机的固定模板和移动模板上。压铸成形前，模具在压铸机合模装置的作用下闭合并被锁紧。成形时，压铸机的压射冲头推动压室里的金属熔体通过模具的浇口套 26 及分型面上的浇道进入型腔，待熔体充满型腔并经过适当保压、补缩和冷却定形后，压铸机的合模装置便带动动模左退，从而使动模与定模从分型面开启。动模开启的同时，由于斜销 21 的作用，滑块 17 侧向运动从铸件侧面抽出成形侧孔的型芯（与滑块做成了一整体）。当动模开启到一定位置时，压铸机的顶出装置发生作用，模具推出机构通过推杆 2、3 及 31 将铸件和浇道凝料一起推出模外，从而完成一次压铸成形过程。

根据压铸模中各零部件所起的作用，压铸模通常又可细分为以下几个部分：

成形零件——决定压铸件几何形状和尺寸精度的零件。如图 2-120 中的型芯 25、滑块 17 上的侧型芯、动模镶块 22（凹模）和定模镶块 23 等。

浇注系统——将压铸机压室内的金属熔体导入模具型腔的通道，包括直浇道、横浇道和内浇口等。如图 2-120 中浇口套 26 内的直浇道、分型面上的横浇道及进入型腔的内浇口等。

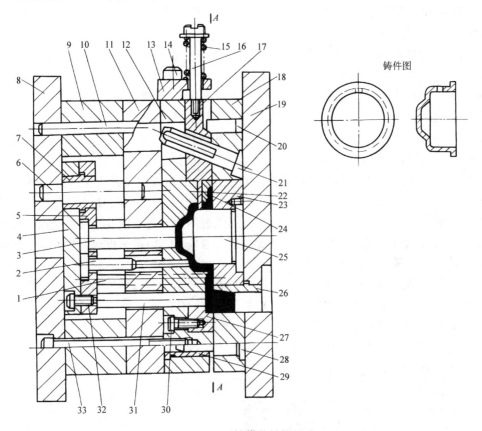

铸件图

图 2-120　压铸模的结构组成

1—复位杆　2、3、31—推杆　4—推板　5—推杆固定板　6—推板导柱　7—推板导套　8—动模座板
9—垫块　10—销　11—支承板　12—动模套板　13—挡块　14、30、32、33—螺钉
15—弹簧　16—螺杆　17—滑块　18—定模套板　19—定模座板　20—楔紧块
21—斜销　22—动模镶块　23—定模镶块　24—溢流槽　25—型芯
26—浇口套　27—浇道镶块　28—导柱　29—导套

排溢系统——用来排出型腔中的空气和储存冷料及夹渣金属的沟槽，包括排气槽和溢流槽。如图 2-120 中的排气溢流槽 24 等。

导向零件——保证动模与定模合模时准确定位的零件。如图 2-120 中的导柱 28、导套 29 等。

推出机构——用来将铸件和浇道凝料从模具成形零件上及浇道内推出的装置。如图 2-120 中的推出机构是由推杆 2、3、31、推杆固定板 5、推板 4、复位杆 1 和推板导柱 6、推板导套 7 等零件组成。

侧向分型抽芯机构——在成形带侧孔或侧凹的铸件时实现对侧型芯的抽出与复位的装置。如图 2-120 中的侧向分型抽芯机构由斜销 21、滑块 17、楔紧块 20、挡块 13、弹簧 15、螺杆 16 等零件构成。

加热与冷却装置——为平衡模具温度，以适应成形工艺要求而设置的加热元件与冷却通道。

支承固定零件——用来安装固定或支承模具的上述各部分零件，使之成为模具整体的零件。如图 2-120 中的定模座板 19、定模套板 18、动模套板 12、支承板 11、垫块 9、动模座板 8 及螺钉 33 与销 10 等。

下面分别介绍各类常见压铸模的基本结构、工作原理及特点。

1. 热压室压铸机用压铸模

图 2-121 所示为热压室压铸机用压铸模的典型结构。定模部分由定模座板 17、定模套板 24、定模镶块 16、浇口套 15、导套 22 等组成，其余零件组成动模。模具的成形零件是定模镶块 16、动模镶块 19、20 和型芯 18；推出机构由推杆 4、6、9、扇形推杆 5、推杆固定板 3、推板 2、推板导柱 13、推板导套 12 和复位杆 14 组成；浇注系统零件是浇口套 15 和分流锥 10，其中分流锥起调整直浇道截面积、改变金属熔体流向及减少金属耗量等作用；导向零件是导柱 23 和导套 22；其余是支承固定零件。成形时，模具在压铸机合模装置的作用下闭合并被锁紧，压射装置将坩埚内的熔融金属经过压射通道和模具浇注系统高压快速地压入型腔。熔体在型腔内成形以后，合模装置左退开启模具，由推出机构将铸件从成形零件上推出，完成一个压铸成形过程。

热压室压铸机用压铸模结构较简单，压铸时生产率高，金属熔体的温度波动范围小，金属消耗量小。但因压铸时金属熔体的流程较长，压铸比压不高，故该类模具主要用于成形锌和铅等低熔点合金铸件及小型镁合金铸件。

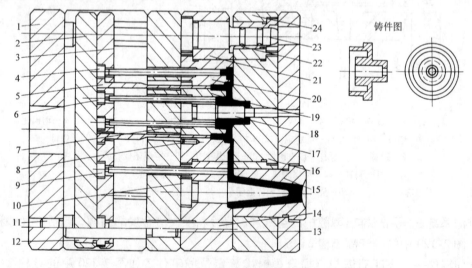

图 2-121 热压室压铸机用压铸模

1—动模座板 2—推板 3—推杆固定板 4、6、9—推杆 5—扇形推杆 7—支承板
8—防转销 10—分流锥 11—限位钉 12—推板导套 13—推板导柱 14—复位杆
15—浇口套 16—定模镶块 17—定模座板 18—型芯 19、20—动模镶块
21—动模套板 22—导套 23—导柱 24—定模套板

2. 卧式冷压室压铸机用压铸模

图 2-120 所示即为卧式冷压室压铸机用压铸模。这种压铸模的主要结构特征是浇口套为压铸机压室的一部分，压射冲头进入浇口套，因而压铸余料不多，金属熔体进入型腔前的转

折少，压力损失也小。此外，浇口位置既可放在铸件侧面，也可设置在铸件中部。因此，这种类型的压铸模可成形各种压铸合金制成的铸件，应用较广泛。

3. 立式冷压室压铸机用压铸模

图 2-122 所示为立式冷压室压铸机用压铸模的典型结构。模具的定模部分由定模套板 7、定模镶块 9、导柱 8 和浇口套 10 等零件组成，其余零件组成动模部分。成形零件是定模镶块 9 和动模镶块 11，其他零件的作用与图 2-121 对应零件相似。因立式冷压室压铸机的压射装置是直立的，故熔融金属进入型腔时的转折多，压力损失较大。且因余料要由压铸机切断后才能开模取件，故生产率也不高。但这种压铸机便于在模具上设置中心浇口，故这类模具主要用于成形需采用中心浇口或点浇口的盘套类铸件。

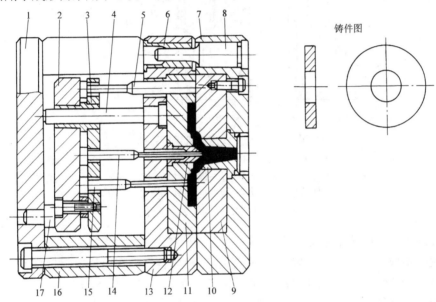

铸件图

图 2-122　立式冷压室铸压铸机用压铸模

1—动模座板　2—推板　3—推杆固定板　4—推板导柱　5—复位杆　6—导套　7—定模套板
8—导柱　9—定模镶块　10—浇口套　11—动模镶块　12—分流锥　13—动模套板
14、15—推杆　16—垫块　17—限位钉

4. 全立式压铸机用压铸模

图 2-123 所示为全立式压铸机用压铸模的典型结构。因全立式压铸机的压射装置及合模装置都是直立的，故模具也是直放的。图中定模套板 19 和定模镶块 20 及其以下部分是定模，动模套板 17 和动模镶块 18 及其以上部分是动模。成形时，动、定模先分开，将熔融金属浇入压室 22 后合模，压射冲头 1 上压，使金属熔体经过分流锥 6 及浇道进入型腔。成形后开启模具，通过由推杆 8、推杆固定板 13、推板 12 等组成的推出机构将铸件及浇道凝料推出，同时压射冲头复位，完成一个压铸成形过程。

该类模具的压室在模具内，金属进入型腔时的转折少，流程短，压力损失小，且模具竖直方向放置，便于安放嵌件。但铸件推出后需手工取出，不易实现自动化生产。主要用于成形批量不大和带嵌件的铸件。

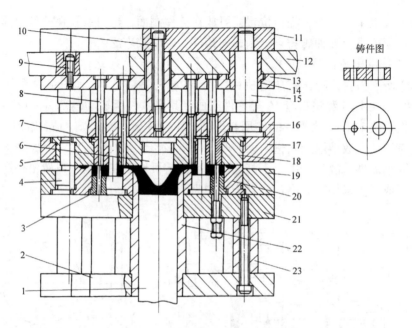

图 2-123　全立式压铸机用压铸模

1—压射冲头　2—定模座板　3—型芯　4—导柱　5—导套　6—分流锥　7、18—动模镶块
8—推杆　9、10—螺钉　11—动模座板　12—推板　13—推杆固定板　14—推板导套
15—推板导柱　16—支承板　17—动模套板　19—定模套板　20—定模镶块
21—支承板　22—压室　23—垫块

二、压铸模的主要零部件及其标准

　　压铸模的组成零件很多。与塑料模一样，也可根据各零件在模具中所起的作用不同将压铸模的零件分为成形零件、浇注系统、排溢系统、导向零件、推出机构、侧向分型抽芯机构、加热与冷却装置、支承与固定零件等。各类零件的详细分类见表 2-6。

表 2-6　压铸模零部件的分类

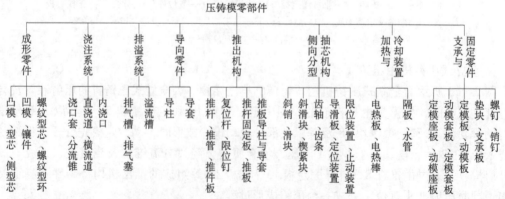

　　压铸模零件中，支承与固定零件、导向零件、推出机构等组成模架的通用零件及成形零件中的通用镶块，基本上已经标准化了，设计时应尽量选用相应的标准。对非标准模具零件，设计时也应符合标准规定的压铸模零件技术条件中的要求。

　　下面将分别介绍压铸模各主要零件的结构、特点及相应标准。考虑压铸模零件与塑料模在结构上有很多相似之处，因而这里主要介绍其不同之处。

1. 成形零件

压铸模的成形零件包括型芯（凸模）、凹模、螺纹型芯、螺纹型环及各种成形镶件等。成形零件在压铸成形过程中，经常要受到高温、高压和高速的金属熔体的冲击和摩擦，容易发生磨损、变形和开裂（甚至断裂）等现象。因此，成形零件必须具有合理的结构形式、足够的强度与刚度以及良好的表面质量，同时还需采用合适的材料及热处理方法。

压铸模成形零件的结构形式也分为整体式和镶拼式两种，其中以镶拼式结构应用较广泛。

图 2-124 所示为整体式成形零件的结构形式，其中图 a 为整体式型芯，图 b 为整体式凹模。整体式结构具有较好的强度和刚度，铸件表面无镶拼痕迹，模具结构紧凑，装配工作量小。但复杂型腔的加工较困难，热处理不方便。整体式结构主要用于型腔的形状较简单、铸件生产批量不大和精度要求不太高的场合。

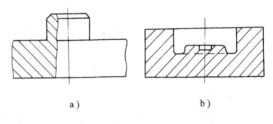

a)　　　　　　　b)

图 2-124　整体式型芯与凹模

图 2-125 所示为成形零件的镶拼式结构，其中 a 为整体镶拼式型芯，图 b 为组合镶拼式型芯，图 c 为整体镶拼式凹模，图 d 为组合镶拼式凹模。

镶拼式结构的镶拼原则主要是：保证镶块的定位稳定可靠，以能承受高压高速的金属熔体的冲击；便于铸件脱模，避免产生与脱模方向垂直的飞边；不影响铸件的外观及有利于飞边的去除；保证模具有足够的强度和刚度，避免出现尖角和薄壁；防止热处理变形或开裂，便于机械加工等。

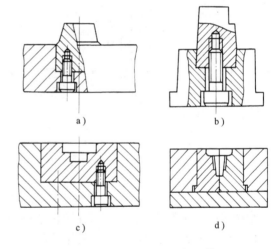

a)　　　　　　　b)

c)　　　　　　　d)

图 2-125　镶拼式型芯与凹模

镶拼式结构可以简化加工工艺，减少热处理变形，节省贵重金属，有利于排气，便于修理和更换。但增加了装配困难，模具热扩散条件较差，铸件飞边增多，常用于型腔较复杂、型腔数量较多及尺寸较大的模具。

压铸模中用作成形零件的通用镶块已经标准化（GB/T 4678.2～3—2003）。标准镶块有圆形和矩形两种，是制造成形零件的坯件，经成形加工后与型芯一并嵌装在套板上，组成动、定模的成形工作部分。镶块的形状和尺寸可根据型腔的形状尺寸及应保证的型腔壁厚从相应标准中选取。

压铸模的螺纹型芯、螺纹型环的作用、结构形式及固定方式与塑料模基本相同。

2. 浇注系统

浇注系统主要由直浇道、横浇道和内浇口组成。根据所使用的压铸机类型不同，浇注系统的结构形式也有所不同。各类压铸机所用模具的浇注系统结构如图 2-126 所示。

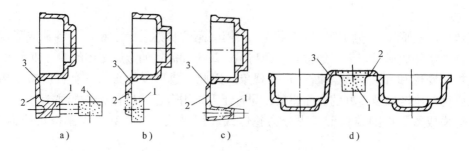

图 2-126　各类压铸机所用压铸模的浇注系统

a）立式冷压室压铸机用浇注系统　b）卧式冷压室压铸机用浇注系统
c）热压室压铸机用浇注系统　d）全立式压铸机用浇注系统
1—直浇道　2—横浇道　3—内浇口　4—余料

（1）直浇道　直浇道是金属熔体进入模具型腔时首先经过的通道，也是压力传递的首要部位，因而其大小会影响金属熔体的流动速度和充填时间。

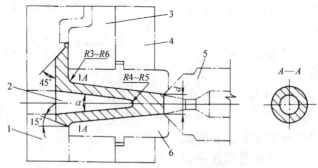

图 2-127　热压室压铸机用直浇道
1—动模板　2—分流锥　3—定模板　4—定模座板
5—压铸机喷嘴　6—浇口套

直浇道的结构形式与所选压铸机的类型有关。

1）热压室压铸机用直浇道。使用热压室压铸机时模具上开设的直浇道如图 2-127 所示，它由浇口套 6 和分流锥 2 所组成。分流锥一般较长，用于调整直流道的截面积，改变金属熔体的流向及减少金属耗量。直浇道的锥角通常取 $\alpha = 4° \sim 12°$，小端直径取 $d = 8mm$。为了适应高效率对热压室压铸机生产的需要，通常要求在浇口套及分流锥的内部布置冷却通道。

2）卧式冷压铸机用直浇道。如图 2-128 所示，直浇道由浇口套 3 与压室组成，直浇道的直径等于压室的内径，在直浇道中压射结束留下的一段金属称为余料。

浇口套与压室最常用的连接形式如图 2-129 所示，压室内径与压射冲头 5 直径 d 的配合为 H7/e8，浇口套内径 D 与压射冲头直径 d 的配合为 F8/e8。压室与浇口套在装配时要求同轴度高，否则压射冲头不能顺利地工作。

3）立式冷压室压铸机用直浇道。如图 2-130 所示，直浇道是指从压铸机喷嘴 6 起，通过模具上的浇口套 5 到横浇道为止的这一部分浇道。为了承受金属熔体的冲击和调节直浇道的截面积，在直浇道的底部通常也设置分流锥。

（2）横浇道　横浇道是金属熔体从压室通过直浇道后流向内浇口之间的一段通道。其作用是将熔体从直浇道平稳过渡到内浇口，使熔体成理想流态充满型腔，并起预热型腔、传

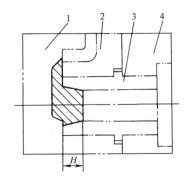

图 2-128　卧式冷压室压铸机用直浇道
1—动模板　2—定模板　3—浇
口套　4—定模座板

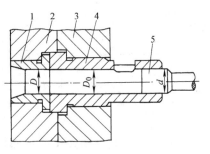

图 2-129　浇口套与压室常用的连接形式
1—浇口套　2—定模座板　3—压铸机固
定模板　4—压室　5—压射冲头

递压力和补缩的作用。

　　横浇道的基本结构形式如图 2-131 所示，其中图 a 为平直式，图 b 为扇形式（又叫扩张式），图 c 为 T 形式，图 d 为平直分支式，图 e 为 T 形分支式，图 f 为圆弧收缩式，图 g 为分叉式，图 h 为圆周多支式。在这些形式中，图 d、e、g 和 h 可适用于多型腔模具。具体选用时，要根据铸件的结构形状与尺寸、技术要求、生产率及内浇口的位置、方向、流入宽度和型腔分布状况等因素确定。

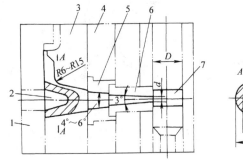

图 2-130　立式冷压室铸机用直浇道
1—动模板　2—分流锥　3—定模板　4—定模
座板　5—浇口套　6—喷嘴　7—余料

　　横浇道的截面形状一般为梯形，也有用圆形的，如图 2-132 所示。但圆形加工不方便，金属冷却缓慢，影响生产率，故很少采用。在流程很长的情况下，应使用分型面两侧都开设梯形截面的横浇道，如图 2-132b 所示。

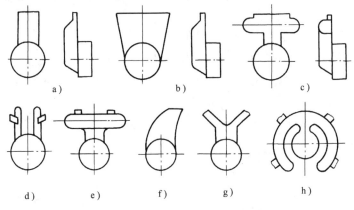

a)　　　　　　　b)　　　　　　　c)

d)　　　e)　　　f)　　　g)　　　h)

图 2-131　横浇道的基本形式

　　（3）内浇口　内浇口是用来使横浇道输送的金属熔体变为高速输入型腔，并使之成理想的流态而顺序地充填型腔。内浇口的形式、位置、大小决定金属熔体的流态、流向和流速，对铸件的质量有直接的影响。

压铸模中常用的内浇口形式及特点见表2-7。

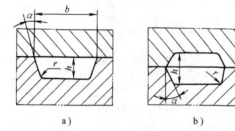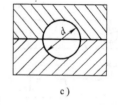

图 2-132　横浇道截面形状

表 2-7　常用内浇口的形式、特点及应用

序号	名　称	简　图	特 点 及 应 用
1	侧浇口	a)　　　　　　　b)	适应性强，可设在铸件的外侧或内侧（铸件内孔足够大时），去除浇口方便。可用于单型腔和多型腔模具，应用广泛
2	中心浇口		熔体流程短，分配均匀，可设置分流锥，利于排气，金属耗量少，模具结构紧凑，压铸机受力均匀。但去除浇口较困难。用于铸件中部有较大孔口的单腔模具
3	顶浇口		浇口截面积大，有利于压力传递，熔体流程短，填充和排气条件好。但不宜设分流锥，熔体对型腔冲击大，浇口附近热量集中，铸件易产生气孔或缩孔。用于质量要求不高的筒形类铸件
4	环形浇口		熔体沿型壁充填型腔，熔体流动畅通，流程较短，排气较好。但金属耗量较大，浇口去除较困难。用于筒管类铸件

（续）

序号	名 称	简 图	特 点 及 应 用
5	缝隙浇口		熔体从型腔深处进入，以长条缝隙顺序充填，排气条件较好。但铸件表面留的浇口痕迹较大，浇口去除较难。多用于带凸缘的深壳形铸件
6	点浇口		熔体流程短且均匀，压铸机受力均衡，铸件表面光洁，组织细密，浇口易去除。但易产生飞溅和粘模现象，压力损失大，模具结构复杂。常用于外形对称的薄壁铸件

3. 排溢系统

排溢系统是排气系统和溢流系统的总称，主要包括溢流槽和排气槽，它们和浇注系统一起共同对充填条件起控制和调节作用。

（1）溢流槽 溢流槽又称集渣包，它的作用是：容纳最先进入型腔的冷金属液和混入其中的气体及残渣；控制金属熔体流态，防止局部产生涡流；调节模具各部分温度，改善热平衡状态；可用作铸件脱模时推杆推出的位置；可控制开模时铸件的留模位置；作为铸件存放、运输及加工时支承、吊挂、装夹或定位的附加部分。

溢流槽的结构形式主要有以下几种。

1）设置在分型面上的溢流槽。这种形式的溢流槽应用最广，截面形状一般为半圆形或梯形，如图 2-133 所示。其中半圆形截面的溢流槽脱模顺利，比较常用，但容积较小；梯形截面溢流槽容积较大，常用于改善模具热平衡或其他需采用大容积溢流槽的部位。

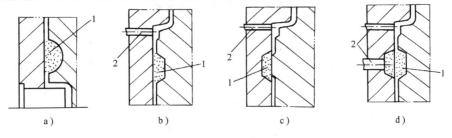

图 2-133　设在分型面上的溢流槽
1—溢流槽　2—推杆

2）设置在型腔内部的溢流槽。如图 2-134 所示。其中图 a 为杆形溢流槽，设在推杆部位，可消除局部平面上的涡流、花纹；图 b 为管形溢流槽，设在铸件平面上有小孔处，可利用型芯伸入相对位置的镶块孔间的配合间隙排气；图 c 为环形溢流槽，设在型腔深处，容量较大；图 d 和图 e 为柱形溢流槽，设置在型芯端部，适应于具有较大型芯的铸件，可排除型腔深处的气体和冷污金属。

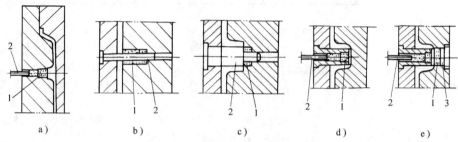

图 2-134　设置在型腔内部的溢流槽
1—溢流槽　2—推杆或型芯　3—排气镶块

3）双级溢流槽。如图 2-135 所示。这种溢流槽可有效防止金属溶体倒流入型腔。在溢流槽的尾部还可按需要设置冷却块和推杆。

4）设有凸台的溢流槽。如图 2-136 所示。为使溢流槽顺利脱模，可在其上面设置一个或数个圆柱形或锥形凸台，利用压铸合金收缩时对模具的包紧力，开模时随动模脱出，并在底部设置推杆，使铸件和溢流槽同时从动模中推出。

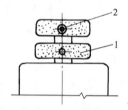

图 2-135　双级溢流槽
1—溢流槽　2—冷却块

（2）排气槽　排气槽一般与溢流槽配合，布置在溢流槽后端的

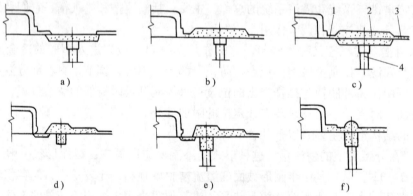

图 2-136　设有凸台的溢流槽
1—溢流口　2—溢流槽　3—排气槽　4—推杆

分型面上以加强溢流和排气效果，如图 2-137a 所示。排气槽也可单独设置在分型面上，如图 2-137b 所示。设在分型面上的排气槽尾部均应有转折，以免金属熔体从排气槽中向外喷溅。当排气槽必须从操作者一边通向模外时，必须在排气出口处设有防护板。

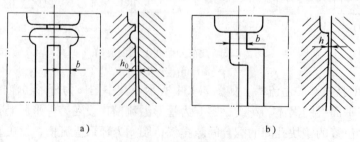

图 2-137　排气槽的形式

在型腔内不易排气的部位，也可利用型芯、推杆的配合间隙或用排气镶块进行排气。

4. 模架及其零件

（1）模架　压铸模的模架由支承固定零件、导向零件与推出机构等组成，典型的压铸模模架组合结构如图2-138所示。国家标准规定了组成压铸模模架的15个主要的通用标准零件（GB/T 4678.1～15—2003），它们是：动模与定模座板、动模与定模套板、支承板、垫块等支承与固定零件；供加工型腔用的通用镶块；导柱、导套等导向零件；构成推出机构的推杆、推杆固定板、推板、推板导柱与导套、复位杆、限位钉及垫圈等常用零件。

设计压铸模时，可先根据铸件的结构形状与尺寸、生产批量及选用的压铸机类型等确定压铸模模架的结构形式，经适当计算后选取相应的模架标准零件，再设计与加工成形零件、浇注系统、排溢系统、侧向分型抽芯机构（需侧向分型与抽芯时）等，组合后即可构成一副完整的压铸模，从而缩短了模具设计与制造周期。

（2）动、定模套板　动、定模套板主要用来安装成形零件（镶块）。套板的结构形式按外形可分为圆形和矩形两种，按镶块安装孔的形式又可分为通孔式和不通孔式两种，如图2-139所示。其中通孔式套板加工方便，但需要有足够强度的支承板（或座板）来压紧镶块，组合后模具总厚度较大；不通孔式套板的强度较好，镶块装入后只需在底部用螺钉紧固，模具的总厚度可以稍薄，但加工工艺性不如通孔式套板好。

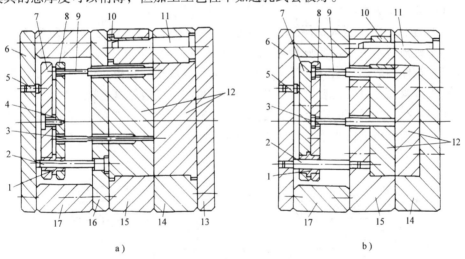

a)　　　　　　　　　　　　　　　b)

图2-138　压铸模模架组合结构

1—推板导套　2—推板导柱　3—推杆　4—推板垫圈　5—限位钉　6—动模座板
7—推板　8—推杆固定板　9—复位杆　10—导套　11—导柱　12—镶块
13—定模座板　14—定模套板　15—动模套板　16—支承板　17—垫块

套板的结构尺寸通常是根据镶块的尺寸、套板上要设置的导柱导套孔、联接的螺钉和销孔、抽芯和推出机构所占用的位置以及浇注系统、排溢系统、加热冷却系统等所占用的位置来确定。同时，套板工作时要承受压铸充填过程中的胀型力，因此套板的尺寸还要考虑本身强度上的需要，特别在大、中型铸件成形时模具套板的强度常常是一个突出的问题，需要根据强度条件计算有关尺寸。

（3）支承板　压铸模支承板与注射模支承板的作用和结构形式基本相同，但压铸模支承板承受的压力更大一些，因此对支承板的强度和刚度要求更高。当铸件及浇注系统在分型

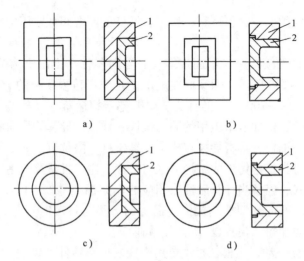

图 2-139　套板的结构形式

1—套板　2—镶块

面上的投影面积较大且垫块的间距也较大时，为了加强支承板的刚度，通常在支承板和动模座板之间设置与垫块等高的支柱，也可以借助于推出机构中的推板导柱来加强对支承板的支撑作用，如图 2-140 所示。

（4）定模座板　定模座板是用来固定定模套板以构成定模部分，并将定模固定在压铸机上的一种基础模板。由于定模座板与压铸机的固定模板大面积接触，故一般不作强度计算，其厚度可按经验数据选取。定模座板上的平面尺寸按动模套板而定，但要留出安装到压铸机上时压板或紧固螺钉的安装位置，以便与压铸机固定模板可靠连接。对于定模套板与定模镶块不是以通孔形式固定的情况，定模座板与定模套板可为一整体，即可省去定模座板。但此时必须在定模套板上留出安装压板或紧固螺钉的位置，以便与压铸机固定模板连接与固定。

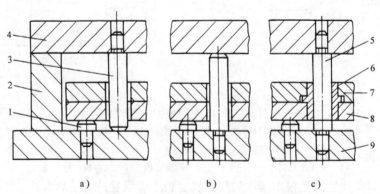

图 2-140　支承板的加强形式

1—支承钉　2—垫块　3—支柱　4—支承板　5—推板导柱

6—推块导套　7—推杆固定板　8—推块　9—动模座板

（5）动模座板　动模座板是用来支承动模并将动模固定在压铸机移动模板上的一种基础模板。动模座板的基本形式如图 2-141 所示。其中图 a 为角架式，它结构简单，制造方便，重量轻，节省材料，适用于小型模具。图 b 为组合式，其中动模座板和垫块可采用标准件。垫块的作用是支承动模支承板并形成推出机构工作的活动空间，对小型模具还可利用垫块的厚度来调整模具的闭合厚度。这种结构形式在中小型模具中使用较普遍。图 c 为整体式，动模座板与垫板合为一整体，采用铸造的方法成形。这种结构形式刚性较好，零件数量也少，适用于大中型模具。

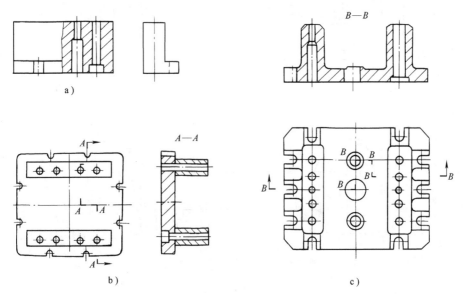

图 2-141　动模座板的结构形式

（6）导向零件　导向零件在压铸模中也是起定位和导向作用，以保证动、定模相对位置的正确。导向零件一般包括导柱和导套。为便于取出铸件，通常导柱安装在定模一侧，只有当模具采用推件板推出铸件时，才将导柱装在动模上，以兼作推件板的导向。

常用的导向零件是圆截面导柱导套。压铸模的导柱导套已经标准化。图 2-142 所示为标准导柱结构。其中图 a 是 A 型带肩导柱，固定部分的直径 D_1 跟与之相配的导套外径相同，可使导柱和导套的安装孔大小一致，以便两孔同时加工来保证其同轴度；图 b 是 B 型带头导柱，固定部分直径 D_1 与导向部分直径 D 具有同一基本尺寸，只是公差不同。

图 2-143 所示为标准导套结构。其中图 a 是 A 型带头导套，常用于动、定模套板后面有支承板或座板的场合；图 b 是 B 型直导套，常用于动、定模套板较厚或套板后面无支承板或座板的场合。

导柱与导套的安装配合形式如图 2-144 所示，其中图 a 与图 d 的形式要求导柱与导套的安装孔尺寸一致，便于配合加工，所以最为常用。导柱与导套的配合精度一般按 H8/e7 或H8/d7，导柱、导套与模板的配合一般按 H7/k6。对 B 型导套，除了与模板之间采用 H7/k6配合外，还常用紧定螺钉固定，以防止导套被导柱拉出，如图 c 和图 d 所示。

导柱导套的数量根据模具结构尺寸确定，一般小型模具用两根导柱，中大型模具用四根导柱（圆形模板也可用三根导柱）。为防止装配或合模时搞错方位，应将其中一根导柱作不等距或不等角分布。

关于推出机构与侧向分型抽芯机构，因其结构及工作原理与塑料注射模中的推出机构与侧向分型抽芯机构相似，故此处不再赘述。

5. 加热与冷却系统

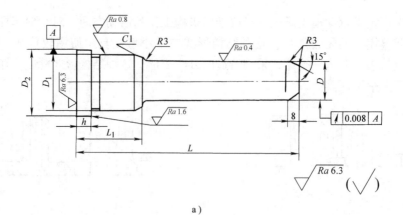

a）

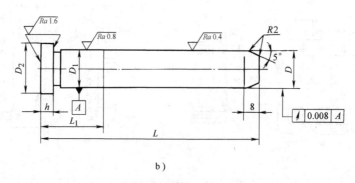

b）

图 2-142　导柱结构形式

a）A 型导柱　b）B 型导柱

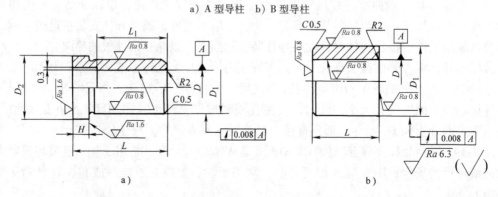

a）　　　　　　　　　　　　　　　　b）

图 2-143　导套结构形式

a）A 型导套　b）B 型导套

压铸模在压铸生产前需要进行充分的预热，并在压铸过程中保持在一定的工作温度范围内。压铸模的工作温度是由加热与冷却系统来控制和调节的。

（1）模具的预热　模具预热的作用是：避免金属熔体激冷过剧而很快失去流动性；改善模具型腔的排气条件；避免模具因高温金属熔体的激热而胀裂，延长模具使用寿命。

模具的预热方法有电加热、煤气加热、红外线加热等。生产中常用的是电加热，其加热的方式与注射模加热方式基本相同。

（2）模具的冷却　模具冷却的作用是：均衡模具温度，改善铸件的凝固条件；减缓模具的热应力，延长模具使用寿命；缩短模具温度的调节时间，利于提高生产率。

模具的冷却方法主要有风冷和水冷两种。风冷是利用压缩空气冷却模具，模具本身一般不需专门设置冷却装置，其特点是能将模具内涂料吹匀，加速涂料的挥发，减少铸件的气孔。但冷却速度较慢，生产率低，主要用于要求散热量不大的模具。水冷是在模具内设置冷却水通道，利用循环水冷却模具，其特点是冷却速度快，可提高生产率和铸件内部质量。但温度不易调整，模具内外温差大，且增加模具的复杂程度，强度也有所削弱，主要用于要求散热量较大的模具。

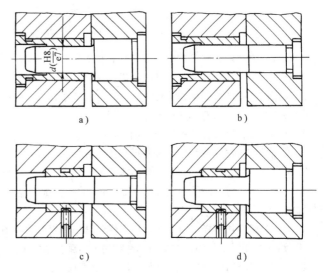

图 2-144　导柱与导套的配合形式

常见的冷却水通道布置形式如图 2-145 所示。其中图 a 为分流锥冷却；图 b 为镶块冷却；图 c 为大型芯冷却；图 d 为采用铜管冷却，可防止水从装配缝隙中泄漏；图 e 为浇口套冷却。

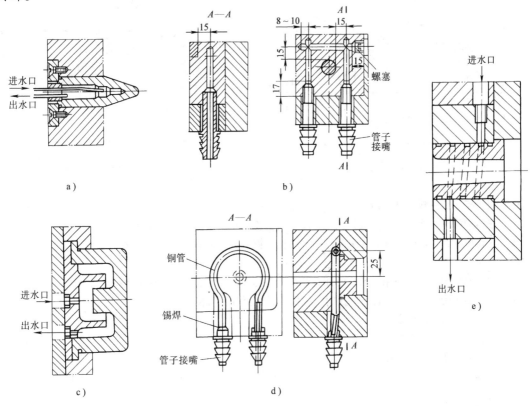

图 2-145　水冷却系统

思考与练习题

1. 构成一副比较完整的冲模一般应具有哪些零部件？这些零部件在冲模中各起什么作用？

2. 什么是单工序模、复合模和级进模？它们各有什么特点？

3. 常用的冲裁凸、凹模结构形式及固定方式有哪几种？什么情况下凸、凹模要设计成镶拼式结构？

4. 冲模的卸料方式有哪几种？分别适用于哪些场合？

5. 冲模的定位零件有哪些种类？如何选择？

6. 弯曲模和拉深模的结构与冲裁模相比各有哪些特点？

7. 冲模模架的作用是什么？一般由哪些零件组成？如何选择冲模模架？

8. 在图 2-146 所示制件的顶部冲制 $\phi12\text{mm}$ 的孔，试确定冲孔模的结构形式，并绘制冲孔模及冲孔凸模与凹模的结构草图。

9. 什么是塑料压缩模、压注模及注射模？分别适用于哪些场合？

10. 移动式塑料模与固定式塑料模在结构上有哪些主要区别？什么情况下宜采用移动式模具？

11. 浇注系统的作用是什么？哪些模具中需要设置浇注系统？

12. 推出机构的作用是什么？常见的推出机构有哪几种？各具有什么特点？

13. 比较斜销分型抽芯机构与斜滑块分型抽芯机构的异同点及适用场合。

14. 图 2-147 所示塑料制件，采用一模两腔注射成型。试确定注射模的结构形式，并绘制模具的结构草图。

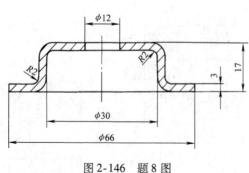

图 2-146 题 8 图

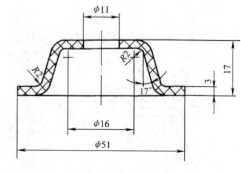

图 2-147 题 14 图

15. 压铸模一般由哪几部分组成？各部分的作用是什么？

16. 压铸模中为什么要设置排溢系统？排溢系统一般应开设在模具的什么部位？

17. 压铸模的成形零件为什么多采用镶拼式结构？镶块在通孔式套板和不通孔式套板中分别是如何固定的？

18. 加热与冷却装置的作用是什么？什么情况下模具中要设置加热与冷却装置？

19. 图 2-148 所示为成形某铸件的压铸模结构图。请分析后回答下列问题：

1）该压铸模属何种类型？

2）指出模具中各零件的名称及作用。

3）说明该模具的工作过程。

20. 模具零件的标准化有什么意义？分别说明冲模、塑料模和压铸模中哪些零件已经标准化了？

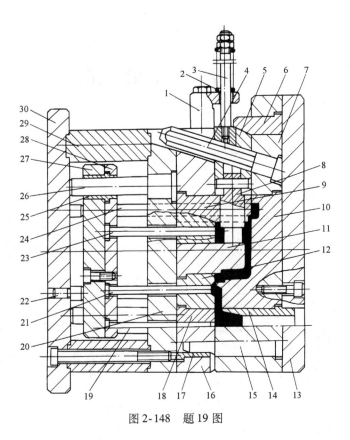

图 2-148　题 19 图

第三章 模具的制造

第一节 概 述

根据模具的设计图样（包括装配图样和零件图样）中模具的构成、零件的结构要素和技术要求，制造完成一副完整模具的工艺过程一般可分为：①毛坯外形的加工；②工作型面的加工；③模具标准零部件的再加工；④模具装配。其完整的制造工艺过程可参考图3-1。

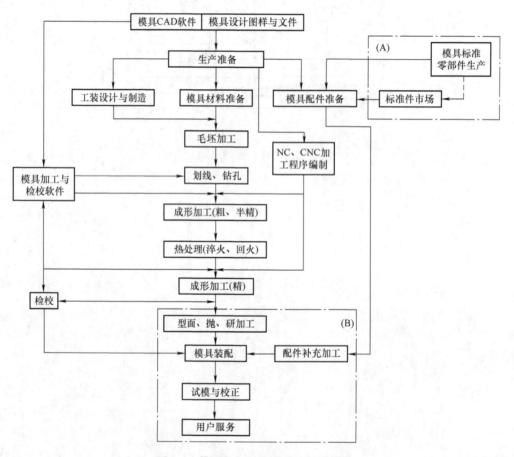

图3-1 模具加工与装配工艺过程框图

目前，随着信息技术的发展，在模具制造中出现了许多先进的加工工艺方法，可以满足各种复杂型面模具零件的加工需求。我们可大致将模具的制造方法分为常规机械加工、数控加工和特种加工，模具制造部门应根据模具的设计要求和现有设备及生产条件，恰当地选用模具的加工方法。

模具成形零件的一个显著特点是工作型面的形状一般较为复杂，而且又有较高的加工要求，型面的加工质量直接影响成形制件的质量和模具使用寿命。因此模具加工的重点和难点是工作型面的加工。

模具零部件的标准化与专业化生产，是缩短生产周期、降低制造成本的有效途径。为此我国非常重视模具的标准化工作，已制订了冷冲模、注射模和压铸模等国家标准。目前模具中的许多零部件已经标准化，并有许多专业化厂家进行专业化生产。当需要制造一副新模具时，模具制造厂只需加工其中的非标准零件，而标准零部件一般可在市场上选购或向专业厂家订做。

本章简单介绍模具制造的一般方法，这些方法更具体的内容可参考《模具制造手册》或其他有关教材。

第二节　模具的机械加工

一、模架的加工

模架是由各种模座、模板及导向零件等构成的一种模具组合结构体，用来安装或支承成形零件和其他结构零件。模架的加工是指组成模架的零件的加工。

1. 导柱和导套的加工

模架中的导柱和导套是典型的轴类和套类零件。图 3-2 所示为冷冲模的一种标准导柱和

导套。它们在模具中起导向作用，保证凸模和凹模在工作时具有正确的相对位置。为了保证良好的导向，导柱和导套装配后应保证模架的活动部分运动平稳，无滞阻现象。所以在加工中必须保证导柱和导套配合表面的尺寸精度和形状精度，同时还应保证导柱和导套各自配合面之间的同轴度要求。

构成导柱和导套的基本表面都是回转体表面，按照图示的结构尺寸和技术要求，宜选用适当尺寸的圆钢作毛坯。

导柱和导套主要是进行内、外圆柱面加工。内、外圆柱面的机械加工方法很多，常用的有车、磨、钻、扩、镗、铰、拉、研磨、珩磨。根据零件的尺寸精度与表面粗糙度要求，可将这些加工方法进行适当的组合。例如对于图 3-2 所示的导柱和导套的配合表面，可采用

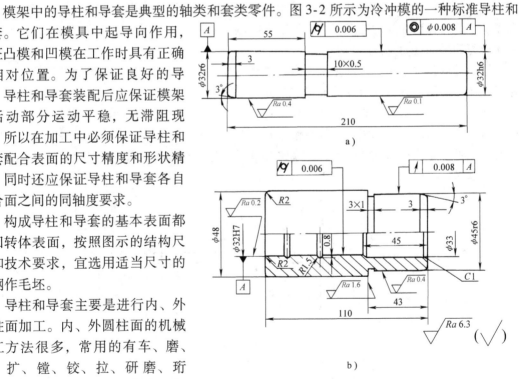

图 3-2　导柱和导套

a）导柱　b）导套

材料：20 钢

热处理：渗碳深度 0.8～1.2mm　硬度 58～62HRC

下列加工方案。

（1）导柱的加工

1）φ32h6 外圆柱面：粗车——→半精车——→粗磨——→细磨——→研磨（IT5～IT6，*Ra*0.16～0.08μm）；

2）φ32r6 外圆柱面：粗车——→半精车——→粗磨——→精磨（IT6，*Ra*0.63～0.32μm）。

（2）导套的加工

1）φ45r6 外圆柱面：粗车——→半精车——→粗磨——→精磨（IT6，*Ra*0.63～0.32μm）；

2）φ32H7 的孔：钻孔——→镗孔——→粗磨——→精磨——→研磨（IT6～IT7，*Ra*0.16～0.01μm）。

由于导柱和导套要进行渗碳、淬火热处理，硬度较高，所以要将磨削加工安排在热处理之后。

在对导柱的外圆柱面进行车削和磨削之前应先加工中心孔，以便为后续工序提供可靠的定位基准，保证导柱的同轴度要求。为使中心孔与顶尖之间配合良好，导柱在热处理后还应采用磨、研磨等方法修正中心孔。

2. 模座和模板的加工

模座（包括上、下模座，动、定模座板等）和模板（包括各种固定板、套板、支承板、垫板等）都属于板类零件，其结构、尺寸已标准化。冷冲模模座多用铸铁或钢板制造，而塑料模或压铸模的座板和各种模板多用中碳钢制造。在制造过程中，主要是进行平面加工和孔系加工。为保证模架的装配要求，加工后应保证模座上、下平面的平行度要求及装配时有关接合面的平面度要求。

平面的加工方法有车、刨、铣、磨、研磨、刮研，可根据模座与模板的不同精度和表面粗糙度要求选用，并组成合理的加工工艺方案。

加工模座、模板上的导柱和导套孔，除应保证孔本身的尺寸精度外，还要保证各孔之间的位置精度。可采用坐标镗床、数控镗床或数控铣床进行加工。若无上述设备或设备精度不够时，也可在卧式镗床或铣床上，将模座或模板组合一次装夹，同时镗出相应的导柱孔和导套孔，以保证其同轴度，如图3-3所示。

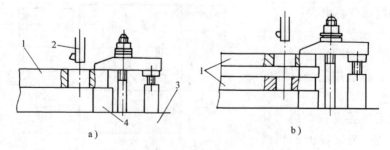

图 3-3　模板的装夹
a）单个模板镗孔　b）动、定模同时镗孔
1—模板　2—镗杆　3—工作台　4—等高垫铁

模架完整的加工工艺过程如图3-4所示。

需要说明的是，模架属于标准部件，有专门工厂制造各种模架，模具制造部门可以根据所需要的规格、型号外购即可。

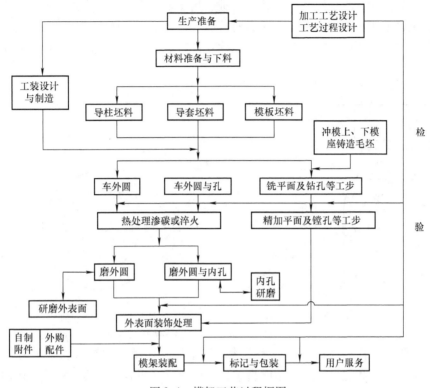

图 3-4　模架工艺过程框图

二、凸模与型芯的加工

凸模与型芯都是以外表面作为工作型面。这些零件的外表面按截面形状可分为圆形和非圆形两类。

圆形外工作型面的凸模与型芯的加工比较容易，通常的机械加工工艺路线是：备料——车削（卧式车床）——热处理（根据需要选用）——磨外圆（外圆磨床）——抛光。

非圆形外工作型面的凸模与型芯的加工比较麻烦，难度较大。根据凸模与型芯的硬度要求不同，其机械加工的工艺路线也有所不同。

当凸模与型芯的硬度要求不高时，通常的机械加工工艺路线是：备料——铣六面（铣床）——平磨六面（平面磨床）——划线（钳工或采用刻线机划线）——粗铣外形（立式铣床）——精铣外形（数控铣床）——精研、抛光。

当凸模与型芯的硬度要求较高时，通常的机械加工工艺路线是：备料——铣六面（铣床）——平磨六面（平面磨床）——划线（钳工或采用刻线机划线）——粗铣外形（立式铣床）——精铣外形（数控铣床）——热处理——平磨基准面（平面磨床）——成形磨削（成形磨床或数控磨床）——精研、抛光。

下面简单介绍在凸模与型芯的型面加工当中常用的几种机械加工方法。

1. 铣削加工

凸模与型芯的型面主要采用立式铣床加工和数控铣床加工。这里只介绍立式铣床加工。

加工时，先将工件在铣床工作台上定位并夹紧，操纵工作台的纵向与横向移动手柄，使铣刀沿工件上的划线轮廓切削加工出凸模的工作型面。铣削时要留出适当的余量，以备精铣或钳工修整。如图 3-5 所示的凸模，其加工难点是 $\phi 28$ 和两处 $R5$ 的圆弧形外工作型面，加工时，可首先将毛坯车削成阶梯形，平磨两端面后，再根据图样要求划线，然后将划好线的工件安装在立式铣床的回转工作台上，用圆柱立铣刀沿划线轨迹铣削，如图 3-6 所示。

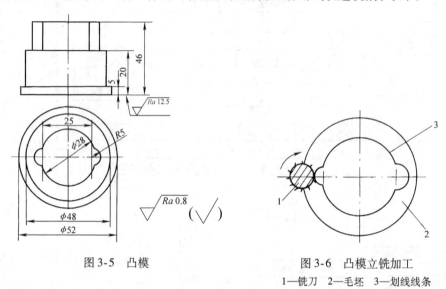

图 3-5　凸模　　　　　　　　　　　图 3-6　凸模立铣加工

1—铣刀　2—毛坯　3—划线线条

由于非圆形外工作型面的凸模或型芯大多不规则，而用立式铣床加工主要是靠手工操纵，加工表面的精度和粗糙度要求不够理想，表面常留着明显的刀痕，故最后还需精铣或由钳工修整成形。

2. 成形磨削加工

成形磨削是一种精加工模具工作型面的方法。其特点是加工精度高、表面粗糙度值小，且可加工热处理后硬度较高的模具零件工作型面，所以在制造高精度、长寿命的模具工作零件时常采用这种方法。

图 3-7 所示为形状较复杂的凸模刃口，这些形状用普通磨削难以加工。用成形磨削加工，就是将被磨削轮廓的复杂形状分解成若干个简单的直线和圆弧，再按一定顺序逐段进行磨削，并将各段在衔接处平滑地连接起来，从而加工出符合设计图样要求的零件。

成形磨削的具体方法有成形砂轮磨削法和夹具磨削法。图 3-8 所示为成形砂轮磨削的示意图。

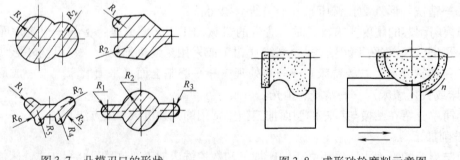

图 3-7　凸模刃口的形状　　　　　　图 3-8　成形砂轮磨削示意图

成形磨削加工的专用设备有成形磨床、光学曲线磨床，还有近几年出现的数控成形磨床。如果模具制造部门没有专用设备，可在普通平面磨床上，利用专用夹具和成形砂轮也可进行成形磨削。

三、凹模的加工

凹模是以内表面作为工作型面。内表面为通孔时称为型孔，内表面为不通孔时称为型腔。

对于工作型面为圆形的凹模，一般采用的机械加工工艺路线是：

备料——→铣六面（铣床）——→平磨六面（平面磨床）——→划线——→车或铣工作型面（车床或铣床）——→热处理（根据需要选用）——→平磨基准面（平面磨床）——→磨工作型面（内圆磨床）——→精研、抛光。

对于工作型面为非圆形的凹模，一般采用的机械加工工艺路线是：

备料——→铣六面（铣床）——→平磨六面（平面磨床）——→划工作型面轮廓线（钳工或采用刻线机划线）——→铣工作型面（立式铣床或仿形铣床）——→热处理（根据需要选用）——→平磨基准面（平面磨床）——→磨工作型面（坐标磨床）——→精研、抛光。

下面简单介绍在凹模的工作型面加工当中常用的几种机械加工方法。

1. 铣削加工

凹模工作型面的粗加工主要采用立式铣床加工，立式铣床加工前面已经介绍，这里不再赘述。

2. 坐标磨床加工

坐标磨床可以按准确的坐标位置对工件进行磨削加工，是一种精密加工设备。对于形状较复杂、尺寸精度和硬度要求高的凹模，采用坐标磨床进行精加工是一种较理想的加工方法。

用坐标磨床进行磨削加工时，工件固定不动，磨削机构能完成四种运动：砂轮的高速自转（切削运动）、行星运动（砂轮回转轴线的圆周运动）、砂轮沿机床主轴轴线方向的直线往复运动和径向进给运动，如图3-9所示。恰当地运用磨削机构的这些运动，并配合工作台的纵向与横向进给运动和平转台等机床辅件，可以精确地磨削内圆柱面、外圆柱面、内圆锥面、台阶孔、内孔端面、直线槽和异形孔等。

四、模具的数控加工

随着数控技术的发展，在模具制造中已广泛采用了数控加工。特别是在形状复杂和精度较高的成形零件型面加工中，数控加工在保证加工质量和提高生产率等方面发挥了重要作用。

1. 数控机床加工

数控机床的种类比较多，如数控车床、数控铣床、数控磨床、数控镗床等。在模具加工中最常用的是数控立式铣床，其外形结构如图3-10所示。

数控机床是通过数字和符号表示的指令来控制机床的各种运动，其加工过程如图3-11所示。首先对被加工零件的形状、尺寸和技术条件进行分析，确定零件的加工工艺方案，然后按规定格式和指令编写数控加工程序，再将加工程序输入机床的数控装置内，通过数控装置的一台专用计算机或小型通用计算机，对输入的各种信息进行处理和计算，将计算结果向伺服系统的各个坐标分配进给脉冲，并发出动作信号。伺服系统接收到进给脉冲和动作信号后进行转换与放大，驱动数控机床的工作台或刀架进行定位或按某种轨迹移动，并配以其他必要的机械动作，按照预先要求的形状和尺寸对模具成形表面进行加工。

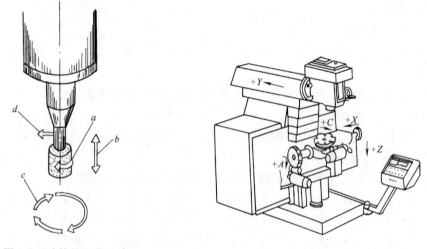

图 3-9　砂轮的四种运动
a—砂轮旋转运动　*b*—往复运动
c—行星运动　*d*—径向进给运动

图 3-10　数控立式铣床

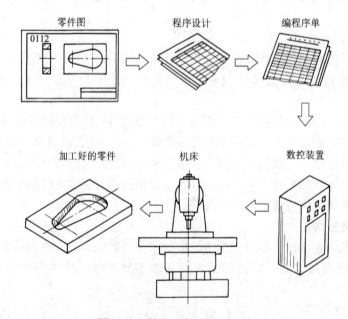

图 3-11　数控机床的加工过程

　　数控机床的加工精度一般可达 0.02 ~ 0.03mm，可对同一形状进行重复加工。当变换加工零件时，只需要重新编制并输入加工程序，省去了工艺装备的准备和调整时间，有效地提高了生产率。同时由于其加工精度不是靠工人的手工操作技能来保证，所以加工质量稳定可靠。

　　2. 数控加工中心加工

　　数控加工中心是在一般的数控镗铣床上加装刀库和自动换刀装置，工件在一次装夹后通过自动更换刀具，连续地对其各加工面自动地完成铣、镗、钻、锪、铰、攻螺纹等多种工序加工。加工中心机床按照主轴所处的方位分为立式加工中心和卧式加工中心两种。在模具加工中，立式加工中心应用较多。

图3-12所示为JCS—018型立式加工中心外形图，这是具有自动换刀装置的计算机数控（CNC）镗铣床，采用了软件固定型计算机控制的数控系统，适用于多种复杂模具零件的加工。这台加工中心机床主要由数控装置7、伺服装置4、刀库9、机械手8、主轴箱1和工作台5组成。该机床的刀库可安装16把刀具，根据加工需要通过机械手换用，换刀时间仅为1~2s。

采用加工中心加工模具零件，具有一般机床或数控机床所不可比拟的优越性。例如用自动编程装置和CAD/CAM技术提供的三维曲面信息，即可进行三维曲面加工，并从粗加工到精加工都可按预定的刀具和切削条件连续地进行；对于多型面或多孔加工，可以在一次装夹中自动连续地完成；加工中心机床可以按照程序自动加工，加工中不需要人工操作，加工质量稳定；加工速度快、效率高。

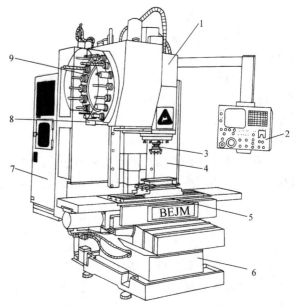

图3-12　JCS—018型立式加工中心

1—主轴箱　2—操作面版　3—主轴　4—伺服装置　5—工作台
6—床身　7—数控装置　8—机械手　9—刀库

在模具制造中，数控加工中心正逐渐成为机械加工的重要设备，在一些工业发达国家已普遍采用，目前我国的许多模具制造企业亦采用了这种先进的设备。

五、CAD/CAM技术在模具制造中的应用

随着产品更新换代速度的加快，产品零件正向多品种、高质量和交货期短的方向发展，这就要求模具生产要缩短制造周期、降低成本和提高质量。依赖于经验与手工技能的传统模具设计与制造方式已远不能满足这种要求，因而应用计算机辅助设计（CAD——Computer Aided Design）与计算机辅助制造（CAM——Computer Aided Manufacturing）技术是解决这一矛盾的有效途径。

应用CAD技术进行模具设计就是利用计算机对模具和对应制件的几何形状、尺寸公差、材料、工艺要求等有关资料和数据进行处理，并在计算机屏幕上显示出各种不同的设计方案，然后通过人机对话方式对各种方案进行可行性分析、比较和修改，直至选出最佳设计方案，最后由计算机控制的自动绘图机绘出样图。

在模具制造中采用CAM技术，则可以有效地利用计算机技术在加工、管理、工艺设计、计划、操作和控制等方面，按照信息化的作业程序进行生产活动。可见CAM技术是以数控加工为核心，是集成制造系统的主要内容，通过合理安排加工过程，以获得较高的经济效益。

由CAD系统产生的数据可直接经CAM软件处理成数控机床可以识别的代码，进而控制加工设备加工出模具零件，使模具生产实现高精度、高效率和自动化。

由此可见，模具 CAD/CAM 技术是用科学的、合理的方法，以计算机软件的形式，为用户提供一种行之有效的辅助工具，使用户借助于计算机对制件、模具结构、加工、成本等反复修改和优化，直至获得最佳结果。

当前国内外已研制出一批 CAD/CAM 系统软件，在国内外商品化软件市场上出售。如 Unigraphics（简称为 UG）是德国 Siemens PLM Software 公司的产品，它具有很强的三维模型设计、分析计算、动态仿真、二维工程图输出和数控编程等功能。该软件功能十分强大，但价格较贵。我国"北京北航海尔软件有限公司"开发推出的"CAXA 制造工程师"、"CAXA 冷冲模设计师"、"CAXA 注射模设计师"等软件都是具有较高品质、较低价位的 CAD/CAM 软件，可适应一般模具制造企业的设计生产需要。

目前，我国的许多模具制造行业由于应用了 CAD/CAM 技术，产生了较高经济效益，所以在模具设计与制造中采用 CAD/CAM 技术是模具工业发展的必然趋势。

第三节　模具的特种加工

对于高硬度、高韧性、高强度、高脆性等难加工材料，以及形状复杂和结构特殊的模具零件，用常规的机械加工方法很难达到精度、表面粗糙度和生产率的要求，于是产生和发展了特种加工方法。特种加工主要是利用热能、电能、光能、声能、化学能、电化学能等进行加工的工艺方法。这里对目前在模具制造中应用较广泛的几种特种加工方法作一简单介绍。

一、电火花加工

电火花加工（也称电蚀加工或放电加工）是直接利用电能、热能对金属进行加工的一种方法，其原理是在一定液体介质中（如煤油等），通过工具（一般用石墨或纯铜制成，成形部分的形状与待加工工件型面相似）与工件之间产生脉冲性火花放电来蚀除多余金属，以达到零件的尺寸、形状及表面质量要求。图 3-13 所示为电火花机床组成示意图，其主要组成部分为机床本体、脉冲电源、自动进给调节系统和工作液循环过滤系统。

电火花加工有其独特的优点，在模具成形零件的加工中得到了广泛的应用。其主要特点如下。

1）能"以柔克刚"，所用的工具电极不需比工件材料硬，所以它便于加工

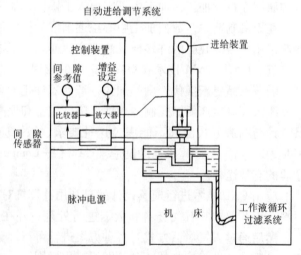

图 3-13　电火花机床组成示意图

用机械加工方法难以加工或无法加工的特殊材料（如淬火钢、硬质合金、耐热合金等）。

2）加工时工具电极与工件不接触，工具与工件之间的宏观作用力极小，所以，它便于加工带小孔、深孔或窄缝的零件，尤其适合于加工凹模中各种形状复杂的型孔和型腔。

3）其他用途，如电火花刻字、打印铭牌和标记、表面强化等。

4）由于直接利用电、热能进行加工，便于实现加工过程中的自动控制。

5）电火花加工的余量不宜太大，因此电火花加工前需用机械加工等方法去除大部分多余的金属。此外还需要根据所加工零件的形状尺寸制造工具电极，电极的制造也比较麻烦。

近年来，电火花加工特别是数控电火花加工得到了越来越广泛的应用。

二、电火花线切割加工

电火花线切割加工原理与电火花成形加工相同，只是加工方式不同，它是采用连续移动的金属丝（钼丝、铜丝等）作电极。图 3-14 所示为电火花线切割加工示意图，被切割的工件接脉冲电源的正极，电极丝接负极，工件由工作台带动相对电极丝按编好的程序运动，从而使电极丝沿着工件的形状和尺寸所要求的切割

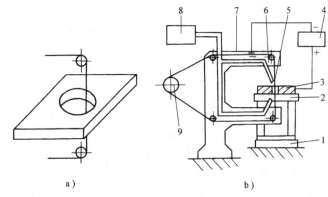

图 3-14　电火花线切割加工示意图
a）切割图形　b）加工示意图
1—工作台　2—夹具　3—工件　4—脉冲电源　5—电极
6—导轮　7—丝架　8—工作液箱　9—储丝筒

路线进行电腐蚀，实现切割加工。在加工中，由于切缝很窄，必须充分、连续地向加工区域提供循环流动的工作液（5% ~15% 体积分数的油酸钾皂乳化液），工作液将电蚀产物带走。为保证电极丝损耗小，且不被火花放电烧断，电极丝以一定的速度垂直于机床工作台平面作上下往复运动。

目前我国使用的电火花线切割机床有靠模仿形、光电跟踪和数控三种，其中数控线切割机床具有控制精度高、重复精度高等特点，应用最为广泛。图 3-15 所示为数控电火花线切割加工机床的外形，它是由脉冲电源、机床主体、数控系统和工作液循环系统等四大部分组成。

电火花线切割加工在模具制造中应用也非常广泛，这种加工工艺方法主要有如下特点：

1）不需要制造电极，电极丝（钼丝等）可直接购买使用，节约了电极设计与制造费用，缩短了生产周期。

2）线切割用的电极丝非常细（直径为 0.04 ~ 0.20mm），能加工出精密细小、形状复杂的通孔或外形表面。但不能加工盲孔或不通的型腔。

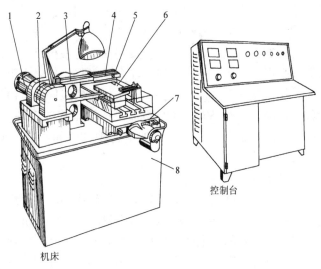

图 3-15　数控电火花线切割加工机床
1—电动机　2—储丝筒　3—钼丝　4—丝架　5—导轮
6—工件　7—十字滑板　8—床身

3）只要输入控制程序，即可按所需要的图形轨迹实现加工。程序的编制可用数控线切

割机床的程序格式由人工编制。目前一些软件设计部门开发了若干计算机自动编程的软件，使线切割编程快速、准确和实用，加工过程易于实现自动化控制。

4）线切割广泛适用于加工淬火钢、硬质合金等难以用机械加工方法加工的模具零件。目前能达到的加工精度为 $\pm 0.001 \sim \pm 0.010mm$，表面粗糙度值为 $Ra0.32 \sim 2.5\mu m$，最大切割速度可以达到 $50mm^2/min$ 以上，切割厚度最大可达 $500mm$。

三、化学与电化学加工

1. 化学腐蚀加工

塑料模具型腔表面有时需要加工出图案、花纹、字符等。如果采用手工雕刻，不仅生产率低、劳动强度大，而且需要熟练的技能。若使用化学腐蚀技术则可获得较好的效果。

化学腐蚀加工是将模具零件被加工的部位浸泡在化学介质中，通过产生化学反应，将零件材料腐蚀溶解，从而获得所需要的形状和尺寸。采用化学腐蚀加工时，应先将工件表面不加工的部位用抗腐蚀涂层覆盖起来，然后将工件浸渍于腐蚀液中，使没有被覆盖涂层的裸露部位的余量腐蚀去除，达到加工目的。常见的化学腐蚀加工有照像腐蚀、化学铣削和光刻等。许多电器产品的塑料外壳上的字符、装饰图案等就是用这种方法加工模具型腔而得到的。

化学腐蚀加工的优点是可加工金属和非金属材料（如石板、玻璃等），不受材料硬度影响，加工后表面无变形、毛刺和加工硬化等现象，对难以机械加工的表面，只要腐蚀液能浸入都可以加工。但化学腐蚀加工时腐蚀液和加工中产生的蒸气污染环境，对人身和设备有危害作用，需采用适当的防护措施。

2. 电铸加工

电铸加工是将一定形状和尺寸的母模（或称胎模）放入电解液内，利用电镀的原理，在母模上沉积适当厚度的金属层（镍层或铜层），然后将这层金属沉积层从母模上脱离下来，形成所需要的模具型腔或型面的一种加工方法。

电铸加工的优点是：复制精度很高，可获得尺寸和形状精度高、花纹细致、形状复杂的型腔或型面；母模可采用金属或非金属材料制作，也可直接用制品零件制作；可以制造形状复杂，用机械加工难以加工甚至无法加工的工件；电铸的型面具有较好的机械强度，且型面光洁、清晰，一般不需再作光整加工；不需特殊设备，操作简单。但电铸厚度较薄（仅为 $4 \sim 8mm$ 左右），电铸周期长（如电铸镍的时间约需一周），电铸层厚度不均匀，内应力较大，易变形。

3. 电解加工

电解加工是继电火花加工之后发展较快、应用较广泛的一项加工技术，目前国内外已成功地应用于模具、汽车、枪炮、航空发动机、汽轮机及火箭等机械制造行业中。

电解加工是利用金属在电解液中发生阳极溶解的原理将零件加工成形的一种方法。图 3-16 所示为电解加工装置示意图，加工时工件接直流电源的正极，工具电极（工具材料大多用碳素钢制成，其形状和尺寸根据加工零件的要求及加工间隙来确定）接负极，工具电极（阴极）以一定的速度向工件（阳极）靠近，并保持 $0.2 \sim 1mm$ 的间隙，由泵供给一定压力的电解液从两极间隙中快速流过。工件表面和工具相对应的部分，在很高的电流密度下产生阳极溶解，电解产物立即被电解液冲走。工具电极不停地向工件进给，工件金属不断地被溶解，直到工件的加工尺寸及形状符合要求为止。

图 3-17 所示为立柱式电解加工机床外形图，主要由立柱 1、主轴箱 2、工作箱 3、操作台 4 和床身 5 组成。

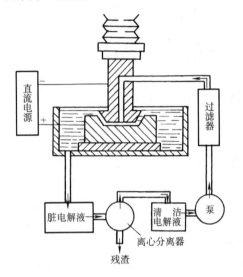

图 3-16　电解加工装置示意图

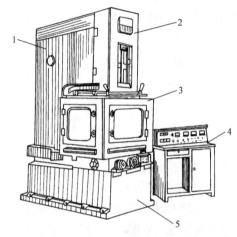

图 3-17　立柱式电解加工机床
1—立柱　2—主轴箱　3—工作箱
4—操作台　5—床身

电解加工的优点是：可加工淬火钢、高温合金、硬质合金等高硬度、高强度、高韧性机械切削困难的金属材料；生产率高，一般用电解加工型腔比用电火花加工提高工效四倍以上；加工中工具和工件间无切削力存在，所以适用于加工刚度差而易变形的零件；加工过程中工具电极损耗很小，可长期使用。但电解加工时工具电极的设计与制造较困难，加工不够稳定，加工精度不够高（一般平均精度达 ±0.1mm，表面粗糙度值 $Ra1.25 \sim 0.20\mu m$），附属设备较多，占地面积较大，电解液和电解产物对机床设备和环境有腐蚀及污染，需妥善处理。

4. 电解磨削加工

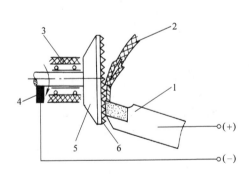

图 3-18　电解磨削原理
1—工件　2—喷嘴　3—绝缘层　4—碳刷
5—导电磨轮　6—电解间隙

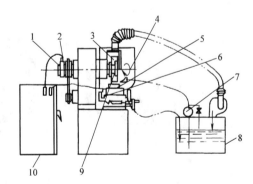

图 3-19　电解磨床结构图
1—集电环　2—碳刷　3—磨轮　4—喷嘴
5—工件　6—工作台　7—泵　8—电解
液箱　9—绝缘主轴　10—直流电源

电解磨削是电解和机械磨削相结合的一种复合加工方法，其原理如图 3-18 所示。磨削时，工件接直流电源正极，导电磨轮接负极。导电磨轮与工件之间保持一定的接触压力，凸出的磨料使工件与磨轮的金属基体之间构成一定的间隙，电解液经喷嘴喷入间隙中。在加工过程中，磨轮不断地旋转，将工件表面因化学反应所形成硬度较低的钝化膜刮去，使新金属露出，再继续产生化学反应，如此反复进行，直至达到加工要求。

电解磨床由机床、电解电源和电解液三部分组成，如图 3-19 所示。

电解磨削的特点是加工精度高，表面质量好，无毛刺、裂纹、烧伤现象，表面粗糙度值可达 $Ra0.012 \sim 0.100\mu m$；能够加工任何高硬度与高韧性的金属材料，且生产率高、磨削力小、砂轮寿命长。电解磨削存在的问题是机床等设备需要增加防锈措施，磨轮的刃口不容易磨锋利，电解液有污染，工人劳动条件差。

第四节　模具的其他加工

一、陶瓷型铸造成形

陶瓷型铸造成形是在一般砂型铸造基础上发展起来的一种新的精密铸造方法。在模具制造中，它常用来成形塑料模、拉深模等模具的型腔。

陶瓷型铸造是用陶瓷浆料作造型材料，灌浆成形，经喷烧和烘干后即完成造型工作。然后再用陶瓷型进行铸造，经合箱、浇注金属液，铸成所需零件。其工艺流程是（见图 3-20）：母模准备──砂套造型──灌浆（灌注陶瓷浆料）──起模──喷烧──烘干──合箱──浇注合金──清理──铸件（所需的凹模或凸模）。

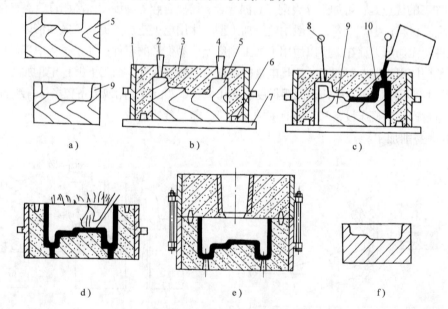

图 3-20　陶瓷型铸造工艺过程

a) 制造母模　b) 砂套造型　c) 灌浆　d) 起模、喷烧　e) 烘干、合箱、浇注合金　f) 铸件

1—砂箱　2、4—排气孔木模　3—水玻璃砂　5—粗母模　6—定位销　7—平板

8—通气针　9—精母模　10—陶瓷浆层

在陶瓷型铸造成形中，实际应用的陶瓷型仅为型腔表面一层是陶瓷材料，其余仍由普通铸造型砂构成。一般在陶瓷造型中，先将这个砂型造好，即所谓"砂套"。由图 3-20 可见，砂套造型时用粗母模，砂套造型完成后与精母模配合，形成 5 ~ 8mm 的间隙，此间隙即为所

需浇注的陶瓷层厚度。

采用陶瓷型铸造工艺制造模具的特点是：大量减少了模具型腔制造时的切削加工，节约了金属材料，并且模具报废后可重熔浇注，便于模具的复制；生产周期短，一般有了母模后两三天内即可铸出铸件；工艺设备简单，投资不大；使用寿命一般不低于机械加工的模具。

二、挤压成形

冷挤压技术一般用来加工凹模的型腔。型腔冷挤压是在常温下，利用装在压力机上经淬硬的成形凸模（亦称工艺凸模），在一定的压力和速度下挤压模具坯料，使之产生塑性变形而获得与成形凸模工作表面形状相同的型腔表面，如图 3-21 所示。

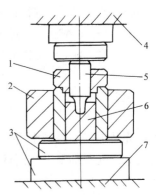

型腔冷挤压是利用金属塑性变形的原理得以实现的，是无切屑加工方法，适用于加工低碳钢、中碳钢、非铁金属及有一定塑性的工具钢为材料的塑料模型腔和压铸模型腔。

型腔冷挤压工艺的特点是挤压过程简单、迅速，生产率高；加工精度高（公差等级可达 IT7 级以上），表面粗糙度值小（可达 $Ra0.32 \sim 0.08\mu m$）；可以挤压难以切削加工的复杂型腔、浮雕花纹、字体等；经冷挤压的型腔，材料纤维未被切断，因而金属组织细密，型腔的强度和耐磨性高。但型腔冷挤压的单位挤压力大，需要具有大吨位的挤压设备才能完成加工。

图 3-21　挤压成形示意图
1—导向套　2—模套　3—垫板
4—压力机上座　5—挤压凸模
6—坯料　7—压力机下座

三、超塑成形

模具型腔超塑成形是近十多年来发展起来的一种制模技术，除了锌基和铝基合金超塑成形塑料模具外，钢基型腔超塑成形也取得了进展。

超塑成形的材料在一定的温度和变形速度下，呈现出很小的变形抗力和远远超过普通金属材料的塑性——超塑性，其伸长率可达 100% ~ 2000%。锌铝合金 ZnAl22、ZnAl27 等经超塑处理后均具有优异的超塑性能，是制作塑料模具的较好材料。

模具型腔超塑成形的基本原理是：利用成形凸模（工艺凸模）慢慢挤压具有超塑性的模具坯料，并保持一定温度，便可在不大的压力下获得与凸模工作表面吻合很好的型腔。

超塑成形的特点是成形后的型腔表面光洁，表面粗糙度值可达 $Ra0.4 \sim 3.2\mu m$；尺寸精确，公差等级可达 IT6 ~ IT8；与型腔冷挤压相比，挤压力降低很多；可以成形难以通过机械加工、冷挤压或电加工成形的复杂型腔，成形的细微部分轮廓清晰；所制作的模具具有较高的综合力学性能和较长的使用寿命；模具从设计到加工都得到简化。但用于超塑成形的材料一般要经过超塑处理，超塑处理的过程较复杂且难以控制。

四、快速原型制造技术

快速原型制造技术（Rapid Prototyping Manufacturing，RPM）也称为快速成形技术，是20 世纪 80 年代以来迅速发展起来的一项新型零件制造工艺方法，是 30 年来制造领域的又一重大突破。快速原型制造技术综合了机械工程、计算机技术、数控技术、激光技术和新材料技术，按照材料累加法原则制造零件，在制造过程中不需要刀具和夹具，可以制成任意复杂形状的零件。快速原型制造技术从零件的构思到成形，比传统工艺方法的制造周期要快得多、方便得多。

快速原型制造技术的基本原理是由计算机对产品零件进行三维造形，然后进行平面分层处理，再由计算机和成形装置控制，从零件基层开始，逐层成形、堆积和固化，最后完成零件的加工。所使用的成形材料可以是微粒、液体和固体。

快速原型制造的方法较多，目前发展比较成熟并开始得到应用的有：立体光刻成形（SLA）法、分层实体制造（LOM）法、熔融沉积制造（FDM）法、选择性激光烧结（SLS）法和三维印刷（TDP）法。

利用快速原型制造技术制造模具的方式有：

1）借助电铸、喷涂等技术，由快速成形制作的原型件为母模制造金属模具。

2）将快速成形制作的原型件当作消失模（也可通过原型翻制制造消失模的母模，用于批量制作消失模），进行精密铸造。

3）通过原型制造石墨电极，然后由石墨电极加工出模具型腔。

4）直接加工出陶瓷型壳进行精密铸造。

第五节　模具的光整加工

光整加工是以减小零件表面粗糙度值、提高表面形状精度和增加表面光泽为主要目的的研磨和抛光等加工。在模具加工中，光整加工主要用于模具的成形表面，它对于提高模具表面质量、形状精度和寿命，以及确保制件顺利成形和成形质量都起着重要的作用。

一、手工研磨抛光

模具生产一般属于单件生产，不同的模具其成形表面不同，需研磨抛光的部位形状又比较复杂，特别是型腔中的窄缝、盲孔、深孔和死角很多，使得手工研磨抛光仍占有重要地位。

手工研磨抛光时，要将磨料（氧化铝、碳化硅、金刚石等）和研磨抛光液（矿物油、动物油、植物油）混合在一起，组成均匀的研磨抛光剂。常用的研磨抛光工具有砂布、磨石等，还可用低碳钢、灰铸铁、黄铜和纯铜、竹片、塑料、皮革和毛毡等制成研磨抛光所需要的形状的工具。研磨抛光时，在工件和研抛工具之间加入研磨抛光剂。

研磨抛光一般经过粗研磨——→细研磨——→精研磨——→抛光四个阶段。经过这样的加工可以去除模具成形零件表面的残余刀痕、磨削痕、放电痕和放电加工变质表层等，减小表面粗糙度值，尤其是对具有自由形状的模具型腔表面。

研磨抛光过程中，磨料的运动轨迹可以往复、交叉，但不应该重复，要保证被加工表面各点均有相同或近似的加工条件。

已被加工成形的模具零件，再经过手工研磨抛光，可大大提高表面光整程度。例如，对于用磨削加工方法得到的零件表面粗糙度值为 $Ra0.8 \sim 0.4\mu m$，经研磨抛光加工可达 $Ra0.2 \sim 0.1\mu m$，若经精密研磨抛光加工可达 $Ra0.05 \sim 0.025\mu m$。

手工研磨抛光存在的问题是工人劳动强度大、效率低。目前有一些手持电动、气动抛光工具可根据加工情况选用。图 3-22 所示为精密气动研磨笔，头部可装 $\phi2 \sim \phi12mm$ 的特形金刚石砂轮，在气动工况下作高速旋转运动，可对型腔细小部位进行精整加工。

二、超声波抛光

一般的声波频率为 16 ~ 16000Hz。当频率超过 16000Hz 的声波为超

图 3-22　精密
气动研磨笔

声波。超声波和普通声波的区别是频率高、波长短、能量大，且有较强的束射性。

超声波加工和抛光是利用工具端面作超声振动，迫使磨料悬浮液对硬脆性材料表面进行加工的一种光整加工方法。图3-23所示为超声波抛光原理示意图。抛光时，工具5和工件7之间加入磨料（碳化硅、金刚石等）和工作液（煤油、汽油、水）组成的磨料悬浮液6，工具以较小的压力压在工件表面上。超声换能器2通入50Hz的交流电，产生超声频纵向振动，并借助变幅杆3、4把位移振幅放大到0.05～0.10mm左右，驱使工具端面作超声振动，迫使工作液中的悬浮磨料以很大的速度和加速度不断地撞击和抛磨被加工表面，使工件表面的材料不断遭到破坏变成粉末，起到微切削作用，从而减小表面粗糙度值。

超声波抛光的特点是抛光时工具对工件的作用力和热影响小，加工精度可达0.01～0.02mm，表面粗糙度值可达$Ra1～0.1\mu m$，且设备简单，抛光效率高，劳动强度低。适用于对窄缝、深槽、不规则圆弧及各种复杂型腔的抛光，也可适应硬脆材料及不导电的非金属材料的抛光。

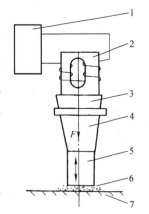

图3-23 超声波抛光
原理示意图

1—超声发生器 2—超声换能器
3、4—变幅杆 5—工具 6—磨
料悬浮液 7—工件

三、磨液抛光

磨液抛光是使用松散的磨料用动力的方法进行抛光加工的一种工艺方法。它的原理是用高速喷射的流体（气、水加上金刚砂磨料）对加工表面进行喷射，如图3-24所示。磨液泵7将大部分磨液泵入喷射器3，压缩空气使磨液加速喷向工件4的加工表面，用过的磨液流回磨液槽5中循环使用。进入磨液槽的磨液被搅拌器6均匀搅拌混合。整个抛光过程是在设有排气孔的工作室中进行的。

通过这种喷射，磨料可以得到很高的速度，喷射流中磨料的速度越高，则生产率越高。而压缩空气的压力直接影响磨料的速度，因此理论上推荐使用高的工作压力。但压力太高会带来技术上的困难及设备价格增加，所以通常采用的压力值为0.4～0.6MPa。用一般的中、小型空气压缩机即可提供这种压缩空气。

磨液抛光用的喷射器是很关键的部件。喷射器应尽可能给磨料以较大动能，喷嘴要耐磨，材料不生锈。喷射器存在的主要问题是因喷嘴一般用碳素钢制造，其孔径被磨料磨损得较严重，造成使用寿命较短，如果将喷嘴改用碳化硼材料，其使用寿命可大为提高。原吉林工业大学已研制成功一种负压原理无磨损喷嘴，使喷射器可长期使用而喷嘴孔径不磨损。

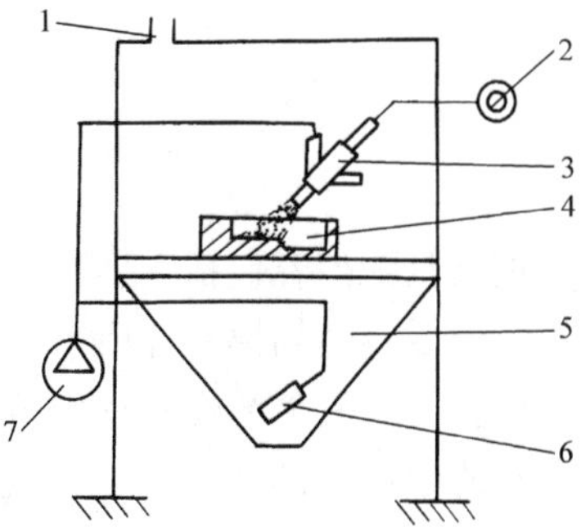

图3-24 磨液抛光过程

1—排气孔 2—压缩空气 3—喷射器
4—工件 5—磨液槽 6—搅拌器
7—磨液泵

用磨液抛光这种工艺方法对模具的成形零件进行光整加工，其突出的特点是可以大大提高生产率，降低产品成本，提高产品质量，而且把工人从繁重的体力劳动中解放出来。不足之处是所抛光的模具零件表面粗糙度值最好只能达到$Ra0.8\mu m$，对于表面粗糙度值要求更小的零件尚需安排进一步的光整加工工序。但由于采用了磨液抛光这种工艺方法，已使经过了机械加工或电火花加工后的工件表面粗糙度值大为减小，可为进一步的光整加工打下很好的基础。尤其是对难以精加工的型腔内表面和其他空间曲面零件的抛光以及去毛刺等，采用磨液抛光效果最佳。这种工艺方法在模具制造中正得到越来越广泛的应用。

第六节　模具的装配

一、概述

1. 模具装配的目的和内容

模具装配是根据模具装配图样和技术要求，将模具的零部件按一定的工艺顺序进行配合、定位、联接与固定，使之成为符合要求的模具产品的过程。图 3-25 所示为模具装配工艺过程框图。

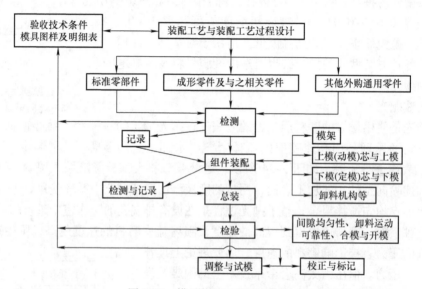

图 3-25　模具装配工艺过程框图

模具装配内容包括选择装配基准、组件装配、调整、修配、研磨抛光、检验和试模等环节，装配后应达到模具各项精度指标和技术要求。

模具的装配工艺规程是指导模具装配的技术文件，也是制订模具生产计划和进行生产技术准备的依据。模具装配工艺规程一般应包括：模具零件和组件的装配顺序、装配工艺方法、装配工序划分、装配必备的设备和工具、检验方法和验收条件等。

2. 模具装配的精度要求

各种类型模具的装配精度要求一般应包括以下几个方面。

（1）相关零件的配合精度　相互配合零件间的间隙和过盈程度是否符合技术要求。

（2）相关零件的位置精度　例如型孔与型芯之间、定模和动模之间的位置准确度。

（3）相关零件的运动精度　例如导柱与导套之间的配合状态、进行定向运动的精确性与可靠性；送料装置的送料精度等。

（4）相关零件的接触精度　例如模具分型面的接触状态如何，间隙大小是否符合技术要求等。

二、模具装配工艺方法

模具装配过程是模具制造全过程中非常重要的一个工艺过程。在装配时，要求每一相邻零件的配合和联接均须按装配工艺确定的装配基准进行定位与固定，以保证它们之间的配合精度和位置精度，从而保证凸模（或型芯）与凹模间精密、均匀配合，并保证模具定向开合运动及其他辅助机构（如卸料、抽芯、送料等）运动的精确性。

目前常用的模具装配工艺方法有互换法、修配法和调整法。模具加工属于单件小批生产，又具有成套性和装配精度高的特点，所以目前模具装配常用修配法和调整法。今后随着模具加工技术的发展，零件的制造精度将较容易地满足互换法的要求，互换法的应用会越来越多。

1. 互换装配法

互换法是利用严格控制零件加工误差来保证零件尺寸精度，从而保证装配精度的方法。在这种装配方法中，对于加工合格的零件，不需经过任何的选择、修配或调整，经装配后就能达到预定的装配精度和技术要求。

互换法装配过程简单，生产率高，对工人技术水平要求不高，便于自动化装配。其缺点是对零件加工精度要求高，造成一定的加工难度。

2. 修配装配法

修配法是在被加工的模具零件上预留修配量，在装配时根据实际需要修整预修面来达到装配精度的方法。

修配法的优点是能够获得很高的装配精度，而零件的制造精度可以放宽。缺点是装配中增加了修配工作量，装配质量依赖于工人技术水平，生产率低。

对于缺少高精度、高效率加工装备的模具企业，修配法是经常采用的装配方法。

3. 调整装配法

调整法的实质与修配法相同，它是在装配时通过调整某一零件的位置，或改变一组定尺寸零件（如垫片、螺栓、斜面等）来达到装配精度的方法。

调整法的优点是装配精度高，并且可以放宽零件制造公差，使零件加工容易。但装配时同样费工费时，且要求工人有较高的技术水平。

模具装配是模具制造过程的最后阶段，装配质量将直接影响模具的精度、寿命和功能。同时模具装配阶段的工作量也比较大，将直接影响模具的生产周期和生产成本。因此，模具装配是模具制造中的重要环节，必须高度重视。

思考与练习题

1. 模具的机械加工包括哪些加工方法？各种加工方法有何特点？

2. 数控加工和 CAD/CAM 技术在模具制造中的地位和作用是什么？

3. 模具的特种加工与机械加工的区别是什么？特种加工有哪些常用的加工方法？简述每种特种加工方法的基本原理及特点。

4. 模具光整加工的目的是什么？光整加工包括哪些加工方法？每种加工方法有何特点？

5. 简述模具装配的目的和重要性。模具装配包含哪些内容和装配方法？每种装配方法有何特点？

第四章　模具的基本要求

模具是一种高精度、高效率的工艺装备。工业产品生产中应用模具的目的在于保证产品质量、提高效率和降低成本。因此，对模具的基本要求是：精度高、质量好、寿命长、安全可靠、成本低。

值得指出的是，模具的精度与质量、寿命、成本、制造周期等指标是互相关联和影响的。模具制造精度越高，使用寿命越长，往往导致制造成本的增加；而制造成本的降低和制造周期的缩短，又大都影响制造精度和使用寿命。因此，在模具设计与制造中，应视具体情况全面考虑，在保证制件质量的前提下，选择与制件产量相适应的模具结构、精度、材料及制造方法，从而使模具成本降至最低限度。

在对模具提出上述基本要求的同时，还必须要求合理地使用维护与修理模具，这对于延长模具的使用寿命并保证安全生产是十分重要的。

本章将讨论为满足模具的基本要求而提出的这些问题。

第一节　模具的精度与表面质量

一、模具精度与表面质量的概念

1. 模具精度

模具精度可分为模具零件本身的精度和发挥模具效能所需的精度。如凸模、凹模、型芯等零件的尺寸精度、形状精度和位置精度是属于模具零件本身的精度；各零件装配后，面与面或面与线之间的平行度、垂直度，定位及导向配合等精度，都是为了发挥模具效能所需的精度。但通常所讲的模具精度主要是指模具工作零件或成形零件的精度及相互位置精度。

模具的精度越高，则成形的制件精度也越高。但过高的模具精度会受到模具加工技术手段的制约。所以模具精度的确定一般要与所成形的制件精度相协调，同时还要考虑现有模具生产条件。今后随着模具加工技术手段的提高，模具精度会有大的提高，模具工作零件或成形零件的互换性生产将成为现实。

2. 模具的表面质量

模具的表面质量是指模具零件的表面层状态，包括表面粗糙度、表面层金相组织、残余应力、力学性能和化学性能等。但通常所讲的模具表面质量，主要是指模具工作零件或成形零件的表面质量。表面质量的主要评价指标是表面粗糙度参数 Ra。

模具的表面质量直接影响成形制件的质量。如冲裁制件的断面质量、塑料制件和压铸件的表面质量，均取决于模具工作零件或成形零件的型面质量。除此之外，模具表面质量还影响模具的工作性能、使用寿命和可靠性等。如模具表面质量越好，则配合零件的配合精度易于保证，相对滑动零件的滑动阻力小、耐磨性好、使用寿命长。因此，模具的表面质量越高，则所成形的制件质量越好、模具工作越可靠、使用寿命越长。但表面质量要求过高也会使模具制造难度增大、成本提高。所以，如何根据制件质量要求和模具使用要求合理确定模具精度和模具表面质量,是模具设计人员主要考虑的问题之一。

二、确定模具精度与表面质量的依据

合理确定模具精度与表面质量要考虑的问题较多,主要包括以下几方面。

(1) 制件的精度和质量 制件的尺寸精度和质量要求是设计模具并确定模具精度与表面质量的主要依据,也是确定模具工作零件或成形零件加工精度、选取模具标准零部件精度等级、控制模具装配精度和质量的主要依据。一般制件精度和质量要求越高,要求模具的精度和表面质量就越高。

(2) 制件材料的成形性能 金属板材的塑性指标、弹性模量、屈服强度、抗拉强度等,塑料与压铸合金的收缩性、流动性等,都直接影响制件的精度和成形质量,因而也是确定模具工作零件或成形零件精度和质量的重要依据。

(3) 制件的生产批量 制件生产批量是确定模具结构形式、精度等级与表面质量的另一重要依据。因为制件批量越大,要求模具的使用性能越好、寿命越长。为保证模具使用寿命和性能与制件批量相适应,一些长寿命模具,其凸模、凹模或型芯常采用镶拼式结构,且镶拼件为完全互换性零件,显然这些镶拼件的精度和表面质量要比一般模具工作零件的精度和表面质量为高。

(4) 模具类型与结构形式 不同类型和结构形式的模具,其精度与质量要求也有所不同。如冲模中冲裁模要保证凸、凹模之间较小而均匀的间隙,其工作零件的尺寸精度和上、下模之间的导向精度一般要比弯曲模和拉深模的精度要求高;塑料制件和压铸件的表面质量主要取决于模具成形零件的表面质量,因而塑料模和压铸模成形零件的表面粗糙度值要比冲模工作零件的表面粗糙度值小;模具结构越复杂、相对运动的部件越多,模具相关部位的精度和表面质量要求也越高。

(5) 模具的加工方式 模具加工方式不同,模具零件达到的精度也有所不同。如冲裁模中的凸、凹模若采用"分别加工法"制造,则凸、凹模刃口尺寸的精度要求比较高,以满足较小的冲裁间隙要求;若凸、凹模采用"实配加工法"制造,因冲裁间隙是由实配保证的,所以凸、凹模刃口尺寸的精度可以降低。当然,对于高精度模具,只有采用"分别加工法",才能满足高精度的要求和实现互换性生产。

(6) 模具加工技术水平 因为模具精度和质量最终是靠加工来保证的,所以模具加工设备的加工精度、自动化程度及模具工人的技术水平也是确定模具精度的主要依据之一。今后,模具精度和质量将更大地依赖于模具加工技术手段的提高。

三、模具精度与表面质量的确定

1. 模具精度的确定

模具精度一般由模具零件精度及模架的精度决定。国家标准化局分别颁布了《冲模零件技术条件》(JB/T 7653—2008)、《冲模模架技术条件》(JB/T 8050—2008)、《冲模模架零件技术条件》(JB/T 8070—2008)、《冲模模架精度检查》(JB/T 8071—2008)、《塑料注射模零件技术条件》(GB 4170—2006)、《塑料注射模具技术条件》(GB/T 12554—2006)、《塑料注射模架技术条件》(GB/T 12556—2006)、《压铸模零件技术条件》(GB4679—2003)、《压铸模技术条件》(GB/T 8844—2003)等标准,这些标准规定了冲模、塑料模和压铸模零件及模架的精度等级或公差数值以及技术要求,所以实际确定模具精度时可查阅这些标准,并应尽量满足标准规定的要求。

对凸模、型芯、凹模等模具工作零件或成形零件的型面尺寸精度，一般可根据成形制件的尺寸精度要求按如下经验方法确定。

冲裁模：凸、凹模按"分别加工法"制造时，普通冲裁取 IT6 ~ IT7，精密冲裁取 IT5 ~ IT6；凸、凹模按"实配加工法"制造时，基准凸模或凹模的制造偏差取冲裁制件公差的 1/4。

弯曲模：按 IT7 ~ IT9 取值。

拉深模：按 IT9 ~ IT10 取值。

塑料模：一般取制件公差的 1/4 ~ 1/6。

压铸模：一般取铸件公差的 1/4 ~ 1/5。

2. 模具表面质量的确定

模具表面质量主要以模具零件的表面粗糙度衡量。模具标准零件的表面粗糙度要求在标准中已经规定，可查阅相应标准。对一般没有标准化的模具工作零件或成形零件，其工作型面的表面粗糙度要求可参考表 4-1 确定。不同表面粗糙度等级在模具零件中的使用范围可参考表 4-2。

表 4-1　模具工作型面的表面粗糙度 Ra　　　　　（μm）

模具类型	冲裁模	弯曲模	拉深模	塑料模	压铸模
表面粗糙度 Ra	≤0.8	≤0.4	≤0.4	≤0.4	≤0.4

表 4-2　模具零件表面粗糙度的使用范围

表面粗糙度 Ra/μm	使 用 范 围	表面粗糙度 Ra/μm	使 用 范 围
0.1	抛光的旋转体表面	0.8	4）支承定位和紧固表面——用于热处理零件 5）磨削加工的基准平面 6）要求准确的工艺基准表面
0.2	抛光的成形面及平面		
0.4	1）弯曲、拉深的凸模和凹模工作表面 2）圆柱表面和平面的刃口 3）滑动和精确导向的表面		
		1.6	1）内孔表面——在非热处理零件上配合用 2）底板平面
0.8	1）成形的凸模和凹模刃口 2）凸模、凹模镶块的接合面 3）过盈配合和过渡配合的表面——用于热处理零件	6.3	不与制件及模具零件接触的表面
		12.5	粗糙的不重要的表面
		∨	不需机械加工的表面

第二节　模具寿命与模具材料

一、模具寿命

1. 模具的工作条件及失效形式

（1）工作条件　模具的工作条件一般比较恶劣，尤其是模具中的工作零件或成形零件是工作条件最差的零件。

冷冲模的工作零件工作时都承受较大的压力和摩擦力，其中凸模在工作时承受压应力，在回程时又承受卸料产生的拉应力，构成了拉、压循环应力。凹模工作时一般都承受径向压应力和切向拉应力，这些应力也是周期性变化的。冷冲模的凸、凹模在以上受力情况下可能导致断裂或疲劳破坏。

塑料模和压铸模一般必须在一定的温度和压力条件下工作，其工作条件与冷冲模不同。

塑料模和压铸模在成形过程中所受的力有合模时的压力、型腔内熔体的压力、开模时的拉力等。同时，模具成形时温度较高，一般塑料模在 150～300°C 范围内，压铸模的工作温度更高。在高温的塑料或金属熔体充模时，模具成形零件，尤其是浇注系统，明显地受到熔体流动的摩擦、冲刷而加速磨损。塑料模在其工作过程中，有时还会受到来自塑料分解后发出的腐蚀性气体的腐蚀作用。

（2）失效形式　模具经过使用，由于种种原因，不能再生产出合格的制件，也不能再修复，这种情况称为模具失效。模具的失效从宏观上可分为非正常失效和正常失效。

模具未达到一定的工艺技术水平下公认的寿命就不能再使用时，称模具的非正常失效。

模具经大量的生产使用，因缓慢塑性变形或较均匀地磨损或疲劳断裂而不能继续使用时，称模具的正常失效。

模具种类繁多，损坏部位也各不相同，但具体的失效形式归纳起来分为：磨损失效、变形失效、断裂失效、啃伤失效、热疲劳失效、腐蚀失效等。

若模具在使用中出现工作条件很差、安装、操作和保护不当等原因，会导致于模具加速失效。而模具一旦失效，就无法继续生产制件，也就意味着模具寿命的终结。提高模具寿命，实际上意味着和模具失效作斗争。

表 4-3 列出了经过调查所得的模具失效因素所占的百分比，由此可见，模具失效的因素中，模具材料和热处理是影响模具寿命的主要因素。

表 4-3　模具的失效因素

失效因素	热处理	原材料	使用	机械加工	锻造	设计
所占百分比（%）	52.2	17.8	10	8.9	7.8	3.3

2. 影响模具寿命的因素及提高寿命的措施

模具因为磨损或其他形式失效终至不可修复而报废之前所成形的制件总数，称为模具寿命。

模具的寿命是由其所成形的制件是否合格决定的，如果模具生产的制件报废，那么该模具就没有价值了。对用户来说，总是希望模具好用，而且使用了很长时间仍能成形出合格制件，这就是要求模具的寿命长。对于大量生产，模具使用寿命长短直接影响到生产率的提高和生产成本的高低，所以模具寿命对使用者来说是个非常重要的指标。使用者根据生产批量要求模具达到多长寿命，模具制造者就应满足使用者的要求。

影响模具寿命的因素是多方面的，设计与制造模具时应全面分析影响模具寿命的因素，并采取切实有效的措施提高模具的寿命。

（1）制件材料对模具寿命的影响　实际生产中，由于冲压用原材料的厚度公差不符合要求、材料性能的波动、表面质量差和不干净等造成模具工作零件磨损加剧、崩刃的情况时有发生。由于这些制件材料因素的影响，直接降低了模具使用寿命，所以对冷冲压制件所用的钢板或其他原材料，应在满足使用要求的前提下，尽量采用成形性能好的材料，以减少冲压变形力，改善模具工作条件。另外，保证材料表面质量和清洁对任何冲压工序都是必要的。为此，材料在加工前应擦洗干净，必要时还要清除表面氧化物和其他缺陷。

对塑料制件而言，不同塑料品种的模塑成型温度和压力是不同的。由于工作条件不同，对模具的寿命就有不同的影响。以无机纤维材料为填料的增强塑料的模塑成型，模具磨损较大。模塑过程中产生的腐蚀性气体会腐蚀模具表面。因此，应在满足使用要求的前提下，尽量选用模塑工艺性能良好的塑料来成型制件，这样既有利于模塑成型，又有利于提高模具寿命。

（2）模具材料对模具寿命的影响　据统计，模具材料性能及热处理质量是影响模具寿命的主要因素。对冲压模具，因工作零件在工作中承受拉伸、压缩、弯曲、冲击、摩擦等机械力的作用，因此冲模材料应具备抗变形、抗磨损、抗断裂、耐疲劳、抗软化及抗黏合的能力。对塑料模和压铸模，因型腔一般比较复杂，表面粗糙度值要求小，且工作时要承受熔体较大的冲击、摩擦和高温的作用，所以要求模具材料具有足够的强度、刚度、硬度和具有良好的耐磨性、耐蚀性、抛光性和热稳定性。近年来开发了不少新型模具材料，既有优良的强度和耐磨性等，又有良好的加工工艺性，不仅大大提高了制件质量，而且大大提高了模具寿命。

（3）模具热处理对模具寿命的影响　模具的热处理质量对模具的性能与使用寿命影响很大。因为热处理的效果直接影响着模具用钢的硬度、耐磨性、抗咬合性、耐回火性、耐冲击以及耐蚀性，这些都是与模具寿命直接有关的性质。根据模具失效原因的分析统计，热处理不当引起的失效占50%以上。实践证明，高级的模具材料必须配以正确的热处理工艺，才能真正发挥材料的潜力。

通过热处理可以改变模具工作零件的硬度，而硬度对模具寿命的影响是很大的。但并不是硬度越高，模具寿命越长。这是因为硬度与强度、韧性及耐磨性等有密切的关系，硬度提高，韧性一般要降低，而抗压强度、耐磨性、抗粘合能力则有所提高。有的冲模要求硬度高、寿命长。例如采用T10钢制造硅钢片的小冲孔模，硬度为56～58HRC时只冲几千次制件毛刺就很大，如果将硬度提高到60～62HRC，则刃磨寿命可达到2万～3万次。但如果继续提高硬度，则会出现早期断裂。有的冲模则硬度不宜过高。例如采用Cr12MoV制造六角螺母冷镦冲头，其硬度为57～59HRC时模具寿命一般为2万～3万件，失效形式是崩裂，如将硬度降到52～54HRC，寿命则提高到6万～8万件。由此可见，热处理应达到的模具硬度必须根据冲压工序性质和失效形式而定，应使硬度、强度、韧性、耐磨性、疲劳强度等达到特定模具成形工序所需的最佳配合。

为延长模具寿命，可采取下述方法来改善模具的热处理。

1）完善和严格控制热处理工艺，如采用真空热处理防止脱碳、氧化、渗碳，加热适当，回火充分。

2）采用表面强化处理，使模具成形零件"内柔外硬"，以提高耐磨性、抗黏着性和抗疲劳强度。其方法主要有高频感应淬火、喷丸、机械滚压、电镀、渗氮、渗硼、渗碳、渗硫、渗金属、离子注入、多元共渗。还可采用电火花强化、激光强化、物理气相沉积和化学气相沉积等表面处理新技术。

3）模具使用一段时期后应进行一次去应力退火，以消除疲劳，延长寿命。

4）在热处理工艺中，增加冷处理（低于-78℃）或深冷处理（低于-130℃）处理，以提高耐磨性。

5）热处理时，注意强韧匹配，柔硬兼顾。有时为了提高模具的韧性，可以适当地降低硬度。

6）热处理变形要小，可采用非常缓慢的加热速度、分级淬火、等温淬火等减小模具变形的热处理工艺。

（4）模具结构对模具寿命的影响　合理的模具结构是保证模具高寿命的前提，因而在设计模具结构时，必须认真考虑模具寿命问题。

模具结构对模具受力状态的影响很大，合理的模具结构，能使模具在工作时受力均匀，应力集中小，也不易受偏载，因而能提高模具寿命。

为了提高模具寿命，在设计模具结构时应注意以下几方面。

1）适当增大模座的厚度，加大导柱、导套直径，以提高模架的刚性。

2）提高模架的导向性能，增加导柱、导套数量。如冲模可采用4导柱模架、用卸料板作为凸模的导向和支承部件（卸料板自身亦有导向装置）等。

3）选用合理的模具间隙，保证工作状态下的间隙均匀。一般来说，冲模中采用较大的间隙有利于减小磨损，提高模具寿命。

4）尽量使凸模或型芯工作部分长度缩短，并增大其固定部分直径和尾端的承压面积。

5）适当增加冲裁凹模刃口直壁部分的高度，以增加刃磨次数。

6）尽量避免模具成形零件截面的急剧变化及尖角过渡，以减小应力集中或延缓磨损，防止造成模具过早损坏。

7）在冲压成形工序中，模具成形零件的几何参数应有利于金属或制件的变形和流动，工作表面的粗糙度值尽可能地减小。

8）保持模具的压力中心与压力机、注射机或压铸机等成形设备的压力中心基本一致。

（5）模具加工工艺对模具寿命的影响　模具工作零件需要经过车、铣、刨、磨、钻、冷压、刻印、电加工、热处理等多道加工工序。加工质量对模具的耐磨性、抗断能力、抗黏合能力等都有显著的影响。

为了提高模具寿命，在模具加工时可采取如下一些措施。

1）采用合理的加工方法和工艺路线。尽可能通过加工设备来保证模具的加工质量。

2）对尺寸和质量要求均较高的模具零件，应尽量采用精密机床（如坐标镗床、坐标磨床等）和数控机床（如三坐标数控铣床、数控磨床、数控线切割机、数控电火花机、加工中心等设备）加工。

3）消除电加工表面不稳定的淬硬层（可用机械或电解、腐蚀、喷射、超声波等方法去除），电加工后进行回火，以消除加工应力。

4）严格控制磨削工艺条件和方法（如砂轮硬度、精度、冷却、进给量等参数），防止磨削烧伤和裂纹的产生。

5）注意掌握正确的研磨、抛光方法。抛光方向应尽量与变形金属流动方向保持一致，并注意保持模具成形零件形状的准确性。

6）尽量使模具材料纤维方向与受拉力方向一致。

（6）模具的使用、维护和保管对模具寿命的影响　一副模具即使设计合理、加工装配精确、质量良好，但若使用、维护及保管不当，则会导致模具变形、生锈、腐蚀，使模具失效加快，寿命降低。为此，可采用下述方法以提高模具寿命。

1）正确地安装与调整模具。

2）在使用过程中，注意保持模具工作面的清洁，定期清洗模具内部。

3）注意合理润滑与冷却。

4）对冲模，应严格控制冲裁凸模进入凹模的深度，并防止误送料、冲叠片。还应严格控制校正弯曲、整形、冷挤等工序中上模的下止点位置，以防模具超负荷。

5）当冲裁模出现0.1mm的钝口磨损时，应立即刃磨，刃磨后要研光，最好使表面粗糙

度值 Ra 小于 $0.1\mu m$。

6）选取合适的成形设备，充分发挥成形设备的效能。

7）模具应编号管理，在专用库房里进行存放和保管。模具储藏期间，要注意防锈处理，最好使弹性元件保持松弛状态。

最后值得指出的是，对使用者而言，模具的使用寿命当然越长越好。但模具使用寿命的增加，需伴随着制造成本的提高，因此，设计和制造模具时，不能盲目追求模具的加工精度和使用寿命，应根据模具所加工制件的质量要求和产量，确定合理的模具精度和寿命。

二、模具材料

1. 模具材料的分类

随着模具工业的迅速发展，目前国内外涌现出的模具材料种类和牌号十分繁多。为选用方便，可以将模具材料按图 4-1 所示进行分类。

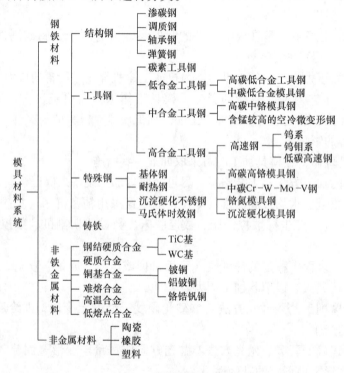

图 4-1　模具材料分类表

2. 对模具材料的基本要求

模具的工作条件复杂、恶劣，工作温度高低不一，工作零件一般承受高压、高温、冲击、振动、摩擦、弯扭、拉伸等作用，所以要求模具材料的性能比较高。选择模具材料时，一般从使用性能和加工工艺性能两方面考虑。

（1）模具材料的使用性能要求

1）具有足够的强度、刚度、耐疲劳性、韧性和足够的硬度、耐磨性。

2）具有较高的热硬性，即材料在较高温度时具有保持硬度稳定的能力。

3）具有良好的热稳定性，即材料具有抗高温化学腐蚀能力。

4）具有良好的热疲劳抗力，即模具工作在受热和冷却交替进行的环境时，模具材料具有抗疲劳损伤能力。

5）热处理变形小、开裂倾向小，以保证模具在热处理中不因过大变形而报废。

（2）模具材料的加工工艺性能要求

1）具有良好的热加工工艺性能，包括锻造、铸造、焊接、热处理等加工性能。

2）具有良好的冷加工工艺性能，包括切削、研磨、抛光等加工性能。

3）具有良好的特种加工工艺性能，包括电火花加工、化学与电化学加工等加工性能。

3. 模具材料的选用原则

模具的种类很多，工作条件千差万别，对模具材料性能的要求也是多种多样的。没有任何一种材料能同时满足最高的强度、耐磨性、韧性、热硬性、疲劳强度和最好的加工工艺性能，因此对于一定用途材料的选择，常常需要协调这些性能，以最佳的强韧性匹配。

模具的选材一般应考虑：满足使用性能要求；良好的加工工艺性能；易于供应、经济性合理。

在设计制造模具时，具体选材的原则应针对以下几方面因素，但要注意侧重点和主次。

（1）针对模具工作要求的选材原则　模具工作时受力大，则要求所选材料的强度高；受冲击大，则要求材料韧性好；对于工作温度差别很大的模具，应选择抗热性能有很大差别的材料；工作环境对模具腐蚀严重时，应考虑选择具有耐蚀性的材料。

（2）针对模具失效形式的选材原则　模具失效形式主要有塑性变形失效、磨损失效及断裂失效。分析找出失效原因，则可以有针对性地进行选材。

（3）针对制件要求的选材原则　模具所成形的制件批量大时应采用材质和性能好的模具材料，批量小时可采用性能差些而价格较低的模具材料。若模具所成形的制件精度及表面质量要求高，则所选的模具材料要从成分、材质上保证模具制造时有良好的切削、热处理、抛光性能及有良好的尺寸稳定性；模具所成形的制件是金属材料还是非金属材料，模具的工作条件差异极大，则所选模具材料差别也很大。

（4）针对模具结构因素的选材原则　对于形状复杂的模具，应选易加工、淬透性好的材料；对于大型模具一般应选好一些的模具材料，尤其是材料的淬透性要好；对于模具的辅助零件，一般可按通常的结构零件的要求来选材。

（5）针对模具设计因素的选材原则　设计模具时，可考虑将大型或复杂的模具设计成组合或镶拼式结构，在模具刃口等成形部分或其他经受强烈磨损、冲击或高温部位采用贵重的高性能材料，而对于性能要求不太高的其他模体部分，可采用价格较低廉的一般材料；有些较重要的零件也可选用低价材料，但应采用表面强化（离子注入、气相沉积等）的工艺获得高性能的表层。

（6）针对模具制造工艺因素的选材原则　在制造模具时应根据所采用的热加工、冷加工以及特种加工的不同加工方法和工艺方案，选择适当的材料与加工工艺相适应，使材料满足工艺性能的要求。选择材料还应考虑工厂现有的设备条件及技术水平，尽量不选本工厂难以加工的材料。

4. 模具材料的发展趋向

当今社会对模具需求量越来越大，对模具要求越来越高，刺激着模具制造业的迅速发展，带动了模具材料质量和产量的不断提高。目前，在国内外出现了高合金、高质、优化、低强度材料强化等趋向。

模具材料由低级向高级发展，即从碳素工具钢、高合金工具钢发展到高合金材料。世界各国已推出可供模具制造选用的新钢种，如预硬钢、基体钢、耐蚀钢、析出硬化钢和马氏体时效钢等。

由于模具热处理新技术及表面强化处理工艺的发展，出现了用碳钢及低合金钢等低强度材料进行表面强化处理代替高合金钢的动向。

当前模具材料从以工具钢为主还扩展到使用粉末冶金、非铁金属、铸铁、硬质合金、低熔点合金等。对于一些非金属材料，如塑料、陶瓷、橡胶等也在模具制造中有所应用。

第三节 模 具 成 本

模具作为生产各种工业产品的重要工艺装备，一般不直接地进入市场流通交易，而是由模具使用者与模具制造企业双方进行业务洽谈，明确双方的经济关系和责任，并以订单或经济合同的形式来确定双方经济技术关系。那么模具的定价是否合理，不仅关系到用户的切身利益，而且还关系到模具制造企业的盈利水平、市场的竞争以及预定的经营目标是否能顺利实现等，因此模具价格的制订是模具制造企业经营决策的重要内容之一。为了制订出合理的模具价格，必须搞清楚模具从设计到生产以及企业的管理、销售等各环节所花费的成本。

一、模具成本的概念及构成

模具的制造和其他任何商品一样，只要投入了人力物力就要花费成本。对于成本的估算，社会上仍有"模具不过是一种半手工业劳动"的偏见，忽略了现代模具生产是人才、技术和资金高度密集的地方，模具成本中应含有很高的技术价值。模具产品成本根据在生产中的作用可分为固定成本和变动成本两大类，这两种成本均对模具的价格产生直接影响。

固定成本是指在一定时期、一定产量范围内不随模具产品数量变动而变动的那部分成本，如厂房和设备的折旧费、租金、管理人员的工资等。这些费用在每一个生产期间的支出都是比较稳定的，它们将被平均分摊到模具产品中去，不管产品的产量如何，其支出总额是相对不变的。但单位产品上分摊的固定费用却随产量的变化而变化。模具产量越高，每副模具产品分摊的固定费用就越少；反之每副模具产品分摊的固定费用就越高。因此模具企业可以采用压缩固定成本总额或增加模具产量的方法来控制模具的固定成本。

变动成本是指模具的成本总金额随模具产品数量的变动而成正比例变动的成本，主要包括制造模具的原材料、能源、计件工资、直接营业税等。变动成本的总额虽然随模具产量的变大而变大，但对于每副模具的变动成本却是相对稳定的，不随产量变动。一般情况下，只能通过控制单位产品（每副模具）的消耗量，才能达到降低单位变动成本的目的。

综合上述固定成本和变动成本的两大类因素，可以认为模具的价格由模具的生产成本、销售费用（包装运输费、销售机构经费、宣传广告费、售后服务费等）、利润和税金四部分构成。

实践证明，模具价格中的主要成分是生产成本。生产成本是指生产一定数量的产品所耗用的物质资料和支付劳动者的报酬。生产成本由以下内容组成。

1）模具设计费。模具一般不具有重复生产性，每套模具在投产前均需首先进行设计。

2）模具的原材料费。铸件、锻件、型材、模具标准件及外购件费用等。

3）动力消耗费。水、电、气、煤、燃油费等。

4）工资。工人工资、奖金，按规定提取的福利基金。

5）车间经费。管理车间生产发生的费用以及外协费等。

6）企业管理费。管理人员与服务人员工资、消耗性材料、办公费、差旅费、运输费、折旧费、修理费及其他费用。

7）专用工具费。专用刀具、电极、靠模、样板、模型所耗用的费用等。

8）试模费。模具生产本身具有试制性，在交货前均需反复试模与修整。

9）试制性不可预见费。由于模具制造中存在着试制性，成本中就包含着不可预见费和风险费。

由于模具制造具有单件试制性特点，而且生产实践也表明，模具是物化劳动少而技术投入多的产品，其"工费"在生产成本中占有很大比例（约70%～80%左右），因此在组成模具生产成本的上述条目中有很大比重属于模具的工费。所以，用户通常对模具的生产成本只想到工费和材料费，不考虑其他费用，造成用户和模具制造者在价格认识上的差距。

二、降低模具成本的方法

获取最大盈利是模具企业追求的重要目标之一。但是企业追求最大盈利并不等于追求最高价格。因为当产品价格过高时，销售量会相应减少，最终导致销售收入的降低，使企业盈利总额下降。众所周知，产品成本制约着产品价格，而产品价格又影响到市场需求、竞争等因素。因此，从这个角度来看，模具的成本应越低越好。

降低模具成本的方法可参考如下：

1）模具企业对内部各部门从严管理、提高效率，从每一个细节上深挖潜能，杜绝浪费和人浮于事的现象。

2）模具企业通过发挥规模经济效应增加产量，降低成本，刺激社会需求。

3）设计模具时应根据实际情况作全面考虑，即应在保证制件质量的前提下，选择与制件产量相适应的模具结构和制造方法，使模具成本降到最低程度。

4）要充分考虑制件特点，尽量减少后续加工。

5）尽量选择标准模架及标准零件，以便缩短模具生产周期，从而降低其制造成本。

6）设计模具时要考虑试模后的修模方式，应留有足够的修模余地。

7）在模具制造中，合理选择机械加工、特种加工和数控加工等加工方法，否则会造成各种形式的浪费。

8）对于一些精度和使用寿命要求不高的模具，可用简单方便的制模法快速制成模具，以节省成本。

9）尽量采用计算机辅助设计（CAD）与计算机辅助制造（CAM）技术。

在一般情况下，模具生产成本（主要包括材料费、动力消耗、工资及设备折旧费）的大小是决定模具价格高低的主要因素，若想降低模具价格，首先必须设法降低其成本。此外，当模具价格不变时，成本越低，企业纯收入越大；成本越高，纯收入越小。因此，模具企业要想获取更多的盈利，就必须加强内部管理，精打细算，不断把降低成本作为企业生存的必由之路。

第四节　模具安全

一、模具在设计、制造、使用过程中易出现的安全问题

模具安全技术包括人身安全和设备与模具安全技术两个方面。前者主要是保护操作者的人身（特别是双手）的安全，也包括降低生产噪声。后者主要是防止设备事故，保证模具与压力机、注射机等设备不受意外损伤。

发生事故的原因很多，客观上的原因是：因为冲压设备多为曲柄压力机和剪切机，其离合器、制动器及安全装置容易发生故障；模塑成型设备和压铸机的液压、电气、加热装置等失灵，一个零件发生"灾难性"的故障，其他零件可能因此造成损坏，导致设备失效。但是根据经验统计，主观原因还是主要的。例如，操作者对成形设备的加工特点缺乏必要的了解，操作时又疏忽大意或违反操作规程；模具结构设计的不合理或模具没有按要求制造，或未经严格检验导致强度不够或机构失效；模具安装、调整不当；设备和模具缺乏安全保护装置或维修不及时等等。

模具在设计、制造、使用过程中易出现的安全问题主要有：

1）操作者疏忽大意，在压力机滑块下降时将手、臂、头等伸入模具危险区。

2）模具结构不合理，模具给手指进入危险区造成方便，在冲压生产中工件或废料回升而没有预防的结构措施，或单个毛坯在模具上定位不准确而需用手校正位置等。

3）模具的外部弹簧断裂飞出，模具本身具有尖锐的边角。

4）塑料模具或模塑设备中的热塑料逸出，压缩空气逸出，液压油逸出。

5）裸露在外的热模具零件，绝缘保护不好的电接头。

6）模具的安装、调整、搬运不当，尤其是手工起重模具。

7）压力机的安全装置发生故障或损坏。

8）在生产中，缺乏适当的交流和指导文件（操作手册、标牌、图样、工艺文件等）。

从事故发生的统计数据表明：在冲压生产中发生的人身事故比一般机械加工多。目前新生产的压力机，国家规定都必须附设安全保护装置才能出厂。压力机用的安全保护装置有安全网、双手操作机构、摆杆或转板护手装置、光电或安全保护装置等。在保障冲压加工的安全性方面，除压力机应具有安全装置外，还必须使所设计的模具具有杜绝人身事故发生的合理结构和安全措施。

二、提高模具安全的措施

在设计模具时，不仅要考虑到生产率、制件质量、模具成本和寿命，同时必须考虑到操作方便、生产安全。

1. 技术安全对模具结构的基本要求

1）不需要操作者将手、臂、头等伸入危险区即可顺利工作。

2）操作、调整、安装、修理、搬运和储藏方便、安全。

3）不使操作者有不安全的感觉。

4）模具零件要有足够的强度，模具应避免有与机能无关的外部凸、凹部分，导向、定位等重要部位要使操作者看得清楚，原则上冲压模具的导柱应安装在下模并远离操作者，模具中心应通过或靠近成形设备的中心。

2. 模具的安全措施

（1）设计自动模　当压力机没有附设的自动送料装置时，可将冲模设计成自动送料、自动出件的半自动或自动模，这是防止发生人身安全事故的有效措施。

（2）设置防护装置　设置防护装置的目的是把模具的工作区或其他容易造成事故的运动部分保护起来，以免操作者接触危险区。如在冲模设计时可采取下列一些防护装置。

1）防护挡板。用带槽形窗口的防护板将冲压的危险区围起来（一般装在下模上）。防护板的结构以安全又不防碍观察冲压工作情况为原则，如图4-2所示。

2）防护罩。对于较大的开式冲模，可设置如图4-3所示的折叠式防护罩或锥形弹簧防护罩（自由状态的间隙小于8mm），将凸模围起来。对于其他裸露的可动部分，也要用防护罩罩起来。

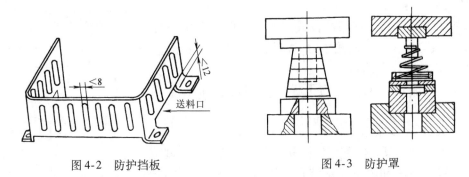

图4-2　防护挡板　　　　　　　　　　图4-3　防护罩

（3）设置模外装卸机构　对于单个毛坯的冲压，当无自动送料装置时，为了避免手伸入危险区，可以设置模外手动装料的辅助机构，如图4-4所示，在模外手工装料，然后利用斜面料槽将待冲工件滑到冲模工作位置。

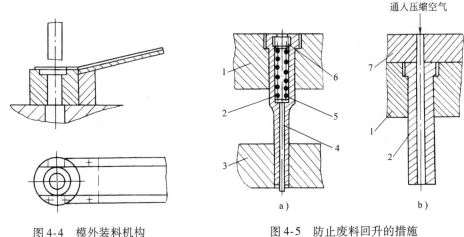

图4-4　模外装料机构　　　　　图4-5　防止废料回升的措施
1—凸模固定板　2—凸模　3—卸料板　4—顶料杆　5—弹簧　6—螺塞　7—垫板

（4）防止工件或废料回升　在冲裁模中，落料制件或冲孔废料有时被黏附在凸模端面上带回凹模面，造成冲叠片，这不仅会损坏模具刃口，有时还会造成碎块伤人的事故。为此通常在凸模中采用顶料销或通入压缩空气的方法，迫使制件（落料）或废料（冲孔）脱离凸模从凹模中漏下，如图4-5所示。

（5）缩小模具危险区的范围　在无法安装防护挡板和防护罩时，可通过改进冲模零件的结构和有关空间尺寸以及冲模运动零件的可靠性等安全措施，以缩小危险区域，扩大安全操作范围。具体方法有：

1）凡与模具工作需要无关的角部都倒角或设计成一定的铸造圆角。

2）手工放置工序件时，为了操作安全与取件方便，在模具上开出让位空槽，如图4-6所示。

3）如图4-7a所示，当上模在下死点时使凸模固定板与卸料板之间保持大于15～20mm的空隙，以防压伤手指。图4-7b所示为当上模在上死点时使凸模（或弹压卸料板）与下模上平面之间的空隙小于8mm，以免手指伸入。

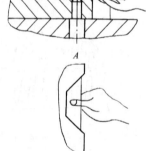

4）如图4-8所示，单面冲裁或弯曲时，将平衡块安置在模具的后面或侧面，以平衡侧压力对凸模的作用，防止因偏载折断凸模而影响操作者的安全。

5）模具闭合时，上模座与下模座之间的空间距离不小于50mm。

（6）模具的其他安全措施

1）合理选择模具材料和确定模具零件的热处理工艺规范。

2）设置安装块和限位支承装置，如图4-9所示。对于大型模具设置安装块不仅给模具的安装、调整带来方便，变得安全，而且在模具存放期间，能使工作零件保持一定距离，以防

图4-6　模具上的让位空槽

上模倾斜和碰伤刃口，并可防止橡胶老化或弹簧失效。而限位支承装置则可限制冲压工作行程的最低位置，避免凸模伸入凹模太深而加快模具的磨损。

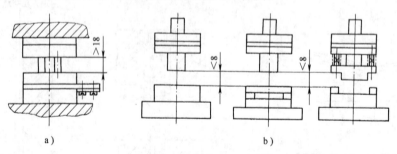

a）　　　　　　　　　　b）

图4-7　上下模的安全距离

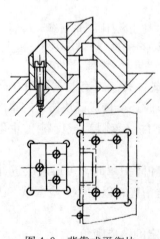

图4-8　背靠式平衡块

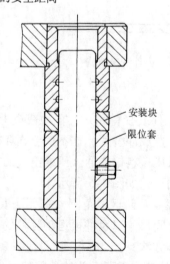

安装块

限位套

图4-9　冲模的安装块与限位支承装置

3）对于重量较大的模具，为便于搬运和安装，应设置起重装置。起重装置可采用螺栓吊钩或焊接吊钩，原则上一副模具使用2~4个吊钩，吊钩的位置应使模具起重提升后保持平衡。

第五节　模具的使用与维护

一、模具的安装与调整

一副质量完好的模具，在其设计制造完成之后，并不能直接生产制件，必须将模具正确地安装到压力机、注射机或压铸机等成形设备上，并进行细心的调试后才能开始生产制件。模具的安装与调试工作虽然可以从理论上加以指导，但模具从业人员在实践中总结出的生产经验也十分重要。下面根据几种不同类型的模具来分别讨论模具的安装与调试的问题。

1. 冲压模具的安装与调整

（1）上模的安装方法　由于模具的尺寸和体积的大小不同，将上模安装到压力机上的方法有以下几种。

1）采用模具的上模座安装。这种方法一般在模具比较大、使用大型压力机时采用。压力机滑块底平面上开有T形槽，利用T形槽将上模座固定在压力机的滑块上，使模具的上模部分与压力机的滑块连成一体。

2）利用模具的模柄安装。这种安装方法一般在模具较小、使用开式压力机时采用。由于模具的模柄联接着整个模具的上模部分，故直接将模柄固定在压力机的滑块模柄孔内，压力机工作时其滑块的上下直线运动带动整个模具的上模部分完成冲压动作。不同规格的压力机具有相对应的模柄孔，模具的模柄直径大小在设计制造时应与相关的压力机对应。

3）同时利用模柄和上模座安装。有些压力机的滑块上既有T形槽，又有模柄孔，这时可同时利用模柄和上模座安装。这种方法适用大型模具的安装。

（2）下模座的安装方法　下模的安装一般在上模安装后进行。下模一般直接用压板通过穿在T形槽内的螺钉加螺母紧固在压力机工作台或垫板上，压板下面应加垫块，垫块的高度要与下模座被压处高度等高。安装时还应注意调整压板压紧状态，使压板和模具的接触点到固定螺钉的中心距离小于压板和压力机台面接触点到固定螺钉中心的距离。表4-4所示为采用压板固定的正确和错误情况。

表4-4　固定的正误情况

序　号	正　　　确	错　　　误
1		
2		

（续）

序　号	正　　　　确	错　　　误
3	 3～5　*K* 1.5*K* 	
说 明	1. 压板要有足够的刚度 2. 支承高度应与被压的模座高度相等 3. 支承、垫圈、压板等应专用，螺杆应热处理淬硬 4. 压板、螺杆和模具的相对位置必须恰当 5. 支承可以做成　　　　　，也可以由多块组成，但必须与被压模座高度相等	

（3）冲模闭合高度的调整方法　模具要保证正常使用必须调整好闭合高度，而这项工作是在模具的上、下模安装到压力机上之后进行的。对于冲孔、落料、弯曲、拉深等工序所采用的不同功能的模具，其闭合高度的调整值是不完全相同的。

对于冲孔、落料等冲裁模具，应使模具闭合高度调整到使凸模刃口进入凹模的深度约为 1mm。

对于弯曲模，凸模进入凹模的深度与所弯制件的形状有关，一般凸模应全部进入凹模或进入凹模一定深度，将弯曲件压至成形为止。图 4-10 所示为弯

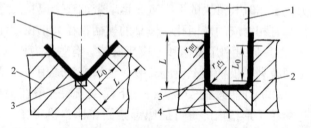

图 4-10　弯曲时凸模进入凹模的状况
1—凸模　2—凹模　3—制件　4—推板

曲 V 形件和 U 形件时凸模进入凹模的状况，图中 L 为弯曲件边长，L_0 为保证弯曲件成形的凹模最小直壁长度。

对于拉深模，闭合高度的调整应重点考虑两个问题：一是应使凸模必须全部进入凹模；二是应使开模后制件能顺利地从模具中卸下来。如图 4-11 所示，左半部分为模具闭合状况，右半部分为模具开启状况，制件高度为 h，模具开启后应使 $H > h$。

对于各种不同的压力机，其闭合高度都有一个可调范围，其数值等于压力机最大闭合高度与最小闭合高度之差。

（4）冲裁模间隙的调整方法　设计与制造冲裁模时要保证凸、凹模之间留有大小合理且均匀的间隙。冲裁间隙一般在模具设计阶段即确定，装配时，把若干加工好的模具零件装配成一副完整的冲模过程中，应把凸、凹模之间的间隙调整均匀。

把冲模安装到压力机上时若操作调整不当会破坏模具原有的合理间隙，所以在试模中还要进行最后的调整。试冲前，为了稳妥可靠，操作者将模具安装固定好后进行空运载循环试

验，检查冲模的上模部分相对下模部分的运动是否灵活，然后再用纸片试冲一下，观察其是否被冲下和被冲周边是否一致，从而可以了解凸、凹模之间间隙均匀程度，直到调整再试满意了才可以用正式料冲压。通过试模得到的制件均应符合产品质量要求，试冲件的表面不允许有伤痕、超过允许值的毛刺、裂纹和皱折等缺陷，试冲件尺寸不得达到冲件所设计的极限尺寸，须保留一定的磨损量（一般情况下保留的磨损量至少为制件公差的1/3）。至此，才认为模具的间隙大小和均匀性被调整好了。

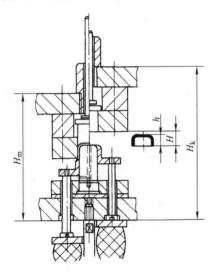

图 4-11　拉深模闭合高度调整

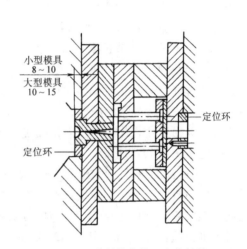

图 4-12　注射模定位环定位结构

2. 塑料注射模的安装与调整

（1）定模和动模的安装方法　注射模由定模和动模两部分组成，一般首先将定模部分安装到注射机上，安装方式是通过定模上的定位环与注射机定模板上的定位孔配合对准定心，如图 4-12 所示。当定模座板紧紧地贴靠在注射机的定模板上后再利用螺钉、压板、垫块将定模部分压紧并固定。对于小型模具或一些专用模具可用螺钉直接固定，但模具上的螺钉孔距需与注射机定模板上的相应孔距相符。

定模安装后应及时安装动模。因为注射模在使用安装前，动、定模是由导向装置对中闭合在一起的，安装时用起重装置将整套模具吊起，使定模先安装压紧后再调整注射机的动模板，使其与模具动模座板底面贴合，然后用螺钉、压板、垫块将动模部分压紧并固定。

（2）定模和动模的调整方法

1）合模与开模距离的调整。一般常用的注射机，其开模行程是固定的，定、动模之间的合模距离可通过调节螺母调整，使注射机定、动模板之间的闭合距离调整到等于模

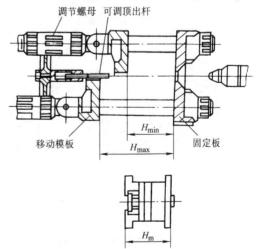

图 4-13　模具闭合高度与注射机闭合距离

具的闭合高度为止，并且还应有足够的锁模力，保证模具开闭运动平稳、锁模可靠。对于不同型号规格的注射机，具有不同的能满足模具闭合使用要求的最大（H_{max}）和最小（H_{min}）闭合距离。因此，为了使模具能安装到所选用的注射机上，模具的闭合高度（H_m）必须在该注射机的许可闭合距离之内（如图 4-13 所示），并应符合如下关系式

$$H_{min} \leqslant H_m \leqslant H_{max}$$
$$H_{max} = H_{min} + s$$

式中　H_m——模具闭合高度（mm）；

$\quad\quad H_{min}$——注射机的最小闭合距离（mm）；

$\quad\quad H_{max}$——注射机的最大闭合距离（mm）；

$\quad\quad s$——螺杆可调节长度（mm）。

2）注射机喷嘴与模具浇口套关系。注射机的喷嘴孔径是固定不变的，为了使喷嘴与模具浇口套贴合好，保证注射成型时在浇口套处不形成死角和积存熔料，便于主流道凝料的脱模，在设计制造模具时就应使模具的浇口套球面半径和孔径与注射机喷嘴孔径和球面半径相对应，一般应按图 4-14 调整。

3）推出距离的调整。推出距离通常等于模具型芯的高度。为了顺利取出制件，注射机开模行程应大于取出制件所需的开模距离。推出制件所需的开模行程与模具结构有关。

对于单分型面模具（如图 4-15 所示），开模行程按下式调整

$$s \geqslant 2K_1 + K_2 + (5 \sim 10)$$

式中　s——注射机最大开模行程或动模板行程（mm）；

$\quad\quad K_1$——推出（脱模）距离（mm）；

$\quad\quad K_2$——制件（包括浇注系统）高度（mm）。

对于双分型面采用推件板脱模的模具（如图 4-16 所示），其开模行程按下式调整

$$s \geqslant K_1 + K_2 + (5 \sim 10)$$

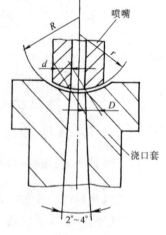

图 4-14　喷嘴与浇口套对应
部分的配合
$R = r + (0.1 \sim 0.2)$ mm
$D = d + (0.5 \sim 1)$ mm

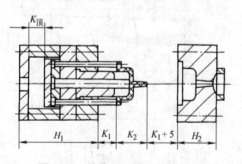

图 4-15　单分型面模具开模行程

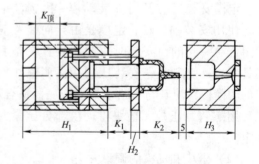

图 4-16　用推件板脱模的开模行程

对于双分型面点浇口采用推件板脱模的三板模具（如图 4-17 所示），开模行程按下式调整

$$s \geqslant K_1 + K_2 + K_3 + (5 \sim 10)$$

式中　K_3——三板模的浇道分型距离，即为取出浇注系统凝料而留出的空间（mm）。

对于内表面为阶梯状的塑件，一般不必推出型芯的全部高度即可取出制件，如图4-18所示，其推出距离大小的调整应以能顺利顶出制件为原则。

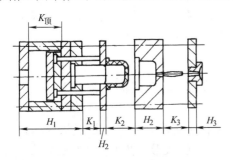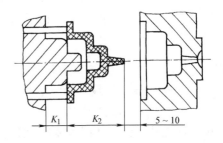

图4-17　双分型面点浇口、推件板脱模的开模行程　　图4-18　内表面为阶梯状时顶出距离确定

将制件从模具中脱出的推出动作是靠注射机顶出装置实现的。顶出装置有液压式和机械式两类。对于不同型号和规格的注射机，其顶出距离大小是不相同的，具体数值在注射机的说明书中可查得。

3. 压铸模的安装与调整

（1）压铸模的安装方法　压铸模所使用的压铸机安装部分结构与注射模所使用的注射机相似，而压铸模的基本结构与注射模也很相似，所以压铸模的安装与注射模安装也很相似。

在压铸模安装之前，首先要根据模具的闭合高度，调整压铸机动、定模安装板之间的距离，使安装板距离的大小调整到比压铸模闭合高度略小为止。然后在开启状态下将压铸模固定在定模安装板上，接着点动合模。当动模安装板接触压铸模时，用压板将动模部分固定在动模安装板上，最后将螺母扳紧并装上开模挡块。至此压铸模安装完毕。在压铸模安装完毕的情况下，还要进行锁模力预紧调整。预紧应根据具体情况，通过压铸机上的四个预紧螺母调整到压射时分型面不至产生熔融合金飞溅为止。

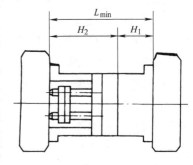

图4-19　压铸模最小合模距离

将压铸模安装到压铸机的连接方式，主要靠压铸机的动、定模安装板上的T形槽，将螺钉穿入T形槽，再用压板、垫块、螺母固定定模和动模。

压铸模的外形尺寸（长×宽×高）应在所选用的压铸机许可装模范围内，即模具的长宽外形尺寸不能超过压铸机安装面尺寸，同时不能超过压铸机拉杆内间距，否则模具无法安装。

模具开模后，应保证制件能从模具里取出来，因此对开模距离应进行校核。各种型号的压铸机都有最小合模距离 L_{min} 和最大开模距离 H_{max} 两个尺寸，故对所使用的模具相应提出下列要求：

1）压铸机合模后应能严密地锁紧模具的分型面，因此模具的闭合厚度 H_m 应大于压铸机的最小合模距离，如图4-19所示。即

$$H_m > L_{min} + K$$

式中 H_m——模具闭合厚度（mm）；

L_{min}——最小合模距离（mm）；

K——安全值，一般取为 20mm。

2）压铸机开模后要求铸件能顺利取出，为此压铸机的最大开模距离 H_{max} 减去模具闭合厚度 H_m 后，留有能使铸件取出的距离 $L_开$，如图 4-20 所示。即

$$L_开 < H_{max} - H_m$$

式中 $L_开$——开模后取出铸件（包括浇注系统）所需的距离（mm）；

H_{max}——压铸机最大开模距离（mm）。

（2）压铸模的调整方法 压铸模安装在压铸机上之后，要经过试模调整，选择合理的压铸成形工艺条件，才能压铸出稳定合格的铸件。压铸成形工艺条件调整的内容有：材料熔融温度、模具温度及熔体温度、压铸机的注射压力、锁模力、开模力、压射比压及压射速度等。

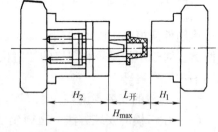

图 4-20 最大开模距离

4. 试模

新模具制造完成后必须经过试模，以了解模具的质量、可使用性以及制件的精度和质量。对于已经用过的旧模具重新使用时，开始也要先试模几次，以了解此模具所生产的制件质量。试模要按正常生产条件进行，即试模用设备和试模用材料等技术条件均要符合生产要求，这样才能证实模具的实际使用性能是否满足生产需要。具体地讲，试模可以了解如下问题。

1）检查验证该模具所生产的金属、塑料等制件在形状、尺寸精度、表面质量、毛刺等方面是否符合设计要求。

2）检查验证该模具在卸料、脱模、定位、推顶件和安全生产方面是否非常可靠，能否进行生产性使用。

3）检查验证冲压、注塑、压铸工艺流程是否合理。

4）检查验证所采用的设备是否正确，包括冲压力是否足够，注射、压铸设备的吨位或容量是否合适，模具是否能顺利地装到设备上使用。

5）在试模中了解模具的综合情况，为模具设计部门和制造部门反馈信息，以便改进模具结构及制造工艺等不合理的地方。

6）为模具投入正常生产作准备。因为在试模中暴露的各种问题解决后，模具才会更趋于完善、合理，才能正式用于生产。

由此可见，试模是一项不可省略的工作。在正式试模前，为了安全可靠，将模具安装固定好后，通常由人工采用设备上的点动开关控制或其他类型的控制方式，先进行空运载循环试验，检查模具的上模和下模（或定模和动模）两部分的运动是否灵活正常，弹压等零件有无卡塞等现象。如果无异常，就可以用正式料试模。如果模具操作、工作均正常，制件合格，试模工作即告结束。此时应挑选 2~4 件合格样品由制件生产部门和用户双方签字封样认可，作为正式生产时的质量依据。

二、模具的使用维护与修理

1. 模具的使用与保管

（1）模具的使用　模具使用必须保证安全，操作要合理，符合模具设计要求和结构特点，对于制件中含有嵌件的模具必须精心操作。具体使用时一般应注意以下几个方面。

1）所有的模具，在使用时均要经过检测。对于新模具，要检查该模具是否经过试模，有无模具制造合格证和试模样件，检查样件形状尺寸是否符合产品图样要求。

2）已经用过的旧模具再次使用时，应检查用了多长时间，模具的整体性和构件是否完好无损，新旧程度如何，能否继续直接用于生产，是否需要作修理或维护。

3）由库房借用模具时，首先要对模具的编号等标记进行检查，看其是否与制件的要求相一致。做好生产前的准备工作，争取开始生产即保持较高的成品率。

4）对于久置不用的模具重新使用时，要进行认真的清洗，这对于保护成形零件表面的粗糙度、延长模具使用寿命都是非常有利的。在阶段生产完成之后，模具应进行一定程序的清洗。

5）模具在使用中，对于有相互接触并作相对运动的金属部件间需要定期加润滑剂进行润滑，这样既可以保证模具灵活的使用功能，又能减少磨损，延长使用寿命。

6）对于心轴、活动型芯等结构，必须认真操作，不得使其碰伤、跌落、折断，每次组装都要注意位置和方向。启撬模具应该使用铜制的工具，模具的分型面和型腔各面严禁任何划痕和擦伤。

7）模具成形零件表面若有锈点或胶料斑点，清除时不得使用钢制工具，要用砂布或砂纸进行刮、锉和打磨，或用铜制工具或竹片刀来刮除后再精细抛研。

8）模具在使用过程中，严禁敲、砸、磕、碰，尤其在调整过程中防止硬物损伤模具的工作零件刃口部分。

（2）模具的保管　无论是新模具或是使用过的模具，在短期或长期不用时要进行妥善的保管，这对于保护模具的精度、模具各个部位的表面粗糙度以及延长其使用寿命都有重要意义，所以说模具的保管是一项非常重要的工作。

对于各使用单位中的成批模具，要按企业管理标准化的规定对所有模具进行统一编号，并刻写在模具外形的指定部位，然后在专用库房里进行存放及保管。模具库房的条件应当是温差小、湿度小，货架不宜过高，货架上铺设木板或耐油橡胶板或者塑料板。模具库存时，要求对货位进行编号并与模具编号对应统一，并且要建立库房的模具技术档案，由专人负责验收、借出等使用事宜。

对于新制造的模具交库房保管，或是已使用的模具用后归还库存保管，都要进行必要的库房验收手续，以查验模具有无损伤、清洗是否干净等。然后对完好的模具涂抹防护油予以封存，或者浇注可剥性塑料予以封存。对于有严重锈蚀、型腔有划痕、定位失效等种种情况而需要进行维修的模具，应按规定手续送交有关部门进行修理。对于修理后的模具，可按其质量规定验收入库。

严禁将模具与碱性、酸性、盐类物质或化学药剂等存放在一起，严禁将模具放置室外风吹雨淋、日晒雪浸。

模具的种类规格一般比较繁杂，模具的存放库要做到井井有条、科学管理、多而不乱、便于存取，不能因存放库的条件不好而损坏模具。

2. 模具的维护与修理

（1）模具使用期内的检修　模具在使用期内应定期维护及检修，维修人员开始应仔细观察模具的损坏部位、损坏的特征和损坏的程度，同时应了解该模具结构及动作原理以及制造使用方面的情况，最后分析损坏和要修理的原因。

模具修理方案的制订是先分析破损原因，再确定修理方法、具体的修理工艺以及根据修理工艺准备必要的专用工具和备件。

在对模具进行修理的具体操作过程中，要对模具进行检查，拆卸损坏部位，清洗零件，对于有拉毛的部位要修光，配备及修整损坏零件，最后重新装配模具。

修理模具的最后一项工作是试模。修理过的模具要采用相应的设备进行试模和调整，再根据试模样件检查和确定修理后的模具质量状况是否将模具的原有弊病消除了，是否将模具修复达到正常的使用要求。

（2）冲模的维护与修理　冲模工作时受力大，工作条件恶劣，最容易损坏的部位是冲模的凸模和凹模。常见的凸、凹模损坏现象及维修方法如下。

1）凸、凹模之间应保持合理的间隙及良好的润滑，从而降低工作过程中的磨损。

2）若凸、凹模之间间隙变大了，可用更换凸模或凹模的方式修复。若是刃口的局部间隙太大，可采取割去一块后再镶嵌补上的方法修复。

3）凸、凹模刃口局部如果崩掉，可采用下述三种方法修复：将崩刃部分用磨削方法磨去；堆焊补上崩掉的部分，再按原设计要求加工恢复原样；若刃口崩掉缺损太大，可更换新的凸、凹模。

4）凸、凹模刃口如果变钝不太严重时，可不拆开模具，用磨石直接研磨刃口。

5）凸模如果折断了，一般应更换新的。凹模上如果出现裂纹，可用焊接方法将裂纹焊合使其不再发展，严重的要更换新凹模。

（3）注射模的保养与维修

1）型腔表面要定期进行清洗。注射模具在成型过程中往往会分解出低分子化合物腐蚀模具型腔，使得光亮的型腔面逐渐变得暗淡无光而降低制件质量，因而需要定期擦洗，擦洗完后要及时吹干。

2）易损件应适时更换。导柱、导套、推杆、复位杆等活动件因长时间使用会有磨损，需定期检查并及时更换（一般在使用 3 万 ~ 4 万次左右就应检查更换），以保证滑动配合间隙不致过大造成模具啃伤，避免塑料流入推杆配合孔内而影响制件质量。

3）保护型腔表面。不同的制件有不同的表面粗糙度要求，但为了制件的脱模需要，模具型面表面粗糙度值一般都要在 $Ra0.4\mu m$ 以下，因此脱模时型腔的表面不允许被钢件碰划，即使需要也只能使用纯铜棒帮助制件脱模。

4）模具表面粗糙度的修复。有一些塑料模由于塑料中低分子挥发物的腐蚀作用，使型腔表面变得越来越粗糙，因而导致制件质量下降，这时应及时对型面进行研磨、抛光等处理。

5）型腔表面的局部损伤要及时修复。当型腔的局部有严重损伤时，可采用黄铜与 CO_2 气体保护焊等办法焊接后，再用机械加工或钳工修复打光，也可以用镶嵌的方法修复。

6）型腔表面要按时进行防锈处理。一般模具在停用 24h 以上时都要进行防锈处理，涂刷无水润滑脂，停用时间较长时（一年之内），可以喷涂防锈剂。在涂防锈油或防锈剂之前，应用棉丝把型腔或模具表面擦干并用压缩空气吹净，否则效果不好。

7）注意模具的疲劳损坏。模具在注射成型过程中将产生较大的应力，而打开模具取出制件后内应力又消失了，模具受到这种周期性变化的内应力作用易产生疲劳损坏，所以应定期进行消除内应力的处理，防止出现疲劳裂纹。

（4）压铸模具的保养与维修　由于压铸模是在急冷急热的条件下工作的，所以工作条件很差，模具的损伤较大。压铸模的平均使用寿命比其他模具低得多，所以做好日常保养和维修工作，尽量延长模具的使用寿命是十分重要的。具体可采用下述一些做法。

1）严格控制工艺流程。在工艺许可范围内，尽量降低铝液浇铸温度和压射速度，同时提高模具的预热温度。如铝压铸模的预热温度由 $100 \sim 130°C$ 提高至 $180 \sim 200°C$，模具寿命可大幅度提高。

2）使用适当的压射速度。压射速度太高，会促使模具腐蚀，型腔和型芯上沉积物增多；压射速度太低，易使铸件产生缺陷。

3）清除凹模和型芯上的沉积物。可采用研磨或机械去除，不能用喷灯加热清除，因为这可能导致模具表面局部软点或脱碳点的产生，从而成为热裂的祸根。但研磨或机械去除时以不得伤害其型面和造成尺寸变化为原则。

4）及时清除电加工型腔表面留有的淬硬层和加工表面应力。淬硬层和加工表面应力容易使模具在使用过程中产生龟裂、点蚀和开裂。可用磨石或研磨的办法去除，也可以在不降低硬度的情况下，用低于回火温度的消应力回火来消除。

5）经常保养可以使模具保持良好的使用状态。建议新模具在试模后，无论试模合格与否，均应在模具未冷却至室温的情况下进行去应力回火。当新模具使用到设计寿命的 $1/6 \sim 1/8$ 时，即铝压铸模 10000 模次，镁、锌压铸模 5000 模次，铜压铸模 800 模次时，应对模具型腔及模架进行 $450 \sim 480°C$ 回火，并对型腔抛光和渗氮，以消除内应力和型腔表面的轻微裂纹。以后每经 12000 ~ 15000 模次进行同样保养。当模具使用 50000 模次后，可以每 2.5 万 ~ 3 万模次进行一次保养。采用上述方法，能明显减缓由于热应力导致的龟裂产生速度和时间。

6）模板较厚时尽可能采用整料而不用叠加板的方式。因为钢板厚 1 倍，弯曲变形量减少 85%，叠层只起叠加作用，厚度与单板相同的两块板弯曲时变形量是单板的 4 倍。

（5）模具修理的一些常用方法

1）更换新零件。模具经检查之后，若发现有损坏的零件无法修复或难以修复，则应更换新零件。对于标准件，可直接购买更换；对于非标准件，则只能重新加工更换。

2）扩孔修理。当各种杆的配合孔因滑动而磨损时，可采用扩大孔径和相应大的杆径与之配合修理。

3）镶件修理。利用铣床或线切割等加工方法将需修理的部位加工成凹坑或通孔，然后用一个镶件嵌入凹坑或通孔里以达到修理的目的。这种方法不仅在模具修理中得到应用，更多的是在模具设计时由于结构上的需要（如便于加工，降低零件成本）而广泛地采用镶件。

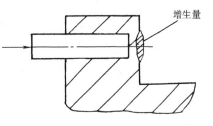

图 4-21　增生修理

4）增生修理。当型腔面的局部因加工过程失误或其他原因出现损坏，而采用焊接、镶件修理又不适宜的情况时，可以采用增生修理。如图 4-21 所示，在离型腔部分 3 ~ 5mm 处钻个孔，再把销插入孔内，在加热修整部分的同时，用锤子敲击销，使其局部增生，长出亏缺的料，然后再进行修整，达到修理的要求。插入孔内的销最后应焊牢。

5）螺纹孔和销孔的修理。模具中有许多螺纹孔和销孔，如果出现螺纹孔中的螺纹滑牙、销孔坏了或位置不合适，应尽量修复，以延长模具寿命。常用的修理方法见表4-5。

表4-5　螺纹和销孔的修理

修理项目	简　图	修　理　方　法　及　特　点
螺孔损坏	改成大孔	第一种方法：扩孔修理法。将坏了的螺孔扩大改成直径较大的螺孔后重新选用相应的螺钉 优点：修理方便，牢固可靠 缺点：所有螺钉过孔包括沉头孔等要重新加工，比较麻烦
	d改前　d改后	第二种方法：镶嵌柱塞法。将坏了的螺孔扩大成圆柱孔，镶嵌入柱塞，然后再重新按原位置大小加工螺孔。要求镶嵌的柱塞与孔不但成压配，当螺钉旋入螺孔时，柱塞不能跟着转 优点：不需更换新螺钉，其他件也不需扩孔或锪孔。 缺点：比较费时
销孔损坏	镶柱塞 孔口铆平	第一种方法：扩大直径修理法。更改坏了的销孔，将直径扩大到一定大小（包括销穿过的其他板件上孔相应扩大），保证新的销与孔成合理配合 优点：精度较高
	镶螺纹柱塞	第二种方法：加柱塞法。即将原销孔扩大后通过压入柱塞后在两端铆接或是旋入螺柱塞后，再加工成原先孔径大小的销孔，保证销与孔配合合理 此法只改动销孔坏了的那块板，其他板件上的销孔不用变动
		第三种方法：更换销法。对于有些销孔稍偏大的情况，可以选用直径合适的销直接用上 适用于销孔磨损大的情况

6）定位零件的修理。模具中的定位零件对于保证模具的安装精度及加工精度是很重要的，如定位钉、定位销、定位板、导料板、侧刃挡块等，这类零件如有损坏，应及时更换或修整。

7）电镀修理。电镀在模具上主要用于要提高表面光亮度、增加硬度及耐蚀性等要求的凹模或型芯零件上。电镀的方法有许多种类，应用在模具方面主要有电镀铬和化学镀镍。

8）采用表面进行渗氮处理。对于冲蚀和龟裂较严重的情况，可以对模具表面进行渗氮处理，以提高模具表面的硬度和耐磨性。渗氮基体的硬度应在 35～43HRC 之间。

9）采用焊接方法修补模具的开裂和亏缺部分。焊接修复是一种常用方法。在焊接前，应先了解被焊模具的材质，并用机械加工或磨削的方法去除表面缺陷。焊接时，模具和焊条一起预热（4Cr5MoSiV 为 450°C），当表面和心部温度一致后，在保护气体（常用氩气）下进行焊接修复。焊后再进行型腔的修整和精加工。模具焊接后还应进行去应力退火，以消除焊接应力。

思考与练习题

1. 模具的精度与表面质量各包括哪些内容？
2. 影响模具精度与表面质量的因素有哪些？一般采用哪些方法控制？
3. 简述影响模具寿命的因素及提高寿命的措施，并指出对模具寿命影响最大的因素是哪一种？
4. 简述模具材料的分类及选用原则。
5. 模具的成本是怎样构成的？为什么要重视和研究模具成本？
6. 试说明模具安全的重要性和模具在使用中容易出现哪些不安全问题？
7. 冲压、注射、压铸模具一般怎样正确安装到成形设备上？安装时应调整哪些内容？
8. 模具在使用和保管中应注意哪些问题？
9. 简述模具维修中的一些常用方法和针对各类不同模具特点的特殊方法。
10. 试分析模具的精度与质量、寿命、成本等指标是如何关联和影响的？

第五章　模具设计的一般指导性原则

随着人们生活水平的提高，各种产品日益增多，成形产品零件（制件）的模具类型也越来越多。不同类型模具的结构各不相同，而同一类型的模具又因成形工艺的差异，其结构也不尽相同，因此难于总结出可以普遍适用于各种模具的设计程序和步骤。本章仅以冲压模、注射模和压铸模为例对模具设计的一般指导性原则进行介绍，其他模具的设计可根据具体情况参照进行。

第一节　冲模设计的一般指导性原则

一、冲模的设计程序

1. 对冲压件的分析

（1）冲压件的经济性分析

1）根据冲压件的生产批量和质量要求，确定是否采用冲压加工和用何种冲压工艺加工，分析采用冲压加工是否经济。

2）根据冲压件的结构形状和尺寸，决定采用何种排样方式，分析所采用的排样方式是否合理、经济。

3）在满足冲压件使用性能和冲压工艺性能要求的前提下，是否可采用经济廉价的材料。

（2）冲压件的工艺分析

1）根据冲压件的图样，分析冲压件的形状特点、尺寸大小、公差等级、表面质量、装配关系等要求。从模具设计的角度分析冲压件的结构是否合理，在不影响冲压件使用要求的前提下，尽可能使冲压件的结构形状和加工工艺过程简单化。

2）根据冲压件的形状、尺寸、质量要求以及生产批量，初步确定模具的类型及结构形式。生产批量小的可用单工序模、组合模或简易模，生产批量大的可采用级进模、复合模或自动模。

3）根据图样上标明的冲压件所用材料，分析其是否满足冲压成形性能要求，并选定材料的型号、规格，确定坯料形式，如条料、板料、卷料或边角余料。

4）根据冲压件的生产批量对设备的要求，选择合适的冲压设备。如生产批量小的采用通用压力机，生产批量大的采用高速压力机、专用压力机或自动压力机。

5）了解现有的模具制造技术及装备情况，以及模具标准零部件的生产供应状况，为模具结构设计以及模具成本核算提供依据。

2. 确定冲压工艺方案

1）在对冲压件进行工艺分析的基础上，根据冲压件的形状、尺寸、质量要求及生产批量等，首先确定冲压件的总体成形工艺方案，包括备料、冲压成形加工、检验和其他辅助工序及其先后顺序，必要时还需安排机械加工等非冲加工工序。

2）根据冲压件的总体成形工艺方案，确定冲压成形加工的具体工序性质。简单冲压件可以根据其结构形状直观地看出所需的工序性质，如具有内外轮廓的平板状件采用落料、冲孔工序，相同壁厚的各种开口空心件采用拉深工序等。复杂冲压件不可直观看出工序性质的，需经过必要的分析计算后才能确定。

3）根据冲压件各工序的特点、尺寸要求并经过有关的工艺计算，确定冲压工序数目和顺序，如采用先冲孔后弯曲，还是先弯曲后冲孔，或是先落料再拉深，以及拉深次数等。

4）根据冲压件结构形状、尺寸要求和生产批量，确定冲压工序组合的方式，如采用复合冲压或级进冲压。

3. 确定模具结构形式

（1）模具结构类型的确定　根据已定的冲压工艺方案，确定模具结构类型是采用单工序模、复合模还是级进模。

（2）工作零件结构形式的确定　根据冲压件的结构形状和尺寸，确定凸模、凹模及凸凹模的结构形式是采用整体式还是组合式，以及采用何种固定方式，是否采用标准件。

（3）定位方式及定位零件的确定　根据坯料形式和模具结构类型确定定位方式，如条料定位时采用导料板、导料销、挡料销、导正销和侧刃的何种组合方式，工序件是采用定位板还是定位销定位。工序件定位要尽量做到基准重合或基准统一。定位零件应尽量采用标准件。

（4）卸料与推件装置的确定　根据冲压件质量要求和料厚确定采用弹性卸料与推件装置还是刚性卸料与推件装置，一般料厚较薄且要求平整的冲压件采用弹性卸料与推件装置，否则采用刚性卸料与推件装置。

（5）导向装置的确定　确定是否采用导向装置及何种导向装置。一般精度要求不高、批量不大的冲压件，其模具可不采用导向装置，否则要采用导向装置。常采用的导向装置是滑动导向装置，精度要求很高时可采用滚动导向装置。

（6）模架的确定　根据模具类型与冲压件大小确定模架的种类。一般单工序小件冲模采用后侧式模架，复合模与级进模多采用中间式或对角式模架，大型件冲模可采用四角式模架。

4. 进行必要的工艺计算，绘制模具结构草图

1）确定坯料形状及展开尺寸，进行合理排样并绘制排样图，计算条料宽度，确定下料方式并计算材料利用率。

2）计算冲压力（包括冲裁力、弯曲力、拉深力、卸料力、推件力、顶件力、压边力等）并计算冲模的压力中心。

3）根据冲压工序性质和冲压力，初步选定冲压设备的型号、规格。

4）确定凸、凹模间隙，计算凸、凹模工作部分的尺寸及公差。

5）计算并确定模具主要零件（凸模、凹模、凸凹模、固定板、卸料板等）的外形尺寸以及弹性元件的自由高度。

6）确定拉深模压边方式、拉深次数，进行各中间工序尺寸的分配及计算。

7）根据已确定的模具结构形式及计算的有关尺寸，选用标准模具零件和标准模架，参考有关模具图册，绘出模具结构草图。

5. 冲压设备的校核

根据绘制的模具结构草图，校核冲压设备的有关参数。校核时应符合如下条件。

1）压力机公称压力必须大于冲压力。

2）模具的闭合高度应在压力机最大闭合高度与最小闭合高度之间。

3）压力机的滑块行程必须满足冲压件的成形要求。如拉深时为了便于放料和取件，压力机行程应大于拉深高度的 2 倍。

4）为了便于安装模具，压力机的工作台面尺寸应大于模具下模座尺寸，一般每边大50～70mm，台面上的孔应能保证冲压件或废料漏卸。

6. 模具图样设计

在对模具结构草图进行校核之后，绘制出正式的模具总装配图和模具非标准零件的零件图。

（1）绘制模具总装配图

1）主视图。绘制模具在工作位置的剖视图，对模具各零部件及相互之间的位置关系、配合形式、紧固方式要表达清楚，将零部件按顺序列出序号。

2）俯视图。俯视图一般是将模具的上模部分拿掉，视图只反映模具下模俯视可见部分。

3）侧视图和局部视图。对主视图和俯视图不能表达清楚的部分，用侧视图或局部视图画出。

4）冲件图。一般画在总装图右上角，并注明冲件名称、材料、厚度以及冲件本身尺寸、公差和有关技术要求。对于需多副模具冲压成形的冲件，除绘出本工序成形的冲件图外，还要绘出上工序的半成品图。

5）排样图。对落料模、复合模和级进模需在冲件图的下方绘出排样图。排样图应标明料宽、步距和搭边值。对于复杂的多工位级进模的排样图，一般应单独绘制在一张图样上。

6）列出零件明细栏和标题栏。在总图的右下角，应列出标题栏和明细栏。标题栏中应填写模具名称、图号、设计者姓名；明细栏内应填写模具零件序号、零件名称、材料、数量和热处理要求，标准件应标注标准代号。

7）技术要求及说明。一般在总图右下方注明使用设备型号、模具闭合高度、间隙以及其他必要的说明或技术要求。

（2）绘制模具零件图

对于非标准模具零件，应逐个画出零件图。零件图的绘制应注意以下几点。

1）视图的选择应尽量与总装配图一致。

2）结构要合理，工艺性要好。

3）零件的尺寸、公差、几何公差、表面粗糙度值、材料、热处理要求及其他技术条件要合理、完整。

（3）编制相应的技术文件　包括冲压件的成形工艺规程、工艺及模具设计计算说明等。

（4）审核　总装配图及零件图绘制后，应根据总图进一步核对零件图的正确性，各零件的配合关系是否合适，结构是否合理，必要时进行修改。审核总装配图及零件图的其他技术要求。

二、冲模设计时应注意的问题

1. 冲裁模设计应注意的问题

（1）冲裁件工艺性与经济性的关系　冲裁件的工艺性与经济性的关系主要应考虑如下

几方面问题。

1）冲件材料方面。冲件的工艺性与材料的经济性是密切相关的，冲件材料成本占冲件成本的比例很大，因此在设计冲裁模时，应充分考虑材料的经济性。一般在满足冲件使用要求的前提下，尽量选用经济廉价的材料。

2）坯料形式方面。根据冲件形状、尺寸、生产批量及模具结构等因素，选用适合的坯料形式。坯料形式有条料和卷料，确定板料规格和裁板方式时应尽量使材料利用率高。

3）排样形式方面。根据材料的利用情况，排样方式主要有无废料排样、少废料排样和有废料排样三种。在不影响冲压性能的情况下，应尽量采用无废料及少废料排样形式，并注意搭边值尽可能小，或在有废料排样时采用交叉排样形式，以提高材料利用率。

4）送料方式方面。不同的送料方式其搭边值的选用是不同的，在满足可靠送料的情况下尽量选用搭边值小的送料方式。

（2）冲裁件尺寸精度和表面质量 冲裁件的精度主要决定于模具的制造精度和装配精度，冲裁件的表面质量与材料性能、厚度、冲裁间隙、刃口锐钝以及冲模结构等有关。一般来说，单工序冲裁模的冲件精度较低，而复合模冲裁的冲件精度较高。如冲件尺寸精度和表面质量要求比较高时，应考虑采用精密冲裁。若只能采用普通冲裁，则应增加整修工序。当冲件毛刺有方向要求时，应特别注意毛刺方向对冲件精度的影响。

（3）冲压设备选择 设计冲裁模时，对于冲压设备的选择应注意如下问题。

1）冲裁模的总体结构尺寸必须与选用的冲压设备相适应。

2）冲裁过程各种力之总和最好在压力机额定冲压力的 20% ~80% 以内。

3）选择的冲压设备应操作方便、安全可靠。

4）选择的冲压设备压力中心应与模具设计压力中心原则上保持一致。

（4）模具结构选择 根据冲件形状、尺寸、生产批量和精度要求选择合适的模具结构形式。若生产批量较大、精度要求不高的冲件，可采用级进模结构；若生产批量不大、精度要求较高的冲件，可采用复合模结构。

（5）模具工作零件的设计 冲裁模的工作零件包括凸模、凹模、凸凹模，所以在设计模具时应首先考虑凸、凹模结构形式、材料选用及热处理要求等。凸、凹模结构设计时，一般应满足如下要求。

1）应有足够的强度和硬度。

2）应有较高的尺寸精度和表面质量。

3）应便于刃磨与维修。

4）对于细小凸模应加护套保护。

5）应注意凸、凹模的固定方式，以保证凸、凹模工作的稳定性，并且便于装配。

（6）冲件的出件方式 冲件的出件有下出件与上出件两种方式。下出件一般在凹模孔内落下，冲件不平整。上出件则由于顶件装置作用，出件后比较平整。所以在模具设计时，应根据冲件的质量要求充分考虑出件方式。

（7）废料的排出方式 设计冲裁模时，废料排出方式设计应注意如下几点。

1）废料的排出必须畅通无阻。

2）废料的排出必须注意安全，防止废料排出伤人，必要时应加设防护网。

3）避免废料与冲件混在一起，应分开排出。

（8）坯料的定位　在设计选用定位零件时，注意保证定位精确、有效可靠，并便于操作。

（9）导向装置　设计模具时，要合理地选择导向装置，尤其是冲薄板的小间隙冲裁模和生产批量很大的冲裁模，必须选用精度较高的导向装置。

2. 弯曲模设计应注意的问题

弯曲模的设计是在确定弯曲工序的基础上进行的。为了保证弯曲件的尺寸精度及表面质量，设计时必须注意如下几个问题。

（1）防止在压弯过程中坯料滑动或偏移

1）设计模具结构时，应使作用在坯料上的力尽量对称、均衡，以免坯料产生滑动或偏移。在压弯过程中，一般采用弹压装置压住坯料，而且弹压装置在弯曲前应处于弹性压紧状态。当有水平侧向力作用于模具工作零件上时，应设置反侧压块予以平衡。

2）开始弯曲时，坯料应有良好的定位。首先应尽量利用坯料上的孔和外形定位。如果坯料上无可利用的定位部分时，则应在坯料上设计出工艺孔定位。

（2）防止弯曲过程中的变形

1）设计模具结构时，应使坯料的弯曲尽可能是纯弯曲变形，且弯曲时坯料的流动阻力要小，以免产生大的局部变薄。

2）多角弯曲时，应力求不使多角弯曲同时进行。

3）模具弯曲到下止点时，应尽量设计成有校正弯曲的效果，以消除回弹。

（3）弯曲凹模圆角半径的设计

1）弯曲模各处凹模圆角半径要一致，否则在弯曲过程中坯料受力情况不一致，使坯料产生滑动，从而影响弯曲件的尺寸和精度。

2）弯曲凹模的圆角半径要选得合适，不宜过大或过小。因圆角半径过小，易使弯曲件产生局部变薄甚至弯裂；圆角半径过大，弯曲件的回弹也大，影响弯曲件质量。

（4）弯曲过程中的安全性　坯料的放入与压弯后取出应迅速方便，并考虑模具结构的安全性问题。弯曲凹模圆角部位应光滑，以尽量减少弯曲件在压弯过程中的拉长、变薄和划伤等现象。

3. 拉深模设计应注意的问题

设计拉深模时，为了保证拉深件的尺寸精度和质量，应注意如下几方面问题。

（1）拉深模结构的选择

1）设计时，应根据压力机和拉深件形状的不同来确定拉深模的结构形式。如对于一般小型浅盒形件，可以采用落料—拉深复合模结构形式；对于小筒形及矩形盒状零件需要多次拉深时，一般应设计成级进拉深模结构；对于大批量的圆筒形件需要多次拉深时，应采用带料级进拉深模结构。

2）拉深对称件的模架应有定向装置，如可将模架导向装置设计成不对称布置，以防止上、下模位置装错。非旋转体件的凸、凹模装配位置必须准确可靠，应设置防转销以防松动后发生旋转、偏转而影响拉深件质量甚至损坏模具。

（2）压料装置的设计　设计拉深模时，要合理地选择压料装置。在采用弹簧及橡胶作为压料装置的弹性元件时，应设计限位装置，以获得拉深过程中的均匀压料力。

（3）选用合理的出件装置　应根据拉深件的表面质量及尺寸精度不同而采用不同出件

装置。如当拉深件要求底部较平时，不能采用下漏的刚性推件装置，而必须采用弹性顶件装置。

（4）导向装置的选择　设计拉深模时，通常情况下可不必采用导向装置，只需在安装时将上、下模对准，调整好上、下模的间隙即可。但对批量大、精度要求较高的拉深件或大型覆盖件拉深模，一般应选用导向装置。

（5）拉深工艺计算　拉深模设计时，要对拉深工艺进行准确计算，尤其是多次拉深才能成形的模具，其拉深次数、各次拉深的尺寸应满足拉深变形工艺要求，否则模具设计得再好，也难以拉深成形。

（6）其他注意事项

1）拉深模对压力机的行程有较高的要求，压力机行程必须大于2倍拉深件的高度，否则拉深件无法从模具中取出。

2）拉深模的凸模必须要有通气孔以便于通气，使拉伸件能从凸模上卸下。

3）凸模、凹模、压料圈必须有足够的硬度、耐磨性及较小的表面粗糙度值。

4）在设计落料拉深复合模时，落料凹模的高度应高出拉深凸模约为 2~5mm，以保证先落料后拉深，同时使落料凹模的刃口能有足够的刃磨余量，以提高模具寿命。

5）对于形状复杂或需多次拉深的制件，一般很难确切计算出坯料的形状和尺寸，往往要经过试拉深后确定出准确尺寸，再设计和制造首次拉深坯料的落料模，以免造成浪费。

第二节　塑料模设计的一般指导性原则

一、塑料模设计程序

1. 熟悉塑料件及其材料性能

设计前应根据设计任务书所提供的塑料件图样或样件、技术要求和生产纲领，了解塑件的用途、工作条件；熟悉塑件各部分形状及作用；了解塑件所用材料的品名及其成形工艺性能，如收缩率、流动性、化学稳定性等，这些对成形方法的选择及模具结构和塑件精度都有很大影响。

2. 塑件工艺性分析

分析塑件结构形状、尺寸精度、表面粗糙度值、壁厚、圆角、脱模斜度、孔的分布、嵌件的安置、外观质量要求等是否能满足成形工艺要求。

3. 了解生产条件和模具制造水平

了解生产该塑件可供选用的成型设备的规格、型号及与模具设计有关的技术参数；了解模具制造技术水平和设备情况，使设计的模具符合生产实际；了解标准化和标准件供应情况。

4. 确定塑件成形工艺和设备

（1）确定成形方法　根据塑件的生产批量、形状和尺寸要求，对于热塑性塑料件，选用注射、吹塑或挤出成形；对热固性塑料件，选用压缩、压注或注射成形。

（2）确定成形工艺条件　注射成形工艺条件包括注射温度、模具温度、冷却介质温度、注射压力、注射速度和注射循环周期等；压缩或压注成形工艺条件包括预热温度与时间、成形温度、成形压力、保压时间等。

（3）初步选择成形设备　根据成形方法、注射量或成形压力，初步选择成形设备型号及规格，并查出与模具设计有关的技术参数，包括额定注射量、注射压力、锁模力、最大和最小模具厚度、开模行程、顶出装置及装模部分的尺寸等。

5. 确定模具类型及结构

先根据塑件的成形工艺方案确定模具类型，即注射模、压缩模、压注模、吹塑模、热流道模等，然后确定模具结构方案。模具结构方案的确定包括：型腔数量及其排列、塑件成形位置及分型面选择、成形零件结构形式、浇注系统与排气及引气系统结构、推出机构与拉料杆结构、侧凹与侧孔的成形方法及侧抽芯机构、加热与冷却方式与装置、标准模架的型号与规格等。

6. 模具结构草图的绘制

根据模具类型及结构，绘制模具结构草图，确定模具零部件主要结构尺寸和模具轮廓尺寸及功能尺寸（如抽芯距、定距分型距离、推出距离等）。

7. 模具与成形设备关系的校核

根据塑件的形状尺寸和所选成形设备的基本参数，进行两者之间适应性校核，以最后调整模具结构与设备参数。

8. 模具零件的必要计算

1）成形零件及主要受力部件的强度与刚度校核。

2）成形零件工作尺寸计算。

3）脱模力与抽拔力计算。

4）斜销等侧向分型与抽芯机构的有关计算。

5）冷却面积和加热功率计算。

9. 绘制模具装配图

（1）主视图　绘制模具在工作位置的剖视图，使模具各零部件及相互之间的位置关系、配合形式、紧固方式表达清楚，并将零部件按顺序列出序号。

（2）俯视图　俯视图一般是将模具的定模部分拿掉，视图只反映模具动模俯视可见部分。

（3）侧视图和局部视图　对主视图和俯视图不能表达清楚的部分，用侧视图或局部视图画出。

（4）塑件图　一般画在总装配图右上角，并注明塑件名称、材料以及塑件本身尺寸、公差和有关技术要求。

（5）列出零件明细栏和标题栏　在总图的右下角列出标题栏和明细栏，标题栏中填写模具名称、图号、设计者姓名，明细栏内填写模具零件序号、名称、材料、数量和热处理要求，标准件应标注标准代号。

（6）绘制模具装配图时应注意的问题

1）装配图应清楚表示各零件的装配关系和结构特征。

2）装配图应标注必要的尺寸，包括轮廓尺寸、配合尺寸、安装尺寸、极限尺寸（如活动零件移动的起止点）和特征尺寸（如定位圈尺寸）。

3）装配图应标注技术要求。技术要求包括如下：

a. 对模具的装配要求。如分型面的贴合间隙，模具上、下面的平行度要求。

b. 对模具某些机构的性能要求。如推出机构、抽芯机构的装配要求。

c. 模具的使用说明。

d. 防氧化处理、模具编号、刻字、油封及保管等要求。

10. 绘制模具零件图

非标准的模具零件都应绘出零件图。模具零件图的绘制除了应符合机械制图标准外，还应注意：

1）尽量采用1∶1比例绘制，必要时可以放大或缩小。

2）绘图顺序一般为先成型零件后结构零件。

3）图形方位尽可能与其在总图中一致。

4）零件的尺寸、公差、几何公差、表面粗糙度值、材料、热处理要求及其他技术条件要合理、完整，并充分考虑加工工艺要求与实际可能性。

5）拟定必要的技术要求及其他说明。

11. 校对与审核

（1）满足塑件性能和质量要求方面　塑料熔体的流动、缩孔、熔接痕、裂口、脱模斜度等是否影响塑件的使用性能、尺寸精度、表面质量等方面的要求。

（2）成形设备方面　注射量、注射压力、锁模力够不够；注射机喷嘴与浇口套能否正确接触；模具的安装、塑件的抽芯和脱模有无问题。

（3）模具结构方面

1）分型面位置及其加工精度是否满足需要，会不会发生溢料，开模后是否能保证塑件留在模具有推出装置的一侧。

2）型腔布置、浇注、排气系统的位置大小是否恰当。

3）推出脱模方式是否合理，推杆、推管的大小、数量和配置是否合适，推件板会不会被型芯卡住，会不会擦伤成形零件。

4）侧向分型与抽芯机构中的滑块与推杆是否会发生干涉。

5）模具结构是否安全可靠。

（4）模具温度调节系统方面　冷却介质流动路线位置、大小、数量是否合适，加热器的功率、数量、安装是否合适。

（5）设计图样方面

1）视图布置、投影是否正确，画法是否符合机械制图标准。

2）装配图上各零件位置是否恰当，装配关系表示是否清楚，有无遗漏的零件。

3）检查尺寸与技术要求是否遗漏，标注是否合理。

4）零件的加工工艺性和模具的装配工艺性是否符合要求。

二、塑料模设计时应注意的问题

1）塑料成形工艺特性与模具设计的关系。模具设计时要充分考虑塑料的流动性、收缩性、结晶性、吸湿性等，这是塑料模设计的重要基础。

2）模具结构的合理性、经济性、适用性。参照资料上的典型模具结构或自行设计的模具结构都必须根据产量和实际生产条件，认真分析，吸收精华部分，做到结构合理、经济适用。对目前生产中广泛使用的先进而又成熟的模具结构和设计计算方法，也应积极引用。

3）合理设计模具零部件。模具的零部件，尤其是成形零件，对塑件的质量及成形工艺的顺利进行影响很大，设计时必须注意结构形状合理、尺寸正确、制造工艺性好、材料及热处理要求合适，视图表达、尺寸标准、形状位置误差及表面粗糙度值等要符合国家标准。

4）模具结构应便于操作与维修，且安全可靠。

5）充分利用塑料成形的优越性，塑件结构形状尽量都用模具成形，以减少后加工工序。

第三节　压铸模设计的一般指导性原则

一、压铸模设计程序

1. 分析压铸件和铸件图

（1）铸件材料　分析铸件材料及其成形性能，分析材料的流动性、线收缩、热裂倾向性以及热熔性等，以便于模具的设计。

（2）铸件结构要素　分析铸件的结构工艺性，如铸件壁厚和肋的位置与尺寸、孔与槽的位置与尺寸，转接部位过渡圆角的大小、铸件上的凸纹、螺纹以及嵌件的数量、位置和尺寸等是否符合压铸工艺性要求。

（3）铸件精度　分析压铸件的尺寸精度、形状与位置精度是否符合压铸工艺性要求。

2. 确定铸件压铸工艺条件，选定压铸设备

根据铸件材料，选择合适的压铸成形工艺条件，并进行有关计算与分析后选定符合要求的压铸机规格型号。

3. 了解模具制造生产能力

在设计压铸模之前，应先了解模具制造生产能力。因为加工设备的数量、类型、精度、加工范围，工具、工艺装备、测量手段及标准件供应状况等对模具设计都具有重大的影响。

4. 确定压铸模结构方案

（1）确定每模型腔数量　每模型腔数量根据铸件的生产批量、轮廓尺寸、形状及投影面积、压铸机的压室容量、浇注系统设置、模具结构的复杂程度以及经济成本等方面综合考虑后确定。

（2）选择通用模架　根据铸件的结构要素及轮廓尺寸，以及压铸机的安装尺寸和方式，经适当计算后选定通用模架。

（3）确定分型面、浇注系统和排溢系统　分型面的选择与浇注系统形式密切相关，而排气、溢流系统又与浇注系统密切相关。因此，对每一特定压铸件，在设计模具时应将这三方面进行综合考虑。在对铸件结构要素的分析和金属液在型腔中可能出现的流动形态分析的基础上，确定一种既有利于填充和排溢，又使分型面的设置较为方便的方案。

（4）确定抽芯机构　针对铸件需要抽芯部位的具体情况确定采用斜销抽芯机构或斜滑块抽芯机构。

（5）确定推出机构　根据铸件的结构特点，选用合适的推出机构。若推出零件是较细的推杆，因使用时容易损坏，所以设计推出机构时应考虑便于更换推出零件。

（6）确定结构主体和各零部件装配连接方案　通过前面几个步骤，模具已形成基本结构形式，这里需进一步确定的内容有：

1）型腔组成部分的镶拼与固定方式。

2）模具主体套板的安排与模具的导向与定位零件的设置。

3）抽芯和推出机构，以及其他组成零件的相互装配形式和连接方式，有先复位要求时先复位机构的结构形式。

4）加热方式、冷却水道的设置部位及流动路线。

值得指出的是，上述步骤往往不是相互孤立、分割的，在构思结构方案时，需相互联系起来综合考虑，以形成合理的设计方案。

5. 模具设计中的分析计算

进行压铸模设计时，对一些设计的主要参数需进行必要的分析计算，对构件强度、刚度以及安装尺寸要进行校核计算。具体包括以下几方面。

（1）压铸机有关参数的确定 主要包括锁模力的校核、每模型腔数的校核、压室容量的校核、模具外形尺寸与压铸机的最大和最小合模距离的校核。

（2）浇注系统和排气、溢流系统的分析计算 主要包括确定压室直径、确定喷嘴导入口直径、确定直浇道与横浇道过渡部分的截面尺寸、确定横浇道截面形状和尺寸、确定内浇口及排气槽的截面尺寸、确定溢流槽的尺寸及容积等。

（3）脱模阻力与脱模力的校核 主要包括铸件对抽芯部位包紧力的计算与抽芯力的校核、铸件对动模型芯的包紧力的计算和推件力的校核、推杆截面积与强度的校核等。

（4）有关受力零件强度计算 主要包括动模套板与定模套板侧壁厚度计算与校核、支承板的厚度计算与校核、推板的厚度计算、抽芯机构受力零件（如斜销）的强度计算等。

（5）有关零件和机构的尺寸计算 主要包括各类成形零件的尺寸计算、抽芯机构中作用尺寸和与其相关的零（部）件尺寸配合的计算（如抽芯距离、斜销长度以及与抽芯动作相关的配合尺寸计算）、推出机构的尺寸配合计算（如推出距离零件的长度及诸如先复位、定距分型机构的配合尺寸计算）等。

（6）加热和冷却系统的计算 主要包括加热元件功率计算与加热孔位置的确定、冷却系统的热传递计算和冷却水道设置方面的有关计算等。

6. 绘制压铸模的装配图和零件图

（1）绘制装配图 压铸模装配图的视图选择及绘制要求与塑料模基本相同。具体绘制时可按如下步骤进行。

1）根据所选定的每模型腔数、浇注系统和分型面以及根据经验或计算的数据，布局压铸件在型腔中的位置；绘制由动、定模镶块、型芯、浇注系统等组成的模具型腔部分的结构图；根据加热和冷却系统的设计方案和数据，绘出加热和冷却系统的分布结构图。

2）根据对动、定模套板侧壁厚度和支承板厚度的经验或计算数据，以及模板外形尺寸的数据和抽芯机构的设计方案，绘制由动、定模套板、支承板和定模座板组成的模架部分的结构图。

3）根据对抽芯机构的设计方案和尺寸计算数据，绘制抽芯机构的结构图。同时，对模架结构作必要调整，确定模架导向零件的位置，绘制出最终确定的模架结构图。

4）根据推出机构的设计方案和有关数据，绘制推出机构的结构图，然后绘制模座部分的结构图。

5）复核有关数据，包括模具外形尺寸是否符合压铸机要求、模具闭合高度是否满足合模状态的要求、模具开模后能否顺利取件、模具安装尺寸是否符合压铸机模板的要求等。

6）标注各零件件号，在明细栏和标题栏中按件号顺序标出零件的名称、数量、材料、热处理、标准件规格以及压铸模名称、比例、图号等。

如果有需要说明的技术要求，应单列技术要求加以说明。最后设计、校对、审定等人员签字，至此一副完整的压铸模装配图才绘制完成。

（2）绘制零件图　除标准件以外的零件，都要绘制零件图。绘制压铸模零件图的要点如下。

1）零件图各视图的布局关系应与装配图的相应零件一致。

2）模具零件的结构、形状和尺寸要素，均需在图样上表达清楚，必要的剖面或视图不可省略，特别是成形部位零件的型面构造及其要素（包括脱模斜度、分型面上型腔口部与活动部位或与型面共同组成型腔的部位的过渡圆角等）一定要表达清楚。能明确看出型面的大、小端尺寸和其他加工技术要求。

3）绘制零件图，在图面详细标注尺寸及尺寸公差、形状位置公差、表面粗糙度值等技术要求，以及零件材料和热处理工艺要求等。

二、压铸模设计时应注意的问题

压铸模设计时应考虑如下的基本要求。

1）所成形的铸件，应符合压铸件图上所规定的形状尺寸及各项技术要求，特别是要设法保证高精度和高质量部位达到要求。

2）模具应适合压铸生产工艺的要求，并且技术经济性合理。

3）在保证铸件质量和安全生产的前提下，应采用合理先进和简单的结构，使动作准确可靠，构件刚性良好，易损件拆换方便，并有利于延长模具工作寿命。

4）模具上各种零件应满足机械加工工艺和热处理工艺的要求，选材适当，配合精度选用合理，尤其是成形零件和其他与金属液接触的零件应具有足够抵抗热变形的抗力和疲劳强度的能力，具有足够的硬度、机械强度和较长的使用寿命。

5）浇注系统的设计和计算是压铸模设计中一项十分重要的工作，应引起高度重视。在获得优质铸件的同时，还应注意减少铸件浇注系统合金的消耗量，并易于将铸件从其浇口上取下而不损伤铸件。

6）掌握压铸机的技术特征，充分发挥设备的技术功能和生产能力，模具与压铸机的连接安装既方便又准确可靠。

7）选用模具零部件时尽可能推广标准化，以缩短设计和制造周期，便于管理。

思考与练习题

1. 进行模具设计时，应具备哪些资料？
2. 进行模具设计时，为什么要对产品零件进行工艺分析？
3. 进行模具设计时，为什么要尽量选用标准模架和标准件？
4. 模具设计与相应成形设备的哪些技术参数有关？
5. 冲压件的经济性主要从哪几方面考虑？
6. 在设计模具时，选择模具结构的原则是什么？
7. 注射模与压铸模设计时，各应注意哪些主要问题？

第六章 模具工程技术应用实例

模具工程是研究模具及相关问题的系统工程。前面各章已就模具及相关问题作了介绍。为了系统全面地了解模具工程技术的实际应用，本章以实例介绍模具设计与制造的全过程。

一、模具设计与制造流程

虽然模具种类繁多，各种模具结构又不相同，各模具生产厂的生产条件也不一样，但是模具设计与制造的流程是基本相同的。图 6-1 所示为深圳某模具塑胶制品公司提供的塑料注射模具设计与制造流程，可作为一般模具设计与制造通用的流程。

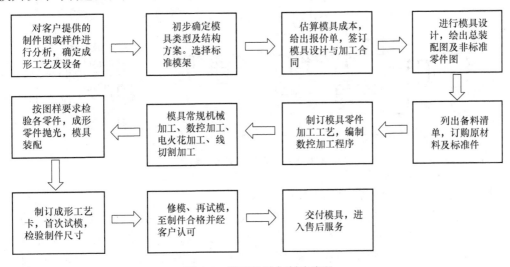

图 6-1 模具设计与制造流程

从图中可以看出，从客户提供制件图或样件到交付模具、进入售后服务，要经过许多环节，各个环节所涉及的内容都是与模具相关的内容，每个环节都是保证模具质量及使用性能的重要组成部分。

二、模具设计与制造实例

这里以电流表中的一个电流线圈架为例，按照图 6-1 所示流程介绍模具设计与制造的全过程。

图 6-2 所示为电流线圈架，材料为增强聚丙烯，大批量生产。

1. 分析塑件工艺性，确定塑件成形工艺及设备

（1）塑件的原材料分析 塑件的材料采用增强聚丙烯，属热塑性塑料。从使用性能上看，该塑料具有刚度好、耐水、耐热性强等特点，其介电性能与温度和频率无关，是理想的绝缘材料。从成形性能上看，该塑料吸水性小，熔料的流动性较好，成形容易，但收缩率大。另外，该塑料成形时易产生缩孔、凹痕、变形等缺陷，成形温度低时，方向性明显，凝固速度较快，易产生内应力。因此，在成形时应注意控制成形温度，浇注系统应缓慢散热，冷却速度不宜过快。

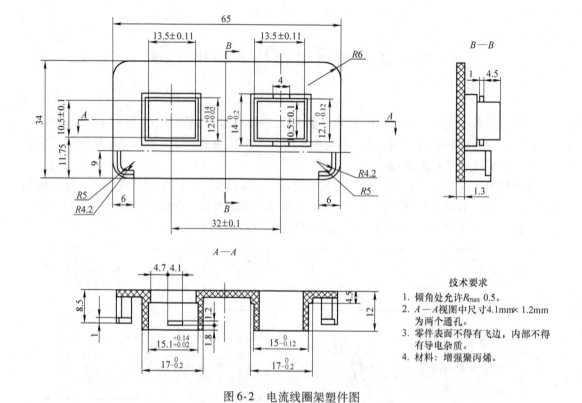

图6-2 电流线圈架塑件图

（2）塑件的结构、尺寸精度及表面质量分析

1）结构分析。从塑件图样上分析，该塑件总体形状为长方形，在宽度方向的一侧有高度为8.5mm、半径为R5mm的两个凸耳，在两个高度为12mm、长宽为17mm×14mm的凸台上，一个带有4.1mm×1.2mm凹槽（对称分布），另一个带有4mm×1mm的凸台（对称分布）。因此，模具设计时必须设置侧向分型抽芯机构，该塑件属于中等复杂程度。

2）尺寸精度分析。该塑件的重要尺寸有 $12.1_{-0.12}^{0}$ mm、$12.1_{+0.02}^{+0.14}$ mm、$15.1_{+0.02}^{+0.14}$ mm、$15_{-0.12}^{0}$ mm 等，其精度为MT1级（GB/T 14486—2008）；次重要尺寸有（13.5±0.11）mm、$17_{-0.2}^{0}$ mm、（10.5±0.1）mm、$14_{-0.2}^{0}$ mm 等，其精度为MT3级。由此可知，该塑件的尺寸精度偏高，但塑件有精度要求的尺寸较小，受塑料收缩波动影响较小，易于达到较高精度，因此通过提高模具零件的加工精度，并控制好成形工艺参数，是可以保证塑件精度要求的。

塑件的壁厚最大处为1.3mm，最小处为0.95mm，壁厚差为0.35mm，较均匀，便于塑件的成形。

3）表面质量分析。该塑件的表面除要求没有缺陷、飞边，内部不得有导电杂质外，没有特别的表面质量要求，故比较容易实现。

由以上分析可见，成形时在工艺参数控制得较好的情况下，塑件的成形要求可以得到保证。

（3）确定塑件成形工艺及设备

1）塑件成形工艺的确定。电流线圈架材料为增强聚丙烯，属于热塑性塑料，成形性能较好，适合采用注射成形。注射成形适应大规模自动化生产，满足电流线圈架生产批量大的要求。该塑件的注射成形工艺条件可根据塑料材料和成形要求从有关手册查阅，也可参考厂家现有已定型的同类塑件的注射成形工艺。

根据设计手册或附表的推荐值，并参考工厂实际应用情况，增强聚丙烯的成形工艺参数可作如下选择：

料筒温度：前段260℃，中段240℃，后段220℃；

喷嘴温度：220℃；

注射压力：100MPa（相当于注射机表压35kgf）；

注射时间：5s；

保压压力：72MPa（相当于注射机表压25kgf）；

保压时间：5s；

冷却时间：30s。

上述工艺参数在试模时可根据成形情况作适当调整。

2）塑件成形设备的初步选择。设计模具前需先初选成形设备。成形设备的选择既要考虑塑件成形质量的要求，又要考虑设备的生产能力。一般先根据塑件的体积（质量）和所定的型腔数初定注射机的型号，模具设计完成后再校核注射机的其他相关参数。

经计算电流线圈架的体积为 $V = 4087mm^3$（可利用 UG 等计算机软件计算）。查设计手册或附表，得增强聚丙烯的密度为 $\rho = 1.04kg/cm^3$，故塑件的重量为 $W = V\rho = 4.25g$。

采用一模两件的模具结构，考虑其外形尺寸、注射时所需压力和工厂现有设备等情况，初步选用注射机为 XS – Z – 60 型。从注射机技术规格表中可查出与模具设计有关的技术参数，包括额定注射量、注射压力、锁模力、最大与最小模具厚度、开模行程、顶出距离及装模部分尺寸等。

2. 初步确定模具类型及结构方案，选择标准模架

（1）模具类型及结构方案的确定　根据塑件的成形工艺，可以确定电流线圈架采用注射模成形。下面分步骤来确定模具结构方案。

1）分型面的选择。模具设计中，分型面的选择很关键，它决定了模具的结构。该塑件为机内骨架，表面质量无特殊要求，但在绕线的过程中上端面与工人的手指接触较多，因此上端面最好自然形成圆角。此外，该零件高度为12mm，且垂直于轴线的截面形状比较简单和规范，若选择图 6-3 所示的水平分型方式，既可

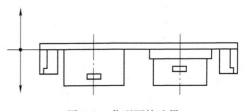

图6-3　分型面的选择

降低模具的复杂程度，减少模具加工难度，又便于成形后的脱模，故选用图6-3所示的分型方式较为合理。

2）型腔的布置。本塑件采用一模两件，综合考虑浇注系统及抽芯机构设置等模具结构因素，拟采用图6-4所示的型腔布置方式。这种布置方式的最大优点是便于设置侧向分型抽芯机构，其缺点是熔料

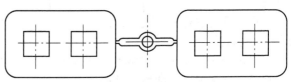

图6-4　型腔排列方式

进入型腔后到另一端的熔料流程较长，但因该塑件尺寸不大，故对成形没有太大影响。

3）浇注系统设计。

① 主流道的设计。根据设计手册查得 XS – Z – 60 型注射机喷嘴的有关尺寸分别为：喷嘴前端孔径 $d_0 = 4\text{mm}$，喷嘴前端球面半径 $R_0 = 12\text{mm}$。

根据模具主流道与喷嘴的尺寸关系，取主流道球面半径 $R = 13\text{mm}$，小端直径 $d = 4.5\text{mm}$。

为了便于将凝料从主流道中拨出，将主流道设计成圆锥形，其斜度为 $1° \sim 3°$，经换算得主流道大端直径 $D = 8.5\text{mm}$。此外，为了使熔料顺利进入分流道，可在主流道出料端设计半径 $r = 5\text{mm}$ 的圆弧过渡。

② 分流道的设计。因为塑件的形状不算太复杂，熔料填充型腔比较容易。根据型腔的布置方式可知分流道的长度较短，为了便于加工，选用截面形状为半圆形的分流道，查资料取半径 $R = 4\text{mm}$。

③ 浇口的设计。根据塑件的成形要求及型腔的布置方式，选用侧浇口较为理想。设计时考虑选择从壁厚为 1.3mm 处进料，熔料由厚处往薄处流，而且在模具结构上采用镶拼式型腔和型芯，有利于填充、排气。侧浇口截面形状为矩形，初选尺寸为 $1\text{mm} \times 0.8\text{mm} \times 0.6\text{mm}$（$blh$），试模时修正。

4）侧向分型抽芯机构的设计。塑件的侧壁有一对小凹槽和小凸台，它们均垂直于脱模方向，阻碍成形后塑件从模具中脱出。因此成形小凹槽和小凸台的零件必须做成活动的型芯，即需设置侧向分型抽芯机构。本模具采用斜导柱侧向分型抽芯机构。

① 确定抽芯距。塑件的小孔深度和小凸台高度相等，均为 $(14 - 12.1)\ \text{mm}/2 = 0.95\text{mm}$，另加 $3 \sim 5\text{mm}$ 的抽芯安全系数，可取抽芯距 $s_c = 4.9\text{mm}$。

② 确定斜导柱的斜角。斜导柱的斜角与抽拔力及抽芯距有直接关系，一般取 $\alpha = 15° \sim 20°$，本例中取 $\alpha = 20°$。

③ 确定斜导柱的尺寸。斜导柱的直径取决于抽拔力及其倾斜角度，本例采用经验估值，取斜导柱的直径 $d = 14\text{mm}$。斜导柱的长度根据抽芯距、固定端模板的厚度、斜导柱直径及斜角大小确定。由于上模座板和上凸模固定板尺寸尚不确定，即 h_a（斜导柱安装模板厚度）不确定，故初定 $h_a = 25\text{mm}$，$D = 20\text{mm}$（斜导柱固定部分台肩直径）。根据相关公式计算后，取斜导柱长度 $L = 55\text{mm}$。如果后续设计中 h_a 有变化，则再修正 L 的长度。

④ 滑块与导滑槽设计。由于侧向孔和侧向凸台的尺寸较小，考虑到型芯强度和装配问题，侧型芯与滑块的连接采用镶嵌方式，如图 6-5 所示。

为使模具结构紧凑，降低模具装配难度，拟采用整体式滑块和整体式导滑槽（其结构见图 6-6）。为提高滑块的导向精度，装配时可对导滑槽或滑块采用配磨、配研的装配方法。

由于抽芯距较短，故导滑长度只要符合滑块在开模时的定位要求即可。滑块的定位装置采用弹簧与挡块的组合形式，如图 6-5 所示。

5）推出机构的设计。根据塑件结构形状分析，宜采用推杆推出机构。由于塑件具有两个方薄壁框套，此处脱模力较大，所以推杆应均布在框套周围，而且推杆数目不能太少。推杆固定在模具的推杆固定板上，由注射机顶出装置推动，并依靠复位杆复位。

6）成形零件结构的设计。

① 凹模的结构设计。本例中模具采用一模二件的结构形式，考虑加工的难易程度和优质材料的利用等因素，凹模拟采用镶嵌式结构，如图 6-5 所示。根据本例分流道与浇口的设计要求，分流道和浇口均设在凹模镶块上，其结构如图 6-7 所示。

② 型芯结构设计。根据塑件的结构特征，凸模与侧型芯的结构设计成图 6-5 中件 17、19、27、28 所示的形式。

7）模具加热和冷却系统的确定。本塑件在注射成形时不要求有太高的模温，因而在模具上可不设加热系统，但是否需要冷却系统需要进行计算。设模具平均工作温度为 40℃，用常温 20℃ 的水作为模具冷却介质，其出口温度为 30℃，包括浇注系统在内的每次注入模具的塑料量 $m_1 = 0.012\text{kg}$，初算按每 2min 成形一次，即 $n = 30$ 次/h。

取增强聚丙烯的热熔量 $\Delta h = 650\text{kJ/kg}$，取平均水温 $t_{水} = 25℃$ 时的定压比热容 $c_p = 4.178\text{kJ/}$（kg·℃）。故模具所需冷却水的流量 m 为

$$m = \frac{nm_1\Delta h}{c_p(t_1 - t_2)} = \left(\frac{30 \times 0.012 \times 650}{4.178 \times (30 - 20)}\right)\text{kg/h} = 5.6\text{kg/h}$$

由冷却水流量 m 查资料可知，所需的冷却水管直径很小，故可不设冷却系统，依靠空冷的方式冷却模具即可。

（2）确定标准模架的类型与规格　根据塑件结构分析以及模具结构的要求，初步确定标准模架组合的型号与规格。

1）确定标准模架的类型。因为需用一模两腔，侧浇口进料，故模具采用二板式模具，考虑所采用的侧抽芯机构和推杆推出机构，确定采用国际中、小型模架中的 A2 型模架。

2）确定标准模架的规格。标准模架组合的规格是根据塑件尺寸、模具型腔数及排列等来决定的，确定的步骤如下。

① 根据塑件的尺寸大小以及模具型腔排列方式，先确定动、定模镶块的尺寸。一般情况下，动、定模镶块的尺寸比塑件外表尺寸大 30~80mm，塑件外形尺寸越大，镶块尺寸与塑件外形尺寸的差值选得也越大。考虑塑件的特点及型腔布置，本模具每腔的动、定模都设计镶块，单个镶块的外形尺寸为 80mm×50mm，镶块间距为 20mm。

② 根据动、定模镶块的外形尺寸及位置尺寸，查阅标准模架的产品目录，可以确定模架的平面尺寸为 180mm×315mm，但要注意镶块的外形尺寸应在模架推出机构的有效推出范围以内，且模块上安装镶块的凹孔应距导柱孔及复位杆孔边缘不少于 25mm，以保证模具的强度。

③ 标准模架动、定模板厚度是根据镶块的厚度及镶拼结构形式来确定，这里根据镶拼结构取定模板（A 板）厚度为 25mm，动模板（B 板）厚度为 40mm。

根据以上的分析，初步确定标准模架型号为 A2 - 180315（GB/T 12555—2006），A、B 板厚度分别为 25、40mm。

3. 估算模具成本、报价并签订模具加工合同

（1）估算模具成本并报价　模具成本包括如下五项费用。

1）模具设计费。根据模具的复杂程度以及模具制造企业的设计水平及设计人员的工资进行确定。一般可参照同类模具设计费进行类比确定。此模具设计费确定为 2000 元。

2）模具标准件及材料费。根据初步确定的模具类型及结构，列出需购置的标准件及材料明细栏，再根据市场价格进行费用计算。经估算，考虑材料采购及报废风险因素，该模具所需的标准件及材料费为 4944 元。

3）模具制造费用。模具制造费用包括设备加工费和人工加工费。设备加工费根据各加工设备的每小时费用和加工工时进行计算，初步估算该模具设备加工费为 5600 元，人工加工费根据工人的每小时工资和加工工时进行计算，初步估算人工加工费为 4500 元。

4）试模费用。模具加工完成后必须进行试模，才能知道塑件是否符合要求。对于注射

模来说，因为模具结构较复杂，模具加工很少能够一次试模成功，所以一般需要试模、修模、再试模的多次反复。通常情况下，一副模具需要2~3次试模。在这里，估算该模具试模费为1000元。

5）模具生产管理费用。模具生产管理费用包括管理人员的工资及生产管理所需的费用。这项费用与模具制造企业的管理水平有很大关系。在这里管理费取1000元。

综合上述五项，我们可以估算模具成本为19044元。

模具的总价格（报价）除包括模具成本外，还应加上税金及利润。对于复杂的模具还应考虑制造风险费用。根据深圳地区现行模具行业的利税情况，此模具利润是模具成本的20%，计3808元；税收为模具成本与利润之和的10%，计2285元。则模具总造价为25137元，详见表6-1。

表6-1　模具报价单

客户	_____公司		产品名称	电流线圈架	产品名称	
			图号	BS08503	图号	
材料费（A）	注塑材料		增强聚丙烯			
	型腔数		1 + 1			
	模具结构		A2 - 180315　A = 25　B = 40			
	模架费用		2800 元			
	镶块费用		420 元			
	标准件费用		500 元			
	电极费用		400 元			
	材料采购及报废风险费用		4120 ×20% = 824 元			
	合计		4944 元			
设备加工费（B）	CNC 加工费		2100 元			
	普通机床加工费		1500 元			
	电加工费		1800 元			
	合计		5600 元			
人工加工费（C）	钳工工时/h		150			
	工时薪资（元/h）		30			
	合计		4500 元			
其他（D）	设计费		2000 元			
	试模费		1000 元			
	管理费		1000 元			
	其他费用					
	合计		4000 元			
利润 E = (A + B + C + D) ×20%			3808 元			
税收 F = (A + B + C + D + E) ×10%			2285 元			
模具造价 G = A + B + C + D + E + F			25137 元			

交货地点：

付款方式：　　40%　　30%　　30%

其　他：制作周期45 天

（2）签订模具设计与加工合同　将模具结构方案及报价交客户确认，再经对方充分协商后，根据有关经济合同法律并参照合同范本，签订模具设计与加工合同。在合同中，应明确模具的验收要求、模具价格、付款方式、交货日期、交货地点、违约责任等。该模具的设计加工合同见表6-2。

表6-2　电流线圈架注射模设计与加工合同

供（甲）方：深圳市×××塑胶制品公司　　　　　　合同编号：　　0859　　
　　　　　　　　　　　　　　　　　　　　　　　签证地点：　深 圳 市　
需（乙）方：　　　　　　　　　　　　　　　　　签订日期：2008 年 5 月 20 日

经双方充分协商，签订下列合同：

品　名	规 格 质 量	单位	数量	单价	金额	交货日期
电流线圈架注射模	模架 A2－180315 GB/T 12555—2006	副	1	2.5 万元	2.5 万元	2008 年 7 月 5 日

货款合计金额（大写）	×仟×佰×拾贰万伍仟零佰零拾零元零角零分

一、质量检验及验收办法：按甲、乙双方认可的模具设计图制作，按双方认可的样件验收

二、原料供应办法及要求：模架采用国家标准模架，原材料符合设计图要求

三、包装要求及费用负担：甲方负担

四、交（提）货办法，地点及运输方式：交货地点为甲方厂房，乙方自提

五、结算方式及期限：签订合同时付40%定金，首次试模付30%货款，乙方验收合格后付清余款（30%）

六、经济责任：按经济合同法和合同条例执行

七、其他事项：产品保修一年

八、本合同一式两份，供需双方各执一份，自签证机关签证之日起生效，有效期至2009 年 7 月 5 日止

供方（盖章）	需方（盖章）	合同管理机关签证意见
签约代表人： 电　话： 开户银行： 账　　号： 单位地址：	签约代表人： 电　话： 开户银行： 账　　号： 单位地址：	 经办人： 电话： 　　　　年　月　日

4. 设计模具，绘制模具总装图及零件图

（1）根据确定的模具类型及结构，进行模具结构设计并绘制模具结构草图

1）确定模具零件主要结构尺寸。在标准模架选定之后，模具零件中最主要的是成形零件。前面已经确定成形零件采用镶拼式结构，动、定模镶块平面尺寸为 50mm×80mm，镶块厚度分别与定模板（A 板）和动模板（B 板）厚度一致，分别为 25mm 和 40mm。因为此模具为一模两腔，故镶块总数为 4 块，相邻两镶块间距为 20mm。

成形零件的工作尺寸利用计算机软件（如 UG）自动计算。

2）模具闭合高度的确定。根据塑件尺寸和模具结构零件尺寸的经验计算与确定方法，参考标准模架相关数据，取定模座板 $H_1 = 25\text{mm}$，定模板 $H_2 = 25\text{mm}$，动模板 $H_3 = 40\text{mm}$，支承板 $H_4 = 25\text{mm}$，动模座板 $H_6 = 25\text{mm}$。根据推出行程和推出机构的结构尺寸，取垫块 $H_5 = 50\text{mm}$，如图 6-5 所示。因此模具的闭合高度为

$$H = H_1 + H_2 + H_3 + H_4 + H_5 + H_6 = 25\text{mm} + 25\text{mm} + 40\text{mm} + 25\text{mm} + 50\text{mm} + 25\text{mm} = 190\text{mm}$$

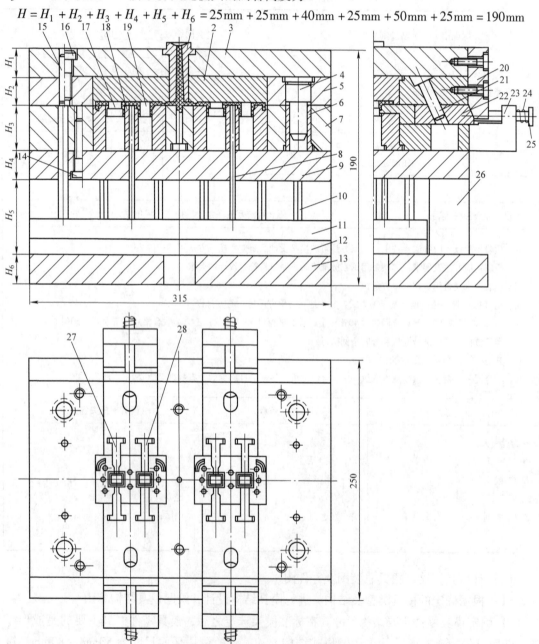

图 6-5 电流线圈架注射模

1—浇口套 2—定模镶块 3—定模座板 4—导柱 5—定模板 6—导套 7—动模板 8—推杆 9—支承板
10—复位杆 11—推杆固定板 12—推板 13—动模座板 14、16、25—螺钉 15—销 17、19—型芯 18—动模镶块
20—楔紧块 21—斜导柱 22—侧滑块 23—限位挡块 24—弹簧 26—垫块 27、28—侧型芯

3）模具与注射机有关参数的校核。本模具的外形尺寸为 315mm × 250mm × 190mm。XS – Z – 60 型注射机模板最大安装尺寸为 350mm × 280mm，故能满足模具的安装要求。

模具的闭合高度 $H = 190$mm，XS – Z – 60 型注射机所允许模具的最小厚度 $H_{\min} = 70$mm，最大厚度 $H_{\max} = 200$mm，即模具满足 $H_{\min} \leq H \leq H_{\max}$ 的安装条件。

XS – Z – 60 型注射机的最大开模行程 $S = 180$mm，满足 $S \geq h_1 + h_2 + （5 \sim 10）$ mm = 10mm + 12mm + 10mm = 32mm 的出件要求（h_1、h_2 分别为塑件推出距离和塑件高度）。

此外，由于侧向分型抽芯距较短，不会过大增加开模距离，故注射机的开模行程足够。

经以上验证，初选的 XS – Z – 60 型注射机能够满足使用要求，故可采用。

（2）绘制模具总装图和非标准零件工作图　按前述设计所绘制的模具总装图如图 6-5 所示。动模板零件图如图 6-6 所示，定模镶块零件图如图 6-7 所示，其余非标准零件图略。

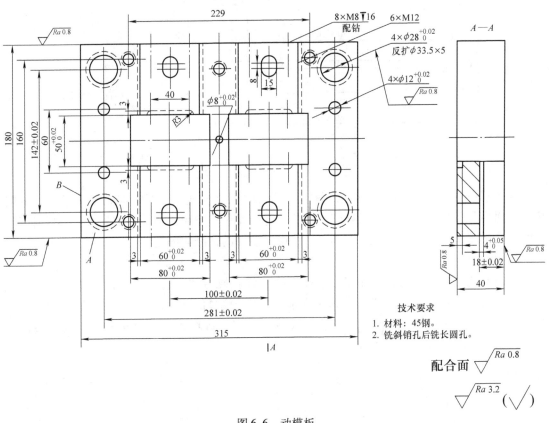

图 6-6　动模板

（3）模具图样的校对与审核　在进行模具设计图样的校对与审核时，必须先了解模具的工作过程。

本电流线圈架模具的工作过程是（对照图 6-5）：开模时，模具从定模板 5 与动模板 7 之间的分模面处打开，同时楔紧块 20 松开，滑块 22 在斜导柱 21 作用下进行抽芯，塑件连同浇注系统凝料从定模中脱出。模具继续开模至规定打开距离，注射机顶出机构作用，通过模具的推出机构将塑件从动模型芯上推出，塑件脱出模具。合模时，复位杆 10 使推出机构复位，斜导柱使滑块复位，楔紧块锁紧滑块，便可进行下一个注射循环。

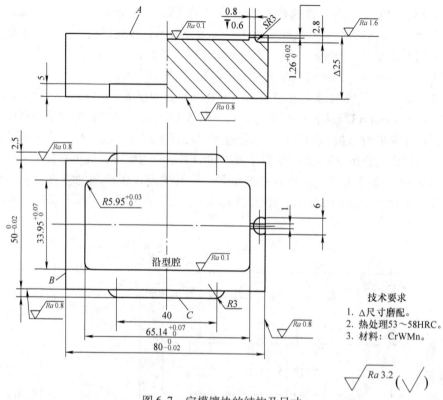

图 6-7　定模镶块的结构及尺寸

在了解模具工作过程的基础上，分析模具结构是否合理，是否能够满足成形塑件的需要，并对模具及模具零部件进行审核。审核内容主要包括是否满足塑件质量、成形设备、模具结构、加工工艺等方面要求，特别要注意模具设计的标准化问题。

5. 模具的制造

模具制造主要包括备料、加工工艺过程的制订、数控加工程序的编制、辅助工具（如电加工电极等）的设计与加工、模具零件的加工以及模具的装配。

（1）备料　根据模具设计总装配图和零件图，列出备料清单（表 6-3），并按照备料清单订购或准备标准零部件和原材料。

表 6-3　备料清单

序号	名　称	型号规格/mm	数量	备注
1	模架	A2 - 180315 A = 25 B = 40	1	订购
2	定模镶块	85 × 60 × 30　CrWMn	2	订购
3	动模镶块	80 × 60 × 45　CrWMn	2	订购
4	型芯	20 × 16 × 45　CrWMn	4	订购
5	侧型芯	10 × 15 × 35　CrWMn	8	订购
6	滑块	22 × 65 × 70　T10A	4	订购
7	楔紧块	65 × 65 × 40　T10A	4	订购
8	限位挡块	45 × 40 × 65　45	4	库存
9	标准件	详见明细栏	1 批	订购
10	铜电极	200 × 80 × 70	2	库存

（2）制订模具零件加工工艺规程，编制数控加工程序，设计并加工辅助工具　这项内容包括：对每一个需要加工的模具零件进行加工工艺性分析，并结合模具加工现场生产条件制订各零件的加工工艺规程；对需要进行数控加工的零件，分析其数控加工的工艺路线并进行有关工艺计算，编制数控加工程序（可利用计算机软件（如 UG）进行辅助编程）；对模具零件加工工艺规程提出的辅助工具（如专用量具或样板、专用夹具、工具电极等）进行设计和加工。

有关模具零件加工工艺规程的制订、数控加工程序的编制、模具加工辅助工具的设计详细内容，请参考相关的技术资料。

（3）模具零件的加工　依据制订的模具零件加工工艺规程，对需要加工的每个模具零件组织加工。电流线圈架注射模零件加工要用到常规机械加工、数控加工、电加工以及光整加工等方法。加工过程中主要注意以下一些问题。

1）成形零件的加工。成形零件（镶块、型芯）是模具的重要零件，其形状比较复杂，加工精度与表面质量要求都很高，因而是加工中的难点。这类零件一般要经过多道工序用多种方法加工，所以加工时要特别注意基准的选择、加工和找正，并合理选择加工工艺参数，同时在加工过程中要随时进行检测，以保证零件型面的形状与位置精度，减少或消除废品的产生。

2）动、定模板的安装孔加工。为了安装镶块，需要在动、定模板上加工出与镶块配合的凹孔。因本模具的凹孔是直通孔，故一般采用线切割加工，台阶外用铣削加工。加工过程中也要注意加工基准的选择问题。应选择模板上同一方位互相垂直的侧基准定位，以保证镶块装入后的位置精度。

3）滑块与导滑槽的加工。侧抽芯机构的滑块在模板上的导滑槽内应能灵活可靠地滑动，因此导滑槽要保证与滑块有较好的滑动配合精度和耐磨性要求。滑块与导滑槽的配合部分一般采用配作加工法，可先加工好导滑槽，而滑块的导滑配合部分留出修配余量，装配时再通过配磨滑块来保证滑块与导滑槽的配合精度。另外，加工滑块时还要注意滑块上的侧型芯与镶块之间的配合关系，保证塑件成形时侧凹的深度和不产生漏料飞边。

4）推杆与镶块配合孔的加工。推杆是圆柱面，一般采用车、磨加工。镶块上配合孔采用线切割加工。加工时应注意先加工好配合孔，再根据孔的实际尺寸配磨推杆，保证推杆在配合孔内滑动灵活可靠，且不产生漏料飞边。

表 6-4、6-5 分别为定模镶块（件 2）和动模板（件 7）的加工工艺过程，供实际加工时参考。

表 6-4　定模镶块（件 2）加工工艺过程

序号	工序名称	工序内容
1	下料	ϕ80mm × 31mm
2	锻造	锻至尺寸 85mm × 60mm × 30mm
3	热处理	退火至 180～200HBW
4	刨	刨六面至尺寸 81mm × 56mm × 26.5mm
5	平磨	磨六面至尺寸 80.4mm × 55mm × 26mm，并保证 B、C 面及上、下面四面垂直度公差为 0.02mm/100mm
6	数控铣	① 以 B、C 面为基准铣型腔，长、宽到要求，深度到 1.5mm ② 铣流道及浇口，除其深度按图样相应加深 0.26mm 外，其余到要求 ③ 铣 2 - 40mm × 2.5mm 台阶，使相关尺寸 $50_{-0.02}^{0}$ 到 50.5mm

（续）

序号	工序名称	工 序 内 容
7	钳	① 研光型腔及浇口流道到 $Ra0.2 \sim 0.4\mu m$ ② 修锉 $2-40mm \times 2.5mm$ 台阶两端 $R2.5mm$ 圆弧到要求
8	热处理	淬火至要求
9	平磨	磨 $\Delta25mm$ 尺寸到 $25.5mm$，型腔面磨光为止；磨 $80_{-0.02}^{0}mm$ 到要求。注意保证各面垂直，垂直度公差为 $0.02mm/100mm$
10	成形磨	磨 $50_{-0.02}^{0}mm$ 到要求
11	钳	将本件压入定模板（件5）
12	平磨	与定模板配磨，使本件与定模板上下齐平，且使型腔深度到要求
13	钳	研型腔到 $Ra0.1\mu m$，研浇口到 $Ra0.8\mu m$
14	检验	

表6-5 动模板（件7）加工工艺过程

序号	工序名称	工 序 内 容
1	备料	备标准模架中的动模板（件7）
2	钳	① 划线，以 A、B 面为基准划各孔位中心线、$60mm$ 槽宽线、中间 $2-80mm \times 50mm$ 线、线切割穿丝孔位中心线 ② 钻穿线孔
3	线切割	以 A、B 面为基准切割 $2-80mm \times 50mm$ 方孔到要求
4	铣	① 以 A、B 面为基准找正，铣导滑槽到要求，注意滑槽位置与线切割方孔位置对中 ② 翻面铣 $4-40mm \times 5mm$ 挂台槽
5	钳	钻铰 $4 \times \phi12_{0}^{+0.02}mm$、$\phi8_{0}^{+0.02}mm$ 孔到要求，钻攻 $6 \times M12mm$ 螺纹孔到要求
6	铣	组合动模镶块与滑块，按滑块上斜导柱孔位置画 4 个长圆孔孔位中心线；拆卸组合件后，单独铣该 4 个长圆孔到要求
7	检验	

（4）模具的装配 模具零件加工完成以后，要进行模具的装配。装配时，每一相邻零件或相邻部件之间的配合和联接均需按装配工艺确定的装配基准进行定位与固定。

电流线圈架注射模的装配是在标准模架的基础上，全部非标准零件已加工完（除在装配时需配加工的部分以外）后进行的。具体装配的步骤（对照图6-5）如下。

1）按图样要求检验各零件尺寸。

2）将型芯17、19装入动模镶块18，将动模镶块和定模镶块2分别装入动模板7和定模板5，并修磨分型面，保证分型面贴合紧密。

3）将定模板5与定模座板3组合，找正中心配作浇口套安装孔，并压入浇口套1。

4）过动模板和动模镶块引钻支承板9上的推杆及复位杆过孔，并配加工推杆固定板11上的推杆安装孔。

5）将侧型芯27、28装入滑块22，安装斜导柱21与侧滑块22，配磨滑块导滑面，保证滑块与导滑槽之间滑动灵活无卡滞现象。安装限位挡块23、弹簧24及螺钉25。

6）安装楔紧块20，并配磨楔紧斜面，保证其与侧滑块22之间贴合紧密。

7）安装拉料杆和推出机构，调整推出距离，修配各推杆和复位杆的长度，固定动模部分。

8）合模检查各部分装配情况。

6. 制订注射成形工艺卡，试模、修模、交付

将加工好的模具零部件按照一定顺序装配好后，就要进行试模。试模是检验模具设计及制造技术水平高低的一个重要环节，也是进行修模的重要依据。

试模前，先根据塑料的成形特点，选择适合的注射成形工艺参数，制订注射成形工艺指导卡。电流线圈架的注射成形工艺指导卡见表6-6。

表6-6 注塑成形工艺指导卡

机型：XS - Z - 60　　　　　　　　　　　　　　　　执行日期：　　年　月　日

产品名称		电流线圈架		颜色		黑色	
规格型号				每模数量		1 + 1	
材料名称		增强聚丙烯		产品重量		4.25g	
主要成形工艺参数							
注射速度	一次	60%	一次	55%	一次		一次	
	二次	25%	二次	20%	二次		二次	
	三次	20%	三次	20%	三次		三次	
修订人			签名：		签名：		签名：	
注射压力	一次	60kg/cm²	一次	55kg/cm²	一次		一次	
	二次	40kg/cm²	二次	45kg/cm²	二次		二次	
	三次	35kg/cm²	三次	35kg/cm²	三次		三次	
修订人			签名：		签名：		签名：	
注射位置	一段	30mm	一段	25mm	一段		一段	
	二段	20mm	二段	20mm	二段		二段	
	三段	10mm	三段	10mm	三段		三段	
修订人			签名：		签名：		签名：	
时间	注射	5s	注射	5s	注射		注射	
	冷却	30s	冷却	30s	冷却		冷却	
	周期	45s	周期	45s	周期		周期	
修订人			签名：		签名：		签名：	
成形温度	喷嘴	一区	二区	三区	干燥	干燥时间	喷嘴	
	220℃	260℃	240℃	220℃				

$$\text{主要成形工艺参数}$$

塑件简图	成形中控制部位						
	外观	缺胶	√	粘模	√	顶白	√
		缩水	√	夹水纹	√	模花	
		批锋	√	料花		色差	
		烧焦		混色		气纹	√
包装材料及要求							
内包装数							
整装箱数							
备 注：							

制订：　　　　　　　　　　审核：　　　　　　　　　　批准

试模时，先将模具安装在所选的 XS – Z – 60 型注射机上，然后根据制订的注射成形工艺卡调整各工艺参数。试模过程中要根据试模件的情况，记录并分析成形塑件的缺陷，找出产生缺陷的原因。这些缺陷可能是设计方面引起的，也可能是制造方面引起的，还有可能是成形工艺引起的，应根据具体情况进行调整或修改。

如果试模分析出来的原因是制造方面引起的，应进行修模。修模后的模具还要再进行试模，直至成形的塑件完全合格，并得到客户的认可为止。

经试模、修模并认定模具完全合格后，便可交付给客户。至此，模具设计与制造的全部过程已经完成。

思考与练习题

1. 简述模具设计与制造的流程。

2. 当客户给出制件图要模具制造企业报价时，模具企业应作哪些分析和计算才能报出价格？试叙述具体报价程序。

3. 按照模具设计与制造流程，参照实例对图 6-8 所示制件进行模具设计与制造的全过程分析。

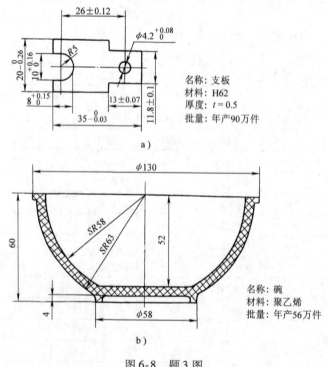

图 6-8　题 3 图

参 考 文 献

［1］许发樾. 实用模具设计与制造手册［M］. 北京：机械工业出版社，2001.

［2］翁其金. 塑料模塑工艺与塑料模设计［M］. 北京：机械工业出版社，2000.

［3］董峨. 压铸模锻模及其他模具［M］. 北京：机械工业出版社，2000.

［4］刘航. 模具价格估算［M］. 北京：机械工业出版社，2000.

［5］彭建声，秦晓刚. 模具技术问答［M］. 北京：机械工业出版社，2000.

［6］王桂萍，邱以云. 塑料模具的设计与制造问答［M］. 北京：机械工业出版社，2000.

［7］金涤尘，宋放之. 现代模具制造技术［M］. 北京：机械工业出版社，2001.